超高层建筑结构设计
建造难点及解决方案

王东宇　徐　斌　主编

中国建筑工业出版社

图书在版编目（CIP）数据

超高层建筑结构设计建造难点及解决方案/王东宇，
徐斌主编. -北京：中国建筑工业出版社，2022.11（2023.4重印）
ISBN 978-7-112-27472-7

Ⅰ.①超… Ⅱ.①王…②徐… Ⅲ.①超高层建筑—
结构设计—研究 Ⅳ.①TU97

中国版本图书馆 CIP 数据核字（2022）第 097222 号

　　本书共包括10章内容，分别是：1 超高层建筑的结构形式及施工技术的发展；2 超高层建筑结构的设计特点；3 超高层混合结构特点和常规施工方法；4 混合结构柱脚的设计与施工；5 梁柱连接的设计与施工；6 加强层的设计与施工；7 大型跃层支撑的设计与施工；8 长悬挑结构的设计与施工；9 液压爬模的施工与应用；10 钢结构加工制作供应管理。

　　书中的技术内容丰富，实用性强，具有很强的参考价值，适合广大房屋建筑施工的技术人员、管理人员，以及结构设计人员阅读使用，也可以作为房屋建筑专业师生的参考用书。

责任编辑：张伯熙　万　李　杨　杰
责任校对：芦欣甜

超高层建筑结构设计建造难点及解决方案
王东宇　徐　斌　主编

*

中国建筑工业出版社出版、发行（北京海淀三里河路9号）
各地新华书店、建筑书店经销
北京科地亚盟排版公司制版
北京建筑工业印刷厂印刷

*

开本：787毫米×1092毫米　1/16　印张：18¼　字数：447千字
2022年9月第一版　2023年4月第二次印刷
定价：**83.00**元
ISBN 978-7-112-27472-7
（38758）

本书编审委员会

主　　任：廖钢林

副 主 任：林佐江　周予启

主　　编：王东宇　徐　斌

副 主 编：韩　玲　郭　亮　孔亚陶

编写人员：南　飞　于家驹　陈大牛　党毅章　王　鑫

　　　　　刘素伟　商文升　高元仕　刘　强　李　飞

　　　　　孙　磊　庞　礴　张　博　李晶晶　伍校材

　　　　　丁元皓　孟凡勇　金天雷　李佳睿

序　一

　　建筑是建筑人的作品。一个好建筑作品的诞生，凝聚着建筑人的心血与智慧，是设计、施工、材料和设备供应商等相关各方通力合作的结果。在项目实施阶段，只有设计与施工的紧密配合，以最优的设计成果结合最佳的施工方案，将文字、图纸转化成实体建筑，才能诞生建筑精品。

　　中建一局集团建设发展有限公司（简称一局发展），始终扛着"专业 可信赖"大旗，牢记质量精品，用公司的承诺和智慧铸造时代的艺术品。北京CBD核心区Z13地块商业金融项目是一局发展承建的众多超高层建筑之一，该项目建筑高度189.45m，是CBD核心区同期建筑中施工最晚，入市最早的项目。该项目从实施伊始，根据项目质量、进度、成本及安全等目标，进行精心组织与策划。通过配合设计进行结构优化与节点深化，通过多设计方案对比分析与三维可视化施工模拟，尽最大可能地排除施工过程中的不可控和不确定因素，同时，创造新型施工方法和节点，有效地提高施工质量，提升施工速度。

　　本书不仅详细阐述了超高层建筑混合结构的设计、深化设计和施工的特点及难点，同时，涉及爬模和钢结构制作等施工管理方案的选择及资源的管理与控制，还从节点、支撑构件、悬挑结构等方面进行设计与施工的关联分析，将CBD核心区Z13项目的关键工作在技术与管理上的成果逐一陈述，与业内人士分享。

王东宇

序　二

经过近 20 年的飞速发展，中国建筑施工技术已跻身世界前列，各种先进技术层出不穷，并形成各种专利。本书结合实际项目，对在超高层建筑项目施工中的关键部位进行深入剖析，与设计结合，在施工中采用新方案、新技术，有效地加快项目的施工进度，提高施工质量，降低安全风险，节约施工成本。

北京 CBD 核心区 Z13 地块商业金融项目塔冠顶高 189.45m，细长的建筑造型加上短边超高的连续悬挑，无疑给项目的设计及施工带来极大的难度。一种核心筒墙体与混凝土梁连接节点的专利为混凝土梁滞后于核心筒竖向结构施工提供了依据，结合地下室无人防的设计，墙体从地下室即采用液压爬升模板体系的施工组织由此而生。连续大悬挑及施工空间的限制，经过结构优化设计，施工时创造性地提出可调拉杆的新施工技术，极大地降低了施工难度，保障了施工质量。伸臂桁架的模拟施工计算及实体预拼装，提出了现场高效施工的方案，解决了土建、钢结构两大专业工序多次交替搭接、施工困难的问题。

本书以 CBD 核心区 Z13 地块商业金融项目为基础，详尽地叙述了设计与施工依据项目进行的方案选择与实施，以实际成功案例说明了方案实施的效果，供大家在今后的工作中参考。

建筑业科技发展迅速，本书受编写时间及编写水平所限，书中难免有错漏之处，还请广大读者谅解并指正。

郭　亮

前　言

　　超高层建筑结构设计和施工与多（高）层建筑结构设计与施工有相同点，更有许多不同点和难点。国内建筑高度在 150m 以上的超高层建筑的结构形式大多是混合结构，特别是超高层写字楼和酒店，大多是钢筋混凝土核心筒，外框架是型钢混凝土框架或钢管混凝土框架，也有部分超高层建筑是钢框架—钢筋混凝土核心筒结构。

　　随着施工技术的发展，建造更高、更复杂的建筑结构成为可能。为了提高建筑结构的侧向刚度，超高层建筑结构往往设置了加强层，即设置伸臂桁架和腰桁架，或者设置钢支撑等构件。由于超高层建筑结构构件尺寸大，存在大量斜交构件，给施工增加了难度。本书以钢与混凝土组合结构超高层写字楼的施工过程为主线，全面讲述了超高层建筑结构的设计和施工难点，以及施工过程中设计、施工、构件加工如何配合。将具体项目实施过程中设计与施工配合的经验分享给读者。

　　本书根据工程实践，记录了超高层建筑结构从设计、超限审查、施工准备、构件加工、混凝土施工、钢结构安装和吊装等，在建造全过程中对各种问题的分析和思考，在看似常规建筑结构的设计和保证施工安全的前提下，做到更经济、更合理。书中还对比了混合结构关键节点的不同处理方法，以典型实例给读者展现已建工程的成功案例，为遇到相同或相似问题的读者提供有益的信息。

　　本书收录了超限高层建筑抗震专项审查的法规、设计管理规定、施工图审查等相关文件，收录了现行设计和施工规范的混凝土、钢筋、钢材及连接材料强度等级、施工及验收相关规定等，对从事建筑结构设计和超高层建筑施工人员是一本有益的工具书。

　　本书可供建筑结构设计人员、施工人员、监理等人员使用，可供大专院校建筑结构专业师生参考。

目　　录

7

1 超高层建筑的结构形式及施工技术的发展

1.1 国内外超高层建筑的现状

1.1.1 超高层建筑的定义

高层建筑和超高层建筑的高度划分,涉及垂直交通、消防、建筑防震减灾、人员疏散,以及设计、建造能力等各个方面。对于多高的建筑属于超高层建筑,各个国家有不同的标准,而且,各个时期都会有不同的标准。随着设计和建造水平的提高,楼宇设备和自动化能力的提升,特别是施工新技术的不断涌现和大型施工机械应用,往往在以前看来是遥不可攀的高度,逐渐变成了可能。当今世界上超高层建筑的高度纪录不断被刷新。

具体多高的建筑能称得上超高层建筑,其判断标准也在不断变化。20 世纪初,20 层左右 50m 高的建筑就可称为摩天大楼,现在只有 40～50 层以上的建筑才能称为超高层建筑。根据世界超高层建筑学会的新标准,高度在 300m 以上的高层建筑才能称之为超高层建筑。目前世界上最高的建筑已达到 800m 的高度。

1. 我国规范关于民用建筑高度划分

根据我国《民用建筑设计统一标准》GB 50352—2019 规定,民用建筑按地上层数或高度分类划分。住宅建筑按层数分类:一层至三层为低层住宅,四层至六层为多层住宅,七层至九层为中高层住宅;除住宅建筑之外的民用建筑高度不大于 24m 者为单层和多层建筑,大于 24m 者为高层建筑(不包括建筑高度大于 24m 的单层公共建筑);建筑高度大于 100m 的民用建筑为超高层建筑。

民用建筑按层数或高度分类是按照《住宅设计规范》GB 50096—2011、《建筑设计防火规范》GB 50016—2014(2018 年版)划分的。

1972 年 8 月在美国宾夕法尼亚洲的伯利恒市召开的国际高层建筑会议上,专门讨论并提出高层建筑的分类和定义,第一类高层建筑:9～16 层(高度到 50m);第二类高层建筑:17～25 层(高度到 75m);第三类高层建筑:26～40 层(最高到 100m);超高层建筑:40 层以上(高度 100m 以上)。规范里给出的超高层建筑定义是根据 1972 年国际高层建筑会议确定高度 100m 以上的建筑物为超高层建筑。

2. 国际上超高层建筑的高度划分

我国一般将高度超过 100m 的高层建筑定义为超高层建筑。美国普遍认为高度超过 150m 的建筑才是超高层建筑,而根据最新的世界超高层建筑高度标准,认为高度超过 300m 的高层建筑才是超高层建筑。

1.1.2 国内外超高层建筑历史及现状

1. 国外超高层建筑的发展及现状

高层建筑的发展与经济和技术的发展是密不可分的,早先的高层建筑,特别是超高层建筑出现在经济发达的美国东部的纽约和中西部的芝加哥。第一批超高层建筑，所谓的摩天大厦就出现在美国。纽约布法罗担保大厦是第一栋超过20层的高层建筑，1913年建成的57层的伍尔沃思大厦，高度达230m，曾是当时世界最高的建筑物，并保持世界建筑的最高纪录达17年之久。克莱斯勒大厦有77层高319m，1928年建成。一年后，1931年，著名的帝国大厦建成，帝国大厦有103层，总高度381m，1951年增加了高62m的天线后，总高度达443.7m，是一座多功能写字楼，也是纽约著名旅游景点和地标。帝国大厦的建成标志着纽约摩天大楼的建造达到了黄金时代的顶峰，它在纽约世贸中心倒塌后又成为纽约第一高楼，直到纽约新世贸中心建成。

第二次世界大战后，钢结构等轻质高强建筑材料的应用，抗风、抗震等结构设计理论

图1.1-1　迪拜哈利法塔

的不断完善，计算机技术的发展和使用，使得设计手段不再是以人工计算为主，计算机的使用使得设计精度和设计效率大大提高。建造技术的发展、钢结构的连接、焊接技术的不断进步，建筑机械性能的不断提高，使得高层建筑和超高层建筑在战后的1950~1980年飞速发展。这一阶段出现了众多著名的超高层建筑。

芝加哥1974年建成的西尔斯大厦，有110层，高442m，曾经是世界第一高楼。

目前世界上投入使用的最高建筑是828m的迪拜哈利法塔，见图1.1-1。

2. 中国超高层建筑的发展及现状

中国近代高层建筑是指在1840~1949年建造的不同于古代建筑的高层建筑。大多集中在天津、上海、武汉还有北京等都市和通商口岸城市，以上海外滩的近代高层建筑最为突出。

位于上海市黄浦区的黄浦江畔的外滩（图1.1-2），是整个上海近代城市开始的起点。

1950年之后，我国陆续建成一些高层建筑，如1959年建成的北京民族饭店，有12层，高47.4m。1964年建成的北京民航办公大楼，有15层，高60.8m。20世纪70年代后期，在上海和北京修建了一些高层住宅，如北京前三门住宅和复兴门外大街两侧的住宅

图1.1-2　上海外滩街景

群，但大多为 10～16 层的小高层住宅。1976
年建成的广州白云宾馆，有 33 层，高
114.5m。

随着 20 世纪 80 年代国家的改革开放，深
圳、珠海、厦门等经济特区的建立，沿海的经
济活力释放出巨大的能量，深圳从一个边境小
渔村变为现代化的国际大都市。20 世纪 80 年
代开始，深圳建成一批超高层建筑，如 1996
年 3 月建成的地王大厦（图 1.1-3），有 69 层，
高 383.95m，在 2011 年以前一直保持着深圳
超高层建筑的最高纪录。

20 世纪 90 年代在与外滩隔江相对的浦东
陆家嘴，建起一批上海标志性建筑，例如东方
明珠、金茂大厦、上海中心、上海环球金融中
心等（图 1.1-4）。

进入 21 世纪，我国的超高层建筑进入了
一个大发展时期。超高层摩天大楼的高度纪录

图 1.1-3 深圳地王大厦

几年就被刷新一遍。近年来建造的 500m 高度以上的建筑有：北京中信大厦（建筑高度为
528m），广州周大福金融中心（建筑高度为 530m），天津周大福金融中心（建筑高度为
530m），沈阳宝能环球金融中心（建筑高度为 565m），武汉绿地中心（建筑高度为
606m），上海中心大厦（建筑高度为 632m），深圳平安金融中心（塔尖高度为 660m）。
图 1.1-5 是建设中的深圳平安金融中心。

图 1.1-4 上海陆家嘴高楼群

北京及周边地区为地震的高烈度区。该区域是历史破坏性地震多发地区，曾多次遭
受地震的影响，长期以来，北京地区超高层建筑的建设相对谨慎。同时，由于对古都风

貌的保护，规划市区的整体建筑高度有很大限制，所以，北京超高层建筑数量相对于上海、深圳等沿海城市要少。近年来，随着城市发展的需要，在设计手段、建造能力大大提高的前提下，超高层整体高度有较大提高。城市东部 CBD 商务核心区产生了超高层建筑群。

图 1.1-5　建设中的深圳平安金融中心

1.2　超高层建筑的结构类型

超高层建筑结构类型，以主要结构材料进行划分可分为钢筋混凝土结构、钢结构、钢与混凝土组成的混合结构等。

1.2.1　钢筋混凝土结构

钢筋混凝土结构在高层和超高层结构中应用较广泛。钢筋混凝土是钢筋与混凝土两种材料互补而成，它充分发挥了各自的优势。钢筋混凝土结构中混凝土作为结构的主体，有着材料来源丰富、制作工艺简单、价格低廉等优势，但也有抗压能力高、抗拉能力低、材质有脆性等缺点，只有在加入钢筋后，才能改善和提高结构的承载力和延性。将宜腐蚀的钢筋埋入混凝土，具有整体性好，承载力和刚度大，耐火、耐腐蚀的结构特性。

此外，混凝土材料在硬化之前是以松散的原材层状呈现，并没有一定形状，可以根据不同的模板制作成不同的形状。混凝土结构构件形状和尺寸可以不受限制，可以浇筑成不同的形状。因此，钢筋混凝土结构得到广泛应用。各类的建筑工程，包括多层和高层建筑、厂房、大跨度建筑，桥梁和交通工程，包括水利工程的隧道、大坝、码头港口等，特别是地下工程，隧道、地铁等都可以采用钢筋混凝土结构。

钢筋混凝土结构的缺点是自重大、施工难度和周期较长、易裂、难以修复补强等。对于超高层建筑来讲，自重大增加了结构地基基础的造价，同时，结构构件尺度大，将减少建筑的有效使用空间，较大的自重在地震作用下产生的惯性力大，会增加结构自身的造

4

价。由于混凝土结构工序较多，需要支模板、绑扎钢筋、浇筑混凝土、混凝土养护，施工周期长，超高层建筑的垂直运输量非常大，钢筋、模板、混凝土都要被运送到较高的楼层，带来了管理、安全等诸多不利因素。所以，超高层建筑中采用钢结构和混合结构较普遍。单纯采用钢筋混凝土结构的建筑，其建造高度要低于钢结构和混合结构。

1.2.2　钢结构

钢材由于强度高、自重轻、延性好，是超高层建筑理想的结构材料。钢结构构件由于钢材的强度高，可做成薄壁构件，如 H 型钢、十字形型钢、钢管、矩形钢管等形状的截面，使得钢结构构件自重轻，承载力大。再加上钢的延性比混凝土结构好，具有良好的抗震性能。

钢结构的优点：①自重轻。建筑自重轻，地震作用下的惯性力相对较小，钢结构建筑自重较混凝土、混合结构轻，基础造价相对较低，特别是软土地基上的高层、超高层建筑，采用钢结构可以大大降低基础造价。②强度高。钢材的强度较高，结构断面较小，与混凝土结构相比，同样面积和层高的建筑，采用钢结构可以争取更大的使用面积和建筑净高度，提高了建筑空间的使用率。③延性好。钢结构与混凝土结构相比具有更好的延性，特别适用于有抗震要求的高层、超高层建筑。④施工工期短。钢结构的构件加工和现场吊装，工业化程度高，免去了混凝土现场浇筑养护等湿作业，工期大大缩短。综合以上因素，超高层建筑采用钢结构的综合效益高，综合造价与混凝土结构相比劣势并不明显。

钢结构的缺点：①耐久性较混凝土结构差。钢结构的耐腐蚀性能较混凝土结构差，钢构件加工完成需要除锈后进行防腐涂装，结构安装完成后还要对没有防腐涂装部位进行补漆作业。②耐火性能差。钢材的耐火性能差是钢结构的主要问题，为提高钢结构的耐火极限，钢构件、钢结构表面必须进行防火涂装，根据构件的不同耐火等级喷涂相应性能的防火涂料。③使用期间需要维护。由于防锈漆、防火涂料在使用年限内可能发生老化脱落现象，为保障建筑的正常使用，在建筑的使用周期内需进行检查、检修。

1.2.3　混合结构

混合结构系指由外围钢框架或型钢混凝土、钢管混凝土框架与钢筋混凝土核心筒组成的框架—核心筒结构，以及由外围钢框筒或型钢混凝土、钢管混凝土框筒与钢筋混凝土核心筒组成的筒中筒结构。这里的混合结构不是我们常说的砖与混凝土的混合结构，而是钢与混凝土组成的混合结构。

从构件层面上讲，这里还有一个组合结构的概念，组合结构是钢与混凝土组合成的一种独立的结构形式。组合结构是从构件形式上相对于纯钢结构构件和钢筋混凝土构件而言的。国外称之为钢骨混凝土柱结构或劲性钢筋混凝土。建设部 2001 年颁布的《型钢混凝土组合结构技术规程》JGJ 138 正式将这种结构称作型钢混凝土组合结构，2006 年发布了《钢骨混凝土结构技术规程》YB 9082，俗称"冶标"。虽然叫法略有差异，但内容基本是相似的。组合结构的构件由型钢、钢筋和混凝土组合而成，其受力截面除了钢筋混凝土外，型钢（包括钢管、钢板等）以其固有的强度和延性与钢筋、混凝土共同工作。《组合结构设计规范》JGJ 138—2016 进一步明确了组合结构构件是由型钢、钢管或钢板与钢筋混凝土组合，能整体受力的结构构件，组合结构是由组合结构构件组成的结构，以及由组合结构构件与钢构件、钢筋混凝土构件组成的结构。

构件的基本形式包括将型钢埋入钢筋混凝土内部的型钢混凝土梁、型钢混凝土柱、钢管混凝土柱、矩形钢管混凝土柱、型钢混凝土剪力墙、钢板混凝土剪力墙、带钢斜撑混凝土剪力墙，以及钢与混凝土组合梁等。型钢混凝土柱的型钢截面配筋形式见图 1.2-1。钢管混凝土柱截面形式见图 1.2-2。钢与混凝土组合剪力墙截面形式见图 1.2-3。

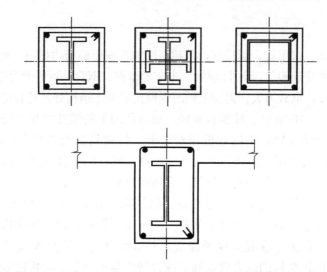

图 1.2-1　型钢混凝土梁的型钢截面配筋形式

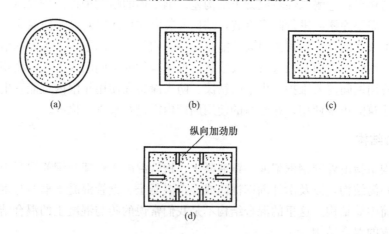

图 1.2-2　钢管混凝土柱截面形式

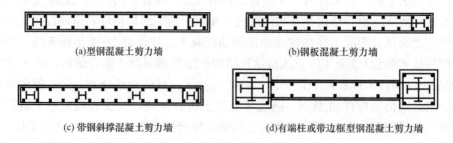

图 1.2-3　钢与混凝土组合剪力墙截面形式

组合结构与钢结构相比具有防火性能好，结构局部和整体稳定性好，节省钢材的优点。

组合结构与传统的钢筋混凝土结构相比，具有承载力大、刚度大、抗震性能好的优点，并且施工周期短。

组合结构也有如下缺点：

组合结构与钢结构相比，施工比较复杂，特别是内置型钢需要与钢筋焊接、螺栓连接或栓焊连接，在内置型钢连接完成后还要绑扎钢筋、支模板、浇筑混凝土。与钢筋混凝土结构相比，多了钢结构施工工序，与钢结构相比，增加了钢筋混凝土的施工工序。内置型钢的组合构件、组合结构的施工相对复杂，如有斜交构件的，如加强层的腰桁架、伸臂桁架等位置，施工周期较钢结构要长。

1.3 高层、超高层建筑结构施工技术的发展

施工技术的发展在高层、超高层建筑发展中起决定性作用。现代超高层建筑和复杂超高层建筑的施工是一个较复杂的系统工程，施工水平、施工能力代表一个企业，乃至一个国家的综合实力。

现代超高层建筑施工要求有精确的测量水平，强大的运输能力，特别是垂直运输能力，精准的构件制作及安装工艺。随着建造技术和工程机械的不断发展，现代超高层建筑的高度越来越高。

1.3.1 混凝土施工技术

混凝土结构的施工主要是放线定位、钢筋绑扎、模板施工、浇筑混凝土等，包括混凝土养护、拆除模板、测量抄平等工序。由于混凝土需要一个水化、硬化的过程，新浇筑的混凝土要达到一定强度才能拆模，进行下一步施工，所以，钢筋混凝土结构无法做到连续施工，施工周期较长。但钢筋混凝土的施工技术相对简单。随着新型模板、泵送混凝土、免振捣混凝土等新技术、新工艺的出现，改变了以往混凝土结构施工笨拙的印象。

近年来，随着超高层建筑高度的不断发展，泵送高度超过300m的建筑工程越来越多，超高泵送混凝土技术已成为超高层建筑施工中的关键技术之一。上海环球金融中心泵送混凝土的泵送高度接近500m。超高泵送混凝土技术的发展，使得超高层钢筋混凝土结构的建造成为可能。

1.3.2 钢结构施工技术

钢结构建筑往往地下部分和基础采用钢筋混凝土结构，地上部分为钢结构，混合结构、组合结构结合了混凝土结构和钢结构的施工特点。

高层和超高层钢结构的施工技术包括钢构件的加工制作、钢结构安装、施工测量技术、连接技术（焊接连接技术和高强度螺栓连接技术）等。这里仅做一个简单叙述，以下各章节结合实际工程有详细论述。

1. 钢构件的加工制作

钢结构构件的加工制作是在将设计施工图深化为构件加工图的基础上，根据构件加工图对钢板板材进行切割、加工、组装焊接成构件的过程。钢构件、零件的切割精度直接影响构件的焊接质量，随着数控切割机的出现，已经可以高精度地切割不同形状的构件。

2. 焊接技术

钢结构焊接连接技术常用的有手工电弧焊、全自动或半自动埋弧焊、气体保护焊、电渣焊等。

3. 吊装安装技术

钢结构高处吊装主要采用塔式起重机。随着工程机械的发展，吊装能力的提高，保证了超高层钢构件的吊装、安装。

4. 测量技术

建筑工程的测量涵盖工程投资建设的各个阶段，建筑工程建设的规划、勘察、设计、施工、管理等各个阶段都需要进行测量工作，而建筑施工过程中的测量直接关系到建设工程的质量，是施工的关键环节。超高层建筑由于其高度高的特点，对测量技术要求更高。随着超声波测距、红外测距、激光测距，以及卫星定位等现代化的测量手段的应用，使得超高层建筑的测量变得更方便、更准确。

2 超高层建筑结构的设计特点

2.1 结构受力特点

2.1.1 受力特点

水平作用是超高层建筑结构设计的主要控制因素。在层数较低的建筑结构中，水平荷载产生的结构内力较小，结构以承受竖向荷载为主。但高层特别是超高层建筑，随着高度的增加，水平荷载成为结构设计中的主要控制因素。水平荷载包括风力和地震作用，楼房的高度越高，水平荷载作用越大，而且，水平荷载作用于结构的重量、刚度和动力特性关系密切，水平荷载引起的作用效应会由于结构动力特性的不同而发生较大幅度的变化。

1. 地震作用

作用在结构上的地震作用是由于地震波产生地面运动，并通过房屋基础传至上部结构引起结构产生震动。作用在建筑物、结构物上的地震作用，其更本质是强烈地面运动引起的惯性力。建筑物质量越大，惯性力越大；建筑物高度越高，地震作用的放大作用就越大。在地震区，地震作用往往是结构设计的控制要素。

2. 风荷载

风荷载是除地震作用以外高层、超高层建筑承受的主要水平荷载。在地震基本烈度较低，风力较大的地区，风荷载会对结构起到主要的控制作用。

1) 建筑物表面风压

风是大气流动形成的，当建筑物阻碍了风的流动，就在建筑表面形成高压气幕，建筑物表面会受到一定的压力。风通过建筑物后，在建筑背面气流形成漩涡，对建筑物产生吸力。建筑物表面形成的风压力和风吸力呈不均匀分布。风压力与近地风的性质、风速，以及建筑高度、体型、风振有关。

对于重要且体型复杂的房屋和构筑物，应由风洞试验确定。房屋高度大于 200m 或有下列情况之一时，宜进行风洞试验判断确定建筑物的风荷载：①平面形状或立面形状复杂；②立面开洞或连体建筑；③周围地形和环境较复杂。

2) 顺风向风振

风作用是不规律的，风压随着风速和风向的变化不停地变化。风力除了平均风外，还有脉动风。脉动风会在建筑物上产生一定的振动效应，对于一般建筑，风振效应不明显，仅将风载作为静载考虑，但对于高度大、刚度小的高层和超高层建筑，风振效应不可忽略。除了顺风向风振，还应考虑横风向和扭转风振的影响。

3) 横风向和扭转风振

当建筑物受到风力作用时，不但顺风向可能发生风振，而且在一定条件下，也能发生横风向的风振。横风向风振是由不稳定的空气动力形成，其性质远比顺风向更为复杂，其中包括旋涡脱落、驰振、颤振、扰振等空气动力现象。对圆截面柱体结构,当发生旋涡脱落时,若脱落频率与结构自振频率相符,将出现共振。

对于非圆截面的柱体,同样也存在旋涡脱落等空气动力不稳定问题,但其规律更为复杂,国外的风荷载规范逐渐趋向于也按随机振动的理论建立计算模型,目前,规范仍建议对重要的柔性结构,应在风洞试验的基础上进行设计。荷载规范规定,对非圆形截面的结构,横风向风振的等效风荷载宜通过空气弹性模型的风洞试验确定。

图 2.1-1 风洞试验模型

3. 风洞试验

风洞试验有两个目的:①风压试验结果可以为主体结构和围护结构提供风荷载的设计依据;②可以通过风洞试验对建筑物周围的风环境作出评价。以北京 CBD 核心区 Z13 项目为例,该项目委托中国建筑科学研究院建研科技股份有限公司对北京 CBD 核心区 Z13 地块进行了风洞测压试验(图 2.1-1 为风洞试验模型,图 2.1-2 为风洞试验模型测点布置)和行人高度风环境试验。

而近年来关于建筑风环境的研究更是受到越来越多的关注。这是由于城市中出现了越来越多的超高、超大型建筑群体,这些建筑群体的出现改变了城市的局部风环境。而人们生活水平的提高,对于居住环境和生活质量也提出了更高的要求。因此对建筑物周边的风环境评估,对于提升建筑群的品质和适用性、改善人们的生活环境都有着重要的意义。

建筑物本身对风来说是一种阻碍物,它的存在将改变气流的方向和速度大小,形成多种流动形态,形成如"穿堂风"等建筑物风环境。建筑形成的局部强风和涡旋,会造成行人活动困难,给人们的生活带来极大不便。进行风环境评估的主要手段是数值计算和风洞模拟,而对于外形复杂的建筑物风洞试验可得出可靠的结果。

(1)风洞测压试验

1)测点体型系数和 50 年重现期极值风压的统计值。

2)测点体型系数随风向的变化。

(2)行人高度风环境试验

冬季建筑物周围人行区距地 1.5m 高处风速<5m/s 是不影响人们正常室外活动的基本要求。根据《绿色建筑评价标准》GB/T 50378—2019 的规定,场地风环境要有利于室外行走、活动舒适和建筑的自然通风,

图 2.1-2 风洞试验模型测点布置

在冬季典型风速和风向条件下，建筑周围人行区风速小于 5m/s。

Z13 项目建筑周围的全年平均风速最大为 2.5m/s，满足我国国家标准《绿色建筑评价标准》GB/T 50378—2019 中平均风速小于 5m/s 的要求。

2.1.2 结构侧向刚度和变形成为重要控制指标

高层、超高层建筑承受水平荷载较多层建筑大得多，水平作用包括风荷载和地震作用。如果把超高层建筑比作一个简单的悬臂构件，由重力荷载产生的竖向力与建筑高度成正比；而由水平力产生的弯矩是与建筑高度的平方成正比；水平力作用下产生的侧向结构位移与建筑高度的四次方成正比。因此，超高层建筑结构构件在承受竖向荷载的情况下，还要抵抗水平荷载产生的较大的弯矩、剪力和竖向拉压力。同时，建筑高度越高，水平力引起的变形就越大，所以，超高层建筑不仅要有足够的承载力，还要有足够的刚度。高层和超高层建筑结构侧向刚度成为结构设计的重要指标。

高层建筑层数多、高度大，为保证高层建筑结构具有必要的刚度，应对其楼层位移加以控制。侧向位移控制实际上是对构件截面大小、刚度大小的一个宏观指标。

1. 层间位移和层间位移角限值

在正常使用条件下，限制高层建筑结构层间位移的主要目的有两点：

1）保证主结构基本处于弹性受力状态，对钢筋混凝土结构来讲，要避免混凝土墙或柱出现裂缝。同时，将混凝土梁等楼面构件的裂缝数量、宽度和高度限制在规范允许范围之内。

2）保证填充墙、隔墙和幕墙等非结构构件的完好，避免产生明显损伤。

迄今，控制层间变形的参数有三种：即层间位移与层高之比（层间位移角）；有害层间位移角；区格广义剪切变形。其中层间位移角是应用得最广泛，最为工程技术人员所熟知的。

2. 风荷载作用下的舒适度

高层建筑物在风荷载作用下将产生振动，过大的振动加速度将使在高楼内居住的人们感觉不舒适，甚至不能忍受。这就要求高层建筑，无论是混凝土结构还是钢结构都应具有良好的使用条件，满足舒适度的要求。高层建筑的风振反应加速度包括顺风向最大加速度、横风向最大加速度和扭转角速度。

现行"规范"规定，房屋高度不小于 150m 的高层混凝土建筑结构应满足风振舒适度要求。按国家标准《建筑结构荷载规范》GB 50009—2012 规定的 10 年一遇的风荷载取值计算或专门用风洞试验确定的结构顶点最大加速度，对住宅、公寓 a_{max} 不大于 0.15 m/s²，对办公楼、旅馆 a_{max} 不大于 0.25m/s²。计算舒适度时结构阻尼比的取值，一般情况，对混凝土结构取 0.02，对混合结构可根据房屋高度和结构类型取 0.01～0.02。

2.1.3 P-Δ 效应

P-Δ 效应是指由于结构的水平变形而引起的重力附加效应，可称之为重力二阶效应，结构在水平力（风荷载或水平地震作用）作用下发生水平变形，在重力荷载作用下，结构因水平变形而引起附加效应。影响结构 P-Δ 效应因素包括水平作用的大小、结构的侧向刚度、结构的延性和重力荷载的大小等。

多层结构在水平力作用下水平位移不大，且上部结构层数有限，重力荷载不大，结构的 $P\text{-}\Delta$ 效应不明显。高层、超高层建筑高度越高，结构发生的水平侧移绝对值较大，$P\text{-}\Delta$ 效应显著，水平变形过大，上部的重力荷载在侧向变形下产生附加弯矩，当总内力超过结构的承载力时，可能因重力二阶效应而导致结构破坏。

我国现行抗震规范规定，当结构在地震作用下的重力附加弯矩大于初始弯矩的 10% 时，应计入重力二阶效应的影响。重力附加弯矩指任一楼层以上全部重力荷载与该楼层地震平均层间位移的乘积；初始弯矩指该楼层地震剪力与楼层层高的乘积。

框架结构和框架—抗震墙（支撑）结构在重力附加弯矩 M_a 与初始弯矩 M_0 之比符合下式条件下，应考虑几何非线性，即重力二阶效应的影响。

$$\theta_i = \frac{M_a}{M_0} = \frac{\sum G_i g\, \Delta u_i}{V_i g h_i} > 0.1 \qquad (2.1\text{-}1)$$

式中：g——重力加速度；

    θ_i——稳定系数；

$\sum G_i$——i 层以上全部重力荷载计算值；

    Δu_i——第 i 层楼层质心处的弹性或弹塑性层间位移；

    V_i——第 i 层地震剪力计算值；

    h_i——第 i 层层间高度。

式（2.1-1）考虑了重力二阶效应影响的下限，其上限则受弹性层间位移角限值控制。对于混凝土结构，弹性位移角限值较小，上述稳定系数一般在 0.1 以下，可不考虑弹性阶段重力二阶效应影响。

当在弹性分析时，作为简化方法，二阶效应的内力增大系数可取 $1/(1-\theta)$。

当在弹塑性分析时，宜采用考虑所有受轴向力的结构和构件的几何刚度的计算机程序进行重力二阶效应分析，亦可采用其他简化分析方法。

混凝土柱考虑多遇地震作用产生的重力二阶效应的内力时，不应与混凝土规范承载力计算时考虑的重力二阶效应重复。

2.1.4 结构的延性

除了结构的承载力和刚度外，有抗震设防要求的建筑还需要具有良好的抗震性能。我国建筑抗震设防目标是："当遭受低于本地区抗震设防烈度的多遇地震影响时，主体结构不受损坏或不需修理可继续使用；当遭受相当于本地区抗震设防烈度的设防烈度地震影响时，可能发生损坏，但经一般性修理仍可继续使用；当遭受高于本地区抗震设防烈度的罕遇地震影响时，不致倒塌或发生危及生命的严重破坏。"这就是通常所说的"三水准的设防目标"即"小震不坏，中震（设防烈度地震）可修，大震不倒"。

为了达到上述抗震设防目标，结构必须具有延性。结构延性系指结构在进入屈服阶段后的塑形变形能力。结构在能够维持一定的承载力的情况下，通过塑性变形耗散地震作用产生的能量，满足"大震不倒"的设防目标。

结构的延性与诸多因素有关，如结构材料、结构体系、构件设计、连接节点构造等。有抗震要求的高层和超高层建筑，结构的选型与结构布置显得尤为重要。

2.2 结构的稳定性

2.2.1 整体稳定

结构整体稳定性是高层建筑结构设计的基本要求。研究表明，高层建筑混凝土结构仅在竖向重力荷载作用下产生整体失稳的可能性很小。高层建筑结构的稳定设计主要是控制在风荷载或水平地震作用下，重力荷载产生的二阶效应不致过大，以免引起结构的失稳、倒塌。结构的刚度和重力荷载之比（简称刚重比）是影响重力 $P\text{-}\Delta$ 效应的主要参数。结构的刚重比应满足规范相应的规定，重力 $P\text{-}\Delta$ 效应控制在 20% 之内，结构的稳定具有适宜的安全储备。若结构的刚重比进一步减小，则重力 $P\text{-}\Delta$ 效应将会呈非线性关系急剧增长，直至引起结构的整体失稳。如不满足规定，应调整并增大结构的侧向刚度。

1. 高层建筑混凝土结构的整体稳定性应符合下列要求

1) 剪力墙结构、框架—剪力墙结构、筒体结构

$$EJ_\mathrm{d} \geqslant 1.4 H^2 \sum_{i=1}^{n} G_i \tag{2.2-1}$$

2) 框架结构

$$D_i \geqslant 10 \sum_{j=i}^{n} G_j / h_i \quad (i = 1, 2, \cdots, n) \tag{2.2-2}$$

2. 高层民用建筑钢结构的整体稳定性应符合下列要求

1) 框架结构

$$D_i \geqslant 5 \sum_{j=i}^{n} G_j / h_i \quad (i = 1, 2, \cdots, n) \tag{2.2-3}$$

2) 框架—支撑结构、框架—延性墙板结构、筒体结构和巨型框架结构

$$EJ_\mathrm{d} \geqslant 0.7 H^2 \sum_{i=1}^{n} G_i \tag{2.2-4}$$

式中：D_i——第 i 层的抗侧刚度（kN/mm），可取该层剪力与层间位移的比值；

h_i——第 i 楼层高度（mm）；

G_i、G_j——分别为 i、j 楼层重力荷载设计值（kN），取 1.2 倍的永久荷载标准值与 1.4 倍的楼面可变荷载标准值的组合值；

H——房屋高度（mm）；

EJ_d——结构一个主轴方向的弹性等效侧向刚度（kN·mm²）；可按倒三角分布荷载作用下结构顶点位移相等的原则，将结构的侧向刚度折算为竖向悬臂受弯构件的等效侧向刚度。

2.2.2 整体倾覆

高层建筑由于质心高、荷载重，对基础底面一般难免有偏心。建筑物在沉降的过程中，建筑的总重量对基础底面形心将产生新的倾覆力矩增量，而此倾覆力矩增量又产生新的倾斜增量，倾斜随之增长，直至地基变形稳定为止。因此，为减少基础产生倾斜，应尽量使结构竖向荷载重心与基础底面形心相重合。实际工程平面形状复杂时，偏心距及

13

其限值难以准确计算。为保证整体抗倾覆的安全性，相关规范要求控制基底零应力区不致过大，在重力荷载与水平荷载标准值或重力荷载代表值与多遇水平地震标准值的共同作用下，高宽比大于4的高层建筑，基础底面不宜出现零应力区；高宽比不大于4的高层建筑，基础底面与地基之间零应力区面积不应超过基础底面面积的15％。质量偏心较大的裙楼与主楼可分别计算基底应力。

高层建筑基础要有一定的埋置深度。地震作用下结构的动力效应与基础埋置深度关系比较大，软弱土层时更为明显，因此，高层建筑的基础应有一定的埋置深度，当基础埋置深度较大，土的侧向约束可以抗倾覆和滑移，确保建筑物的安全。

我国高层建筑层数越来越多，高度不断增高。在确定埋置深度时，应综合考虑建筑物的高度、体型、地基土质、抗震设防烈度等因素。基础埋置深度可从室外地坪算至基础底面，天然地基或复合地基，可取房屋高度的1/15；桩基础，不计桩长，可取房屋高度的1/18。当地基可能产生滑移时，应采取有效的抗滑移措施。

2.3 结构体系选择

由于高层、超高层建筑结构水平力成为设计的主控因素，因此抗侧力结构体系的选择是结构设计的关键所在。不同的结构材料，不同的抗侧力体系的受力特点、侧向刚度大小、抗震性能等都有所不同，其适应范围也不同。比如，框架结构适合建筑空间的灵活布置，在办公、会议、车间、商业、餐饮等功能的建筑中广泛采用。但当建筑高度较高、层数较多时，框架结构的梁、柱断面尺寸较大，用钢量大。较高的高层建筑需要采用侧向刚度更大的结构体系，如框架—剪力墙、框架—支撑结构，更高的超高层建筑会采用筒体结构、巨型结构、大型支撑结构等。

2.3.1 高层、超高层混凝土结构

高层、超高层混凝土结构是指钢筋混凝土结构组成的多种结构体系。按抗侧力构件的不同可分为钢筋混凝土框架结构、钢筋混凝土剪力墙结构、钢筋混凝土框架—剪力墙结构、部分框支剪力墙结构、钢筋混凝土框架—核心筒结构、筒体结构等。

2.3.2 钢结构

钢结构由于其强度高、延性好、自重轻的特点，更适合建造较高的高层和超高层建筑。全钢结构的结构体系主要有：钢框架结构、钢框架—支撑结构（框架—中心支撑结构、框架—偏心支撑结构、框架—屈曲约束支撑结构、框架—延性墙板结构）、筒体结构（框筒、筒中筒、束筒），巨型框架结构，以及大型支撑结构等形式。前述所介绍的纽约世贸中心就是采用框筒结构。

2.3.3 钢—混凝土混合结构（组合结构）

超高层混合结构体系包括钢框架—钢筋混凝土核心筒、型钢（钢管混凝土）框架—钢筋混凝土核心筒、钢外筒—钢筋混凝土核心筒、型钢（钢管混凝土）外筒—钢筋混凝土核心筒。随着超高层建筑高度的增加，高度较高的混合结构往往设计成带加强层的型钢（钢

管混凝土）巨型柱—型钢混凝土核心筒结构，如深圳平安中心等工程。

超高层建筑结构往往采用筒体结构，图 2.3-1～图 2.3-3 是超高层建筑结构常见的几种柱网平面布置形式。

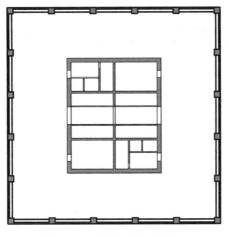

图 2.3-1　框架　核心筒结构

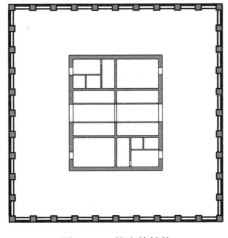

图 2.3-2　筒中筒结构

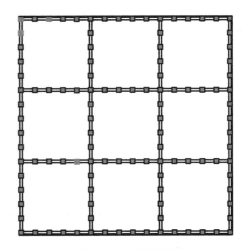

图 2.3-3　成束筒结构

2.3.4　结构体系选择

高层和超高层建筑结构与较低的多层建筑不同，高层和超高层建筑总重量大，结构构件既要承受较大的重力荷载，还要承担水平荷载产生的较大弯矩、剪力和倾覆弯矩。要求高层和超高层建筑结构材料应具有较高的强度、较好的延性、较轻的自重。根据材料的强度和延性不同，高层和超高层建筑多采用钢筋混凝土结构、钢结构、混合结构。

高层和超高层结构体系的选择过程中，需要考虑不同结构体系的适用高度。我国现行规范的各类结构形式的适用高度有一定的限值，适用高度是指现行规范的适用的最大高度，并非房屋能够建造的最大高度。适用高度的意义是房屋规范最大适用高度范围内，按现行规范设计是有安全保障的，超过现行规范的最大适用高度的建筑结构，按现行规范设计无法保证其安全性，需做专门研究和专项论证。

以下是现行规范各种结构体系的最大适用高度，超过表内最大适用高度的均应进行超限高层建筑抗震专项审查，经审查合格后才能进行施工图设计。

1. 钢筋混凝土高层建筑结构的最大适用高度见表2.3-1。

表2.3-1

钢筋混凝土高层建筑结构的最大适用高度（m）

结构体系		非抗震设计	抗震设防烈度				
			6度	7度	8度		9度
					0.2g	0.3g	
框架		70	60	50	40	35	—
框架—剪力墙		150	130	120	100	80	50
剪力墙	全部落地剪力墙	150	140	120	100	80	60
	部分框支剪力墙	130	120	100	80	50	不应采用
筒体	框架—核心筒	160	150	130	100	90	70
	筒中筒	200	180	150	120	100	80
板柱—剪力墙		110	80	70	55	40	不应采用

注：g 是重力加速度。

2. 高层民用建筑钢结构的适用高度见表2.3-2。

表2.3-2

高层民用建筑钢结构适用的最大高度（m）

结构体系	非抗震设计	抗震设防烈度				
		6度 7度（0.1g）	7度 （0.15g）	8度		9度 （0.4g）
				0.2g	0.3g	
框架	110	110	90	90	70	50
框架—中心支撑	240	220	200	180	150	120
框架—偏心支撑 框架—屈曲约束支撑 框架—延性墙板	260	240	220	200	180	160
筒体（框筒、筒中筒、桁架筒、束筒）巨型框架	360	300	280	260	240	180

注：g 是重力加速度。

3. 组合结构的适用高度

组合结构房屋的最大适用高度见表2.3-3。

表2.3-3

组合结构房屋的最大适用高度（m）

结构体系		非抗震设计	抗震设防烈度				
			6度	7度	8度		9度
					0.2g	0.3g	
框架结构	型钢（钢管）混凝土框架	70	60	50	40	35	24
框架—剪力墙结构	型钢（钢管）混凝土框架—钢筋混凝土剪力墙	150	130	120	100	80	50
剪力墙	钢筋混凝土剪力墙	150	140	120	100	80	60
部分框支剪力墙	型钢（钢管）混凝土转换柱—钢筋混凝土剪力墙	130	120	100	80	50	不应采用

结构体系		非抗震设计	抗震设防烈度				
			6度	7度	8度		9度
					0.2g	0.3g	
框架—核心筒结构	钢框架—钢筋混凝土核心筒	210	200	160	120	100	70
	型钢（钢管）混凝土框架—钢筋混凝土核心筒	240	220	190	150	130	70
筒中筒结构	钢外筒—钢筋混凝土核心筒	280	260	210	160	140	80
	型钢（钢管）混凝土外筒—钢筋混凝土核心筒	300	280	230	170	150	90

注：g 是重力加速度。

需要说明的是，目前在我国已经没有非抗震地区，所有的建筑都要进行抗震设计。为保持规范完整性，以上的各个表中均保留了相关规范中非抗震设计的最大适用高度。

4. 超高层结构体系的选择还要考虑抗震概念设计要求，并考虑高层建筑防火要求，以及抗偶然荷载作用下可能产生的连续倒塌问题。

1）结构单元之间要么采取牢固连接，要么采取合理分离的方法。

2）尽可能设置多道防线。

3）结构要具有足够的承载能力、刚度、延性和耗能能力。

4）合理布置抗侧力构件，减少地震作用下的扭转效应。

5）结构刚度、承载力沿高度均匀布置，避免刚度和承载力突变造成薄弱部位和薄弱层。

6）结构应有一定的延性和抗倒塌能力。

7）合理控制结构的屈服过程和屈服机制。

8）抗震设计遵行"强柱弱梁、强剪弱弯、强节点弱杆件"的原则。

9）材料的耐火性能。

10）结构设计要有冗余度。

从现行规范最大适用高度表中的数值，可以看出不同结构体系的性能，可为我们在实际工程中结构体系的选择提供参考。钢结构由于其材料的轻质高强、较好的延性，可以建造较高的超高层建筑。美国芝加哥的西尔斯大厦采用纯钢结构，高度达 442m。

混凝土结构由于其自重大，施工较复杂等原因，当建筑达到一定高度后，建筑造价会成倍增长。

混合结构结合了钢筋混凝土结构和钢结构的优点，特别是具有较好的耐火性能，在纽约世贸中心坍塌事件之后，大多数的超高层建筑放弃了纯钢结构的方案，大多采用混合结构。如高度为 632m 的上海中心大厦、高度为 492m 的上海环球金融中心、高度为 530m 的广州东塔（广州周大福金融中心）、高度大于 600m 的深圳平安中心、高度为 528m 的北京 CBD 核心区 Z15（中国尊）等项目均采用混合结构。

5. 超高层建筑结构的常见结构形式

超高层建筑使用功能大多是办公、公寓和酒店等。其结构形式是由建筑中心的服务核心和周边使用空间组成。核心区域集合了电梯井道、消防楼梯间和前室、电气和设备机房、管道井，及卫生间等服务性空间，核心区域的大小、位置和布局与建筑功能、建筑体型及平面形状等因素密切相关。公共服务核心区以外是建筑的主要功能性区域，也叫使用区域，是真正根据建筑使用功能能够带来效益的区域。

1) 核心筒。核心筒内集中了竖向交通的楼梯间、电梯井、设备、电气井道等，可以沿建筑高度连续布置剪力墙等抗侧力构件，一般情况下采用刚度大、耐火性能好的钢筋混凝土结构，形成钢筋混凝土核心筒。

2) 外框架。核心筒以外的区域一般要求开敞，便于灵活布置。特别是写字楼，在核心筒至外框柱之间布置成大跨度开敞办公室。外框架一般由型钢混凝土柱、钢柱或钢管（矩形管）混凝土柱和钢梁组成。

3) 楼面、屋面采用钢梁，楼板采用楼承板，包括闭口的压型钢板叠合板或钢筋桁架楼承板。钢梁与楼承板的组合，免去了混凝土现浇楼板施工时的高处支模和脚手架，钢梁吊装完毕铺装楼承板后可以直接上人作业。由于不需要高层支模和高处运输模板、脚手架，减少了超高层高处作业的强度。目前国内外超高层建筑大多采用这种楼盖形式。

2.4 防连续倒塌

很多建筑坍塌事故都与结构连续倒塌有关。结构连续倒塌事故在国内外并不罕见，英国某公寓煤气爆炸倒塌；美国某大楼和我国某大厦特大火灾后倒塌，法国戴高乐机场候机厅倒塌等都是比较典型的结构连续倒塌事故。每一次事故都造成了重大人员伤亡和财产损失，给地区乃至整个国家都造成了严重的负面影响。进行必要的结构防连续倒塌设计，当偶然事件发生时，将能有效控制结构破坏范围。

结构防连续倒塌设计在欧美多个国家得到了广泛关注，英国、美国、加拿大、瑞典等国颁布了相关的设计规范和标准。比较有代表性的有美国《新联邦大楼与现代主要工程抗连续倒塌分析与设计指南》，美国国防部《建筑抗连续倒塌设计》，以及英国有关规范对结构防连续倒塌设计的规定等。

2.4.1 连续倒塌概念

结构连续倒塌是指结构因突发事件或严重超载而造成局部结构破坏失效，继而引起与失效破坏构件相连的构件连续破坏，最终导致相对于初始局部破坏更大范围的倒塌破坏。结构产生局部构件失效后，破坏范围可能沿水平方向和竖直方向发展，其中破坏沿竖向发展影响更为突出。当偶然因素导致局部结构破坏失效时，如果整体结构不能形成有效的多重荷载传递路径，破坏范围就可能沿水平或者竖直方向蔓延，最终导致结构发生大范围的倒塌甚至是整体倒塌。

偶然荷载作用包括冲击荷载、爆炸、火灾、飓风、地基局部沉陷等。当结构的局部或个别构件在偶然荷载作用下发生破坏，其附近的结构构件能够承担局部结构构件失效后转换而来的重力荷载，保障整体结构不至于倒塌，那么这个结构的防倒塌性能良好。

2.4.2 防连续倒塌设计的基本要求

1. 一般结构防连续倒塌设计宜符合下列要求：

1) 采取减小偶然作用效应的措施。

2) 采取使重要构件及关键传力部位避免直接遭受偶然作用的措施。

3）在结构容易遭受偶然作用影响的区域增加冗余约束，布置备用的传力途径。

4）增强疏散通道、避难空间等重要结构构件及关键传力部位的承载力和变形性能。

5）配置贯通水平、竖向构件的钢筋，并与周边构件可靠地锚固。

6）设置结构缝，控制可能发生连续倒塌的范围。

2. 重要结构的防连续倒塌设计可采用下列方法：

1）局部加强法：提高可能遭受偶然作用而发生局部破坏的竖向重要构件和关键传力部位的安全储备，也可直接考虑偶然作用进行设计。

2）拉结构件法：在结构局部竖向构件失效的条件下，可根据具体情况分别按梁—拉结模型、悬索—拉结模型和悬臂—拉结模型进行承载力验算，维持结构的整体稳固性。

3）拆除构件法：按一定规则拆除结构的主要受力构件，验算剩余结构体系的极限承载力，也可采用倒塌全过程分析进行设计。

3. 高层建筑结构防连续倒塌设计方法

高层、超高层建筑结构应具有在偶然作用发生时适宜的防连续倒塌能力。国家标准《工程结构可靠性设计统一标准》GB 50153—2008 和《建筑结构可靠性设计统一标准》GB 50068—2018 对偶然设计状态均有定性规定。

我国现行规范规定，安全等级为一级时，应满足防连续倒塌概念设计的要求；安全等级为一级且有特殊要求时，可采用拆除构件方法进行防连续倒塌设计。这是结构防连续倒塌的基本要求。

1）安全等级为一级的高层建筑结构应满足防连续倒塌概念设计要求；有特殊要求时，可采用拆除构件方法进行防连续倒塌设计。

2）防连续倒塌概念设计应符合下列规定：①应采取必要的结构连接措施，增强结构的整体性；②主体结构宜采用多跨规则的超静定结构；③结构构件应具有适宜的延性，避免剪切破坏、压溃破坏、锚固破坏、节点先于构件破坏；④结构构件应具有一定的反向承载能力；⑤周边及边跨框架的柱距不宜过大；⑥转换结构应具有整体多重传递重力荷载途径；⑦钢筋混凝土结构梁柱宜刚接，梁板顶、底钢筋在支座处宜按受拉要求连续贯通；⑧钢结构框架梁柱宜刚接；⑨独立基础之间宜采用拉梁连接。

3）防连续倒塌的拆除构件方法应符合下列规定：①逐个分别拆除结构周边柱、底层内部柱，以及转换桁架腹杆等重要构件；②可采用弹性静力方法分析剩余结构的内力与变形；③剩余结构构件承载力应符合式（2.4-1）要求。式（2.4-1）～式（2.4-4）引自《高层建筑混凝土结构技术规程》JGJ 3—2010 式（3.12.3）、式（3.12.4）、式（3.12.6-1）、式（3.12.6-2）内容，在该规程中，上述公式的字母解释无单位。

$$R_\mathrm{d} \geqslant \beta S_\mathrm{d} \qquad (2.4\text{-}1)$$

式中：S_d——剩余结构构件效应设计值，可按式（2.4-2）计算；

$\quad\quad R_\mathrm{d}$——剩余结构构件承载力设计值；

$\quad\quad \beta$——效应折减系数，对中部水平构件取 0.67，对其他构件取 1.0。

4）结构抗连续倒塌设计时，荷载组合的效应设计值可按式（2.4-2）确定：

$$S_\mathrm{d} \geqslant \eta_\mathrm{d}\left(S_\mathrm{Gk} + \sum \varphi_{\mathrm{q}_i} S_{\mathrm{Q}_i,\mathrm{k}}\right) + \psi_\mathrm{w} S_\mathrm{wk} \qquad (2.4\text{-}2)$$

式中：S_Gk——永久荷载标准值产生的效应；

$\quad\quad S_{\mathrm{Q}_i,\mathrm{k}}$——第 i 个竖向可变荷载标准值产生的效应；

S_{wk}——风荷载标准值产生的效应；

φ_{q_i}——可变荷载的准永久值系数；

ψ_w——风荷载组合值系数，取 0.2；

η_d——竖向荷载动力放大系数。当构件直接与被拆除竖向构件相连时取 2.0，其他构件取 1.0。

5）构件截面承载力计算时，混凝土强度可取标准值；钢材强度，正截面承载力验算时，可取标准值的 1.25 倍，受剪承载力验算时，可取标准值。

6）当拆除某构件不能满足结构防连续倒塌设计要求时，在该构件表面附加 80kN/m² 侧向偶然作用设计值，此时，其承载力应满足式（2.4-3）和式（2.4-4）的要求：

$$R_d \geqslant S_d \tag{2.4-3}$$

$$S_d = S_{Gk} + 0.6S_{Qk} + S_{Ad} \tag{2.4-4}$$

式中：R_d——构件承载力设计值；

S_d——作用组合的效应设计值；

S_{Gk}——永久荷载标准值的效应；

S_{Qk}——活荷载标准值的效应；

S_{Ad}——侧向偶然作用设计值的效应。

4. 北京 CBD 核心区 Z13 地块项目防连续倒塌分析

北京 CBD 核心区内的建设项目要求进行综合防灾设计，结构防连续倒塌分析是其中的主要设计内容。北京 CBD 核心区 Z13 项目除进行了防连续倒塌概念设计外，还采用拆除构件方法进行防连续倒塌设计。

2.5 材料

2.5.1 混凝土

1. 高层建筑混凝土结构

高层建筑混凝土结构宜采用高强高性能混凝土，各类结构用混凝土的强度等级均不应低于 C20，并应符合以下规定：

1）抗震设计时，一级抗震等级框架梁、柱及其节点的混凝土强度等级不应低于 C30。

2）筒体结构的混凝土强度等级不宜低于 C30。

3）作为上部结构嵌固部位的地下室楼盖的混凝土强度等级不宜低于 C30。

4）转换层楼板、转换梁、转换柱、箱形转换结构，以及转换厚板的混凝土强度等级均不应低于 C30。

5）预应力混凝土结构的混凝土强度等级不宜低于 C40、不应低于 C30。

6）型钢混凝土梁、柱的混凝土强度等级不宜低于 C30。

7）现浇非预应力混凝土楼盖的混凝土强度等级不宜高于 C40。

8）抗震设计时，框架柱的混凝土强度等级，9 度时不宜高于 C60，8 度时不宜高于 C70；剪力墙的混凝土强度等级不宜高于 C60。

2. 型钢混凝土钢管混凝土结构构件

型钢混凝土结构构件采用的混凝土强度等级不宜低于 C30；有抗震设防要求时，剪力墙不宜超过 C60；其他构件，设防烈度 9 度时不宜超过 C60；8 度时不宜超过 C70。钢管中的混凝土强度等级，对于 Q235 钢管，不宜低于 C40；对于 Q345 钢管，不宜低于 C50；对于 Q390、Q420 钢管，不应低于 C50。组合楼板用的混凝土强度等级不应低于 C20。

型钢混凝土组合结构构件的混凝土最大骨料直径宜小于型钢混凝土外侧混凝土保护层厚度的 1/3，且不宜大于 25mm。对浇筑难度较大或复杂节点部位，宜采用骨料更小、流动性更强的高性能混凝土。钢管混凝土构件中混凝土最大骨料直径不宜大于 25mm。

3. 混凝土各项力学指标

1）混凝土轴心抗压强度的标准值 f_{ck}，应按表 2.5-1 采用；混凝土轴心抗拉强度的标准值 f_{tk}，应按表 2.5-2 采用。

混凝土轴心抗压强度标准值（N/mm²）　　　　表 2.5-1

强度	混凝土强度等级													
	C15	C20	C25	C30	C35	C40	C45	C50	C55	C60	C65	C70	C75	C80
f_{ck}	10.0	13.4	16.7	20.1	23.4	26.8	29.6	32.4	35.5	38.5	41.5	44.5	47.4	50.2

混凝十轴心抗拉强度标准值（N/mm²）　　　　表 2.5-2

强度	混凝土强度等级													
	C15	C20	C25	C30	C35	C40	C45	C50	C55	C60	C65	C70	C75	C80
f_{tk}	1.27	1.54	1.78	2.01	2.20	2.39	2.51	2.64	2.74	2.85	2.93	2.99	3.05	3.11

混凝土强度标准值由立方体抗压强度标准值 $f_{cu,k}$ 经计算确定。

轴心抗压强度标准值 f_{ck} 按 $0.88\alpha_{c1}\alpha_{c2}f_{cu,k}$ 计算。α_{c1} 为棱柱强度与立方强度之比：C50 及以下普通混凝土取 0.76；对高强混凝土 C80 取 0.82，中间按线性插值；C40 以上考虑脆性折减系数 α_{c2}：对 C40 取 1.00，对高强混凝土 C80 取 0.87，中间按线性插值。

轴心抗拉强度标准值 f_{tk} 按 $f_{tk} = 0.88 \times 0.395 f_{cu,k}^{0.55} \times (1 - 1.645\delta)^{0.45} \times \alpha_{c2}$ 计算，其中系数 0.395 和指数 0.55 为轴心抗拉强度与立方体抗压强度的折算关系。

2）混凝土轴心抗压强度的设计值 f_c，应按表 2.5-3 采用；轴心抗拉强度的设计值 f_t，应按表 2.5-4 采用。

混凝土轴心抗压强度设计值（N/mm²）　　　　表 2.5-3

强度	混凝土强度等级													
	C15	C20	C25	C30	C35	C40	C45	C50	C55	C60	C65	C70	C75	C80
f_c	7.2	9.6	11.9	14.3	16.7	19.1	21.1	23.1	25.3	27.5	29.7	31.8	33.8	35.9

混凝土轴心抗拉强度设计值（N/mm²）　　　　表 2.5-4

强度	混凝土强度等级													
	C15	C20	C25	C30	C35	C40	C45	C50	C55	C60	C65	C70	C75	C80
f_t	0.91	1.10	1.27	1.43	1.57	1.71	1.80	1.89	1.96	2.04	2.09	2.14	2.18	2.22

轴心抗压强度设计值：$f_c = f_{ck}/1.4$；　　　　　　　　　　　　　　　　（2.5-1）

轴心抗拉强度设计值：$f_t = f_{tk}/1.4$。　　　　　　　　　　　　　　　　（2.5-2）

3）混凝土受压和受拉的弹性模量 E_c 宜按表 2.5-5 采用。

混凝土的剪切变形模量 G_c 可按相应弹性模量值的 40% 采用。

混凝土泊松比 v_c 可按 0.2 采用。

混凝土的弹性模量（ $\times 10^4 \mathrm{N/mm^2}$ ）   表 2.5-5

混凝土强度等级	C15	C20	C25	C30	C35	C40	C45	C50	C55	C60	C65	C70	C75	C80
E_c	2.20	2.55	2.80	3.00	3.15	3.25	3.35	3.45	3.55	3.60	3.65	3.70	3.75	3.80

注：1. 当有可靠试验依据时，弹性模量可根据实测数据确定；

    2. 当混凝土中掺有大量矿物掺合料时，弹性模量可按规定龄期根据实测数据确定。

混凝土的弹性模量 E_c 以其强度等级值（ $f_{cu,k}$ 为代表），按式（2.5-3）计算：

$$E_c = \frac{10^5}{2.2 + \dfrac{34.7}{f_{cu,k}}} \qquad (2.5\text{-}3)$$

4）混凝土轴心抗压疲劳强度设计值 f_c^f、轴心抗拉疲劳强度设计值 f_t^f 应分别按表 2.5-3、表 2.5-4 中的强度设计值乘以疲劳强度修正系数 γ_ρ 确定。混凝土受压或受拉疲劳强度修正系数 γ_ρ 应根据疲劳应力比值 ρ_c^f 分别按表 2.5-6、表 2.5-7 采用；当混凝土承受拉—压疲劳应力作用时，疲劳强度修正系数 γ_ρ 取 0.6。

疲劳应力比值 ρ_c^f 应按式（2.5-4）计算：

$$\rho_c^f = \frac{\sigma_{c,min}^f}{\sigma_{c,max}^f} \qquad (2.5\text{-}4)$$

式中：$\sigma_{c,min}^f$、$\sigma_{c,max}^f$——构件疲劳验算时，同一截面纤维混凝土的最小、最大应力。

混凝土受压疲劳强度修正系数 γ_ρ   表 2.5-6

ρ_c^f	$0 \leqslant \rho_c^f < 0.1$	$0.1 \leqslant \rho_c^f < 0.2$	$0.2 \leqslant \rho_c^f < 0.3$	$0.3 \leqslant \rho_c^f < 0.4$	$0.4 \leqslant \rho_c^f < 0.5$	$\rho_c^f \geqslant 0.5$
γ_ρ	0.68	0.74	0.80	0.86	0.93	1.00

混凝土受拉疲劳强度修正系数 γ_ρ   表 2.5-7

ρ_c^f	$0 < \rho_c^f < 0.1$	$0.1 \leqslant \rho_c^f < 0.2$	$0.2 \leqslant \rho_c^f < 0.3$	$0.3 \leqslant \rho_c^f < 0.4$	$0.4 \leqslant \rho_c^f < 0.5$
γ_ρ	0.63	0.66	0.69	0.72	0.74
ρ_c^f	$0.5 \leqslant \rho_c^f < 0.6$	$0.6 \leqslant \rho_c^f < 0.7$	$0.7 \leqslant \rho_c^f < 0.8$	$\rho_c^f \geqslant 0.8$	
γ_ρ	0.76	0.80	0.90	1.00	

注：直接承受疲劳荷载的混凝土构件，当采用蒸汽养护时，养护温度不宜高于 60℃。

5）混凝土疲劳变形模量 E_c^f 应按表 2.5-8 采用。

混凝土的疲劳变形模量（ $\times 10^4 \mathrm{N/mm^2}$ ）   表 2.5-8

强度等级	C30	C35	C40	C45	C50	C55	C60	C65	C70	C75	C80
E_c^f	1.30	1.40	1.50	1.55	1.60	1.65	1.70	1.75	1.80	1.85	1.90

6）当温度在 0~100℃时，混凝土的热工参数可按下列规定取值：

线膨胀系数 α_c 为 $1 \times 10^{-5}/℃$；

导热系数 λ 为 $10.6 \mathrm{kJ/(m \cdot h \cdot ℃)}$；

比热容 c 为 $0.96 \mathrm{kJ/(kg \cdot ℃)}$。

4. 除高层混凝土结构、型钢混凝土构件外，混凝土结构强度等级按下列原则选用

1）混凝土结构的混凝土强度等级应按以下标准选用：

素混凝土结构的混凝土强度等级不应低于C15；钢筋混凝土结构的混凝土强度等级不应低于C20；采用钢筋强度等级400MPa及以上的钢筋时，混凝土强度等级不应低于C25。承受重复荷载的钢筋混凝土构件，混凝土强度等级不应低于C30。

2）抗震结构的混凝土强度等级应符合下列规定：

框支梁、框支柱和抗震等级为一级的框架梁、柱、节点核心区，混凝土强度等级不应低于C30；构造柱、芯柱、圈梁及其他各类构件不应低于C20。

3）抗震结构的混凝土强度等级尚宜符合下列要求：

由于高强混凝土具有脆性，并且脆性随强度等级的提高而增加，抗震结构中要考虑此因素，对钢筋混凝土结构中的混凝土强度等级有所限制。

混凝土强度等级，抗震墙不宜超过C60，其他构件在抗震设防烈度为9度时不宜超过C60，在抗震设防烈度为8度时不宜超过C70。

5. 混凝土结构的耐久性

混凝土结构的耐久性是指混凝土结构或构件在设计使用年限内，在正常维护条件下，不需要进行大修即可满足正常使用和安全功能要求。混凝土的耐久性能包括了抗冻性、抗渗性、抗腐蚀性能、抗碳化性能、抗碱—集料反应及抗风化性能等。

混凝土结构的耐久性应符合《混凝土结构设计规范》GB 50010—2010（2015年版）的相关规定。

2.5.2 钢筋

1. 钢筋应按下列规定选用

1）纵向受力普通钢筋宜采用HRB400、HRB500、HRBF400、HRBF500钢筋，也可采用HPB300、RRB400钢筋；

2）梁、柱纵向受力普通钢筋应采用HRB400、HRB500、HRBF400、HRBF500钢筋；

3）箍筋宜采用HRB400、HRBF400、HPB300、HRB500、HRBF500钢筋；

4）预应力筋宜采用预应力钢丝、钢绞线和预应力螺纹钢筋。

2. 抗震结构所采用的钢筋和钢材的性能指标应达到以下最低要求

1）抗震等级为一、二、三级的框架和斜撑构件（含梯段），其纵向受力钢筋采用普通钢筋时，钢筋的抗拉强度实测值与屈服强度实测值的比值不应小于1.25；钢筋的屈服强度实测值与屈服强度标准值的比值不应大于1.3，且钢筋在最大拉力下的总伸长率实测值不应小于9%。

2）普通钢筋宜优先采用延性、韧性和焊接性较好的钢筋。普通钢筋的强度等级，纵向受力钢筋宜选用符合抗震性能指标的，不低于HRB400级的热轧钢筋。箍筋宜选用符合抗震性能指标的，不低于HRB400级的热轧钢筋，也可选用HPB300级热轧钢筋。钢筋的检验方法应符合国家标准《混凝土结构工程施工质量验收规范》GB 50204—2015的规定。

其中：HRB500——强度级别为500N/mm² 的普通热轧带肋钢筋。HRBF400——强度级别为400N/mm² 的细晶粒热轧带肋钢筋。RRB400——强度级别为400N/mm² 的余热处理带肋钢筋。HPB300——强度级别为300N/mm² 的热轧光圆钢筋。HRB400E——强度级别为400N/mm²，有较高抗震性能要求的普通热轧带肋钢筋。

3. 组合结构中钢筋按以下要求采用

组合结构纵向受力钢筋宜采用 HRB400、HRB500 热轧钢筋；箍筋宜采用 HRB400、HPB300、HRB500 热轧钢筋。

根据"四节一环保"的要求，提倡采用高强、高性能钢筋。目前许多地方建设主管部门已禁止采用 HRB335 热轧钢筋，虽然部分现行规范仍然列入 HRB335 级钢筋的相关设计指标，但本书不建议采用。

4. 钢筋的力学性能

1) 普通钢筋的屈服强度标准值 f_{yk}、极限强度标准值 f_{stk}，应按表 2.5-9 采用。预应力钢丝、钢绞线和预应力螺纹钢筋的极限强度标准值 f_{pyk} 及屈服强度标准值 f_{ptk} 应按表 2.5-10 采用。

普通钢筋强度标准值（N/mm²）　　　　　　　　　　表 2.5-9

牌号	符号	公称直径 d(mm)	屈服强度标准值 f_{yk}	极限强度标准值 f_{stk}
HPB300	Φ	6～14	300	420
HRB335 HRBF335	Φ Φ^F	6～14	335	455
HRB400 HRBF400 RRB400	Φ Φ^F Φ^R	6～50	400	540
HRB500 HRBF500	Φ Φ^F	6～50	500	630

预应力筋强度标准值（N/mm²）　　　　　　　　　　表 2.5-10

种类		符号	公称直径 d(mm)	屈服强度标准值 f_{pyk}	极限强度标准值 f_{ptk}
中强度预应力钢丝	光面 螺旋肋	Φ^{PM} Φ^{HM}	5、7、9	620	800
				780	970
				980	1270
预应力螺纹钢筋	螺纹	Φ^T	18、25、32、40、50	785	980
				930	1080
				1080	1230
消除应力钢丝	光面	Φ^P	5	—	1570
				—	1860
	螺旋肋	Φ^H	7	—	1570
			9	—	1470
				—	1570
钢绞线	1×3 （三股）	Φ^S	8.6、10.8、12.9	—	1570
				—	1860
				—	1960
	1×7 （七股）		9.5、12.7、15.2、17.8	—	1720
				—	1860
				—	1960
			21.6	—	1860

注：极限强度标准值为 1960N/mm² 的钢绞线作为后张预应力配筋时，应有可靠的工程经验。

2）普通钢筋的抗拉强度设计值 f_y、抗压强度设计值 f_y'，应按表2.5-11采用。预应力筋的抗拉强度设计值 f_{py}、抗压强度设计值 f_{py}'，应按表2.5-12采用。

当构件中配有不同种类的钢筋时，每种钢筋应采用各自的强度设计值。横向钢筋的抗拉强度设计值 f_{yv} 应按表中 f_y 的数值采用；当用作受剪、受扭、受冲切承载力计算时，其数值大于 $360N/mm^2$ 时应取 $360N/mm^2$。

普通钢筋强度设计值（N/mm^2）　　　　　表 2.5-11

牌号	抗拉强度设计值 f_y	抗压强度设计值 f_y'
HPB300	270	270
HRB335	300	300
HRB400、HRBF400、RRB400	360	360
HRB500、HRBF500	435	410

预应力筋强度设计值（N/mm^2）　　　　　表 2.5-12

种类	极限强度设计值 f_{ptk}	抗拉强度设计值 f_{py}	抗压强度设计值 f_{py}'
中强度预应力钢丝	800	510	410
	970	650	
	1270	810	
消除应力钢丝	1470	1040	410
	1570	1110	
	1860	1320	
钢绞线	1570	1110	390
	1720	1220	
	1860	1320	
	1960	1390	
预应力螺纹钢筋	980	650	400
	1080	770	
	1230	900	

注：当预应力筋的强度标准值不符合表2.5-12的规定时，对其强度设计值应进行相应的比例换算。

3）普通钢筋及预应力筋在最大力下的总伸长率 δ_{gt}，不应小于表2.5-13规定的数值。

普通钢筋及预应力筋在最大力下的总伸长率限值　　　表 2.5-13

钢筋品种	普通钢筋			预应力筋
	HPB300	HRB335、HRB400、HRBF400、HRB500、HRBF500	RRB400	
$\delta_{gt}(\%)$	10.0	7.5	5.0	3.5

4）普通钢筋和预应力筋的弹性模量 E_s 应按表2.5-14采用。

钢筋的弹性模量（$\times10^5 N/mm^2$）　　　　　表 2.5-14

牌号或种类	弹性模量 E_s
HPB300 钢筋	2.10
HRB335、HRB400、HRB500 HRBF400、HRBF500 RRB400 预应力螺纹钢筋	2.00

牌号或种类	弹性模量 E_s
消除应力钢丝、中强度预应力钢丝	2.05
钢绞线	1.95

注：必要时可采用实测的弹性模量。

5）普通钢筋和预应力筋的疲劳应力幅限值应根据钢筋疲劳应力比值 ρ_s^f、ρ_p^f，分别按表 2.5-15 及表 2.5-16 的要求取值。

普通钢筋疲劳应力幅限值（N/mm²） 表 2.5-15

普通钢筋疲劳应力比值 ρ_s^f	疲劳应力幅限值	
	HRB335	HRB400
0	175	175
0.1	162	162
0.2	154	156
0.3	144	149
0.4	131	137
0.5	115	123
0.6	97	106
0.7	77	85
0.8	54	60
0.9	28	31

注：当纵向受拉钢筋采用闪光接触对焊连接时，其接头处的钢筋疲劳应力幅限值应按表中数值乘以 0.8 取用。

预应力筋疲劳应力幅限值（N/mm²） 表 2.5-16

预应力筋疲劳应力比值 ρ_p^f	钢绞线 $f_{ptk}=1570$	消除应力钢丝 $f_{ptk}=1570$
0.7	144	240
0.8	118	168
0.9	70	88

注：1. 当 ρ_p^f 不小于 0.9 时，可不做预应力筋疲劳验算；
2. 当有充分依据时，可对表中规定的疲劳应力幅限值做适当调整。

普通钢筋疲劳应力比值 ρ_s^f 应按式（2.5-5）计算，式（2.5-5）和式（2.5-6）及其字母解释，引自《混凝土结构设计规范》GB 50010—2010（2015 年版）式（4.2.6-1）和式（4.2.6-2）内容，仅将公式重新编号。

$$\rho_s^f = \frac{\sigma_{s,\min}^f}{\sigma_{s,\max}^f} \tag{2.5-5}$$

式中：$\sigma_{s,\min}^f$、$\sigma_{s,\max}^f$——构件疲劳验算时，同一层钢筋的最小应力、最大应力。

预应力筋疲劳应力比值 ρ_p^f 应按式（2.5-6）计算：

$$\rho_p^f = \frac{\sigma_{p,\min}^f}{\sigma_{p,\max}^f} \tag{2.5-6}$$

式中：$\sigma_{p,\min}^f$、$\sigma_{p,\max}^f$——构件疲劳验算时，同一层预应力筋的最小应力、最大应力。

5. 钢筋并筋配置与钢筋替代原则

1）构件中的钢筋可采用并筋的配置形式。直径 28mm 及以下的钢筋并筋数量不应超过 3 根；直径 32mm 的钢筋并筋数量宜为 2 根；直径 36mm 及以上的钢筋不应采用并筋。并筋应按单根等效钢筋计算，等效钢筋的等效直径应按截面面积相等的原则换算确定。

2）当进行钢筋代换时，除应符合设计要求的构件承载力、最大力下的总伸长率、裂缝宽度验算以及抗震规定以外，尚应满足最小配筋率、钢筋间距、保护层厚度、钢筋锚固长度、接头面积百分率及搭接长度等构造要求。

3）当构件中采用预制的钢筋焊接网片或钢筋骨架配筋时，应符合国家现行有关标准的规定。

2.5.3 钢材

1. 高层、超高层结构钢材应按下列规定选用

1）《高层建筑混凝土结构技术规程》JGJ 3—2010 规定钢结构的钢材应符合下列要求：

① 钢材的屈服强度实测值与抗拉强度实测值的比值不应大于 0.85。

② 钢材应有明显的屈服台阶，且伸长率不应小于 20%。

③ 钢材应有良好的焊接性和合格的冲击韧性。

2）《组合结构设计规范》JGJ 138—2016 钢材应符合下列规定：

① 组合结构构件中钢材宜采用 Q345、Q390、Q420 低合金高强度结构钢及 Q235 碳素结构钢，质量等级不宜低于 B 级，且应分别符合国家标准《低合金高强度结构钢》GB/T 1591—2018 和《碳素结构钢》GB/T 700—2006 的规定。当采用较厚的钢板时，可选用材质、材性符合国家标准《建筑结构用钢板》GB/T 19879—2015 的各牌号钢板，其质量等级不宜低于 B 级。当采用其他牌号的钢材时，尚应符合国家现行有关标准的规定。

② 钢材应具有屈服强度、抗拉强度、伸长率、冲击韧性和硫、磷含量的合格保证，对焊接结构尚应具有碳含量的合格保证及冷弯试验的合格保证。

③ 钢材宜采用镇定钢。

④ 钢板厚度大于或等于 40mm，且承受沿厚度方向拉力的焊接连接板件，钢板厚度方向截面收缩率，不应小于国家标准《厚度方向性能钢板》GB/T 5313—2010 中 Z15 级规定的容许值。

⑤ 考虑地震作用的组合结构构件的钢材应符合国家标准《建筑抗震设计规范》GB 50011—2010（2016 年版）第 3.9.2 条的有关规定。

3）《高层民用建筑钢结构技术规程》JGJ 99—2015 规定钢结构的钢材应符合下列要求：

① 钢材的牌号和质量等级应符合下列规定：

主要承重构件所用钢材的牌号宜选用 Q345 钢、Q390 钢，一般构件宜选用 Q235 钢，其材质和材料性能应分别符合国家标准《低合金高强度结构钢》GB/T 1591—2018 或《碳素结构钢》GB/T 700—2006 的规定。有依据时可选用更高强度级别的钢材。

主要承重构件所用较厚的板材宜选用高性能建筑用 GJ 钢板，其材质和材料性能应符合国家标准《建筑结构用钢板》GB/T 19879—2015 的规定。

外露承重钢结构可选用 Q235NH、Q355NH 或 Q415NH 等牌号的焊接耐候钢，其材

质和材料性能要求应符合国家标准《耐候结构钢》GB/T 4171—2008 的规定。选用时宜附加要求保证晶粒度不小于 7 级，耐腐蚀指数不小于 6.0。

承重构件所用钢材的质量等级不宜低于 B 级；抗震等级为二级及以上的高层民用建筑钢结构，其框架梁、柱和抗侧力支撑等主要抗侧力构件钢材的质量等级不宜低于 C 级。

承重构件中厚度不小于 40mm 的受拉板件，当其工作温度低于 −20℃ 时，宜适当提高其所用钢材的质量等级。

选用 Q235A 或 Q235B 级钢时应选用镇静钢。

② 承重构件所用钢材应具有屈服强度、抗拉强度、伸长率等力学性能和冷弯试验的合格保证；同时尚应具有碳、硫、磷等化学成分的合格保证。焊接结构所用钢材尚应具有良好的焊接性能，其碳当量或焊接裂纹敏感性指数应符合设计要求或相关标准的规定。

③ 高层民用建筑中按抗震设计的框架梁、柱和抗侧力支撑等主要抗侧力构件，其钢材性能要求尚应符合下列规定：

钢材抗拉性能应有明显的屈服台阶，其断后伸长率不应小于 20%。

钢材屈服强度波动范围不应大于 120N/mm²，钢材实物的实测屈强比不应大于 0.85。

抗震等级为三级及以上的高层民用建筑钢结构，其主要抗侧力构件所用钢材应具有与其工作温度相应的冲击韧性合格保证。

④ Z 向性能

焊接节点区 T 形或十字形焊接接头中的钢板，当板厚不小于 40mm 且沿板厚方向承受较大拉力作用（含较高焊接约束拉应力作用）时，该部分钢板应具有厚度方向抗撕裂性能（Z 向性能）的合格保证。其沿板厚方向的断面收缩率不应小于国家标准《厚度方向性能钢板》GB/T 5313—2010 规定的 Z15 级允许限值。

⑤ 钢框架柱采用箱形截面且壁厚不大于 20mm 时，宜选用直接成方工艺成型的冷弯方（矩）形焊接钢管，其材质和材料性能应符合行业标准《建筑结构用冷弯矩形钢管》JG/T 178 中 Ⅰ 级产品的规定；框架柱采用圆钢管时，宜选用直缝焊接圆钢管，其材质和材料性能应符合行业标准《建筑结构用冷成型焊接圆钢管》JG/T 381—2012 的规定，其截面规格的径厚比不宜过小。

⑥ 偏心支撑框架中的消能梁段所用钢材的屈服强度不应大于 345N/mm²，屈强比不应大于 0.8；且屈服强度波动范围不应大于 100N/mm²。有依据时，屈曲约束支撑核心单元可选用材质与性能符合国家标准《建筑用低屈服强度钢板》GB/T 28905—2012 的低屈服强度钢。

⑦ 钢结构楼盖采用压型钢板组合楼板时，宜采用闭口压型钢板，其材质和材料性能应符合国家标准《建筑用压型钢板》GB/T 12755—2008 的相关规定。

⑧ 钢结构节点部位采用铸钢节点时，其铸钢件宜选用材质和材料性能符合国家标准《焊接结构用铸钢件》GB/T 7659 的 ZG 270-480H、ZG 300-500H 或 ZG 340-550H 铸钢件。

2. 钢材强度指标

根据《钢结构设计标准》GB 50017—2017 规定钢材、连接设计指标，钢材的设计强度指标，应根据钢材牌号、厚度或直接按表 2.5-17 采用。

钢材的设计用强度指标（N/mm²）

表 2.5-17

钢材牌号		钢材厚度或直径（mm）	强度设计值			屈服强度 f_y	抗拉强度 f_u
			抗拉、抗压、抗弯 f	抗剪 f_v	端面承压（刨平顶紧）f_{ce}		
碳素结构钢	Q235	≤16	215	125	320	235	370
		>16，≤40	205	120		225	
		>40，≤100	200	115		215	
低合金高强度结构钢	Q355	≤16	305	175	400	345	470
		>16，≤40	295	170		335	
		>40，≤63	290	165		325	
		>63，≤80	280	160		315	
		>80，≤100	270	155		305	
	Q390	≤16	345	200	415	390	490
		>16，≤40	330	190		370	
		>40，≤63	310	180		350	
		>63，≤100	295	170		330	
	Q420	≤16	375	215	440	420	520
		>16，≤40	355	205		400	
		>40，≤63	320	185		380	
		>63，≤100	305	175		360	
	Q460	≤16	410	235	470	460	550
		>16，≤40	390	225		440	
		>40，≤63	355	205		420	
		>63，≤100	340	195		400	

注：1. 表中直径指实心棒材直径，厚度系指计算点的钢材或钢管壁厚度，对轴心受拉和轴心受压杆件系指截面中较厚板件的厚度；
2. 冷弯型材和冷弯钢管，其强度设计值应按国家现行有关标准的规定采用。

建筑结构用钢板的设计强度指标，可根据钢材牌号、厚度或直径按表 2.5-18 采用。

建筑结构用钢板的设计用强度指标（N/mm²）

表 2.5-18

建筑结构用钢板	钢材厚度或直径（mm）	强度设计值			屈服强度 f_y	抗拉强度 f_u
		抗拉、抗压、抗弯 f	抗剪 f_v	端面承压（刨平顶紧）f_{ce}		
Q345GJ	>16，≤50	325	190	415	345	490
	>50，≤100	300	175		335	

结构用无缝钢管的设计用强度指标应按表 2.5-19 采用。

结构用无缝钢管的设计用强度指标（N/mm²）

表 2.5-19

钢管钢材牌号	壁厚（mm）	强度设计值			屈服强度 f_y	抗拉强度 f_u
		抗拉、抗压、抗弯 f	抗剪 f_v	端面承压（刨平顶紧）f_{ce}		
Q235	≤16	215	190	320	235	375
	>16，≤30	205	175		225	
	>30	195	115		215	

钢管钢材牌号	壁厚(mm)	强度设计值			屈服强度 f_y	抗拉强度 f_u
		抗拉、抗压、抗弯 f	抗剪 f_v	端面承压(刨平顶紧)f_{ce}		
Q345	≤16	305	175		345	
	>16，≤30	290	170	400	325	470
	>30	260	150		295	
Q390	≤16	345	200		390	
	>16，≤30	330	190	415	370	490
	>30	310	180		350	
Q420	≤16	375	220		420	
	>16，≤30	355	205	445	400	520
	>30	340	195		380	
Q460	≤16	410	240		460	
	>16，≤30	390	225	470	440	550
	>30	355	205		420	

3. 钢材物理性能

钢材和铸钢件的物理性能指标应按表 2.5-20 采用。

钢材和铸钢件的物理性能指标　　　　　　　表 2.5-20

弹性模量 E(N/mm^2)	剪切模量 G(N/mm^2)	线胀系数 α(以每 C$^\circ$计)	质量密度 ρ(kg/m^2)
206×10^3	79×10^3	12×10^{-6}	7850

2.5.4　焊接材料

1. 钢结构所用焊接材料的选用、质量要求、强度设计指标应符合下列规定：

1）手工焊用焊条或自动焊、半自动焊焊丝和焊剂的性能应与构件钢材性能相匹配，其熔敷金属的力学性能不应低于母材的性能。当两种强度级别的钢材焊接时，宜选用与强度较低钢材相匹配的焊接材料。

2）焊条的材质和性能应符合国家标准《非合金钢及细晶粒钢焊条》GB/T 5117—2012、《热强钢焊条》GB/T 5118—2012 的有关规定。框架梁、柱节点和抗侧力支撑连接节点等重要连接或拼接节点的焊缝宜采用低氢型焊条。

3）焊丝的材质和性能应符合国家标准《熔化焊用钢丝》GB/T 14957—1994、《熔化极气体保护电弧焊用非合金钢及细晶粒钢实心焊丝》GB/T 8110—2020、《非合金钢及细晶粒钢药芯焊丝》GB/T 10045—2018 及《热强钢药芯焊丝》GB/T 17493—2018 的有关规定。

4）焊缝质量等级应符合国家标准《钢结构焊接规范》GB 50661—2011 的规定，其检验方法应符合国家标准《钢结构工程施工质量验收标准》GB 50205—2020 的规定。其中厚度小于 6mm 钢材的对接焊，不应采用超声波探伤确定焊缝质量等级。

5）焊缝的强度指标应按表 2.5-21 采用，对焊缝在受压区的抗弯强度设计值取 f_c^w，在受拉区的抗弯强度设计值取 f_t^w。其中，施工条件较差的高处安装焊缝应乘以系数 0.9；进行无垫板的单面施焊对接焊缝的连接计算应乘以折减系数 0.85。

表 2.5-21

焊缝的强度指标（N/mm²）

焊接方法和焊条型号	牌号	厚度或直径(mm)	抗压 f_c^w	焊缝质量为下列等级时抗拉 f_t^w 一级、二级	三级	抗剪 f_v^w	角焊缝抗拉、抗压和抗剪 f_f^w	对接焊缝抗拉强度 f_u^w	角焊缝抗拉、抗压和抗剪强度 f_f^u
自动焊、半自动焊、E43型焊条手工焊	Q235	≤16	215	215	185	125	160	415	240
		>16，≤40	205	205	175	120			
		>40，≤100	200	200	170	115			
自动焊、半自动焊和E50、E55型焊条手工焊	Q345	≤16	305	305	260	175	200	480 (E50) 540 (E55)	280 (E50) 315 (E55)
		>16，≤40	295	295	250	170			
		>40，≤63	290	290	245	165			
		>63，≤80	280	280	240	160			
		>80，≤100	270	270	230	155			
	Q390	≤16	345	350	295	200	200 (E50) 220 (E55)		
		>16，≤40	330	330	280	190			
		>40，≤63	310	310	265	180			
		>63，≤100	295	295	250	170			
自动焊、半自动焊和E50、E60型焊条手工焊	Q420	≤16	375	375	320	215	220 (E55)	540 (E55)	315 (E55)
		>16，≤40	355	355	300	205			
		>40，≤63	320	320	270	185	240 (E60)	590 (E60)	340 (E60)
		>63，≤100	305	305	260	175			
自动焊、半自动焊和E50、E60型焊条手工焊	Q460	≤16	410	410	350	235	220 (E55)	540 (E55)	315 (E55)
		>16，≤40	390	390	330	225			
		>40，≤63	335	335	300	205	240 (E60)	590 (E60)	340 (E60)
		>63，≤100	340	340	290	195			
自动焊、半自动焊和E50、E55型焊条手工焊	Q345 GJ	>16，≤35	310	310	265	180	200	480 (E50) 540 (E55)	280 (E50) 315 (E55)
		>35，≤50	290	290	245	170			
		>50，≤100	285	285	240	165			

注：表 2.5-21 中厚度指计算点的钢材厚度，对轴心受拉和轴心受压杆件指截面中较厚板件的厚度。

2.5.5 螺栓紧固件材料

1. 钢结构所用螺栓紧固件材料的选用应符合下列规定：

1) 普通螺栓宜采用 4.6 或 4.8 级 C 级螺栓，其性能与尺寸规格应符合国家标准《紧固件机械性能　螺栓、螺钉和螺柱》GB/T 3098.1—2010、《六角头螺栓 C 级》GB/T 5780—2016 和《六角头螺栓》GB/T 5782—2016 的规定。

2) 高强度螺栓可选用大六角高强度螺栓或扭剪型高强度螺栓。高强度螺栓的材质、材料性能、级别和规格应分别符合国家标准《钢结构用高强度大六角头螺栓》GB/T 1228—2006、《钢结构用高强度大六角螺母》GB/T 1229—2006、《钢结构用高强度垫圈》

GB/T 1230—2006、《钢结构用高强度大六角头螺栓、大六角螺母、垫圈技术条件》GB/T 1231—2006 和《钢结构用扭剪型高强度螺栓连接副》GB/T 3632—2008 的规定。

　　3）组合结构所用圆柱头焊钉（栓钉）连接件的材料应符合国家标准《电弧螺柱焊用圆柱头焊钉》GB/T 10433—2002 的规定。其屈服强度不应小于 320N/mm²，抗拉强度不应小于 400N/mm²，伸长率不应小于 14％。

　　4）锚栓钢材可采用国家标准《碳素结构钢》GB/T 700—2006 规定的 Q235 钢，《低合金高强度结构钢》GB/T 1591—2018 中规定的 Q345 钢、Q390 钢或强度更高的钢材。

　　2. 螺栓连接的强度指标见表 2.5-22。

螺栓连接的强度指标（N/mm²）　　　　　　　　　　　　　　　表 2.5-22

螺栓的性能等级、锚栓和构件钢材的牌号		强度设计值									高强度螺栓的抗拉强度 f_u^b
		普通螺栓						锚栓	承压型连接或网架用高强度螺栓			
		C 级螺栓			A 级、B 级螺栓							
		抗拉 f_t^b	抗剪 f_v^b	承压 f_c^b	抗拉 f_t^b	抗剪 f_v^b	承压 f_c^b	抗拉 f_t^a	抗拉 f_t^b	抗剪 f_v^b	承压 f_c^b	
普通螺栓	4.6 级、4.8 级	170	140	—	—	—	—	—	—	—	—	—
	5.6 级	—	—	—	210	190	—	—	—	—	—	—
	8.8 级	—	—	—	400	320	—	—	—	—	—	—
锚栓	Q235	—	—	—	—	—	—	140	—	—	—	—
	Q345	—	—	—	—	—	—	180	—	—	—	—
	Q390	—	—	—	—	—	—	185	—	—	—	—
承压型连接高强度螺栓	8.8 级	—	—	—	—	—	—	—	400	250	—	830
	10.9 级	—	—	—	—	—	—	—	500	310	—	1040
螺栓球节点用高强度螺栓	9.8 级	—	—	—	—	—	—	—	385	—	—	—
	10.9 级	—	—	—	—	—	—	—	430	—	—	—
构件钢材牌号	Q235	—	—	305	—	—	405	—	—	—	470	—
	Q345	—	—	385	—	—	510	—	—	—	590	—
	Q390	—	—	400	—	—	530	—	—	—	615	—
	Q420	—	—	425	—	—	560	—	—	—	655	—
	Q460	—	—	450	—	—	595	—	—	—	695	—
	Q345GJ	—	—	400	—	—	530	—	—	—	615	—

　　注：1. A 级螺栓用于 $d \leqslant 24mm$ 和 $L \leqslant 10d$ 或 $L \leqslant 150mm$（按较小值）的螺栓；B 级螺栓用于 $d > 24mm$ 和 $L > 10d$ 或 $L > 150mm$（按较小值）的螺栓；d 为公称直径，单位 mm，L 为螺栓公称长度，单位 mm；
　　　　2. A 级、B 级螺栓孔的精度和孔壁表面粗糙度，C 级螺栓孔的允许偏差和孔壁表面粗糙度，均应符合国家标准《钢结构工程施工质量验收标准》GB 50205—2020 的要求；
　　　　3. 用于螺栓球节点网架的高强度螺栓，M12～M36 为 10.9 级，M39～M64 为 9.8 级。

2.6　超限高层建筑抗震专项审查

　　《超限高层建筑工程抗震设防管理规定》关于超限高层建筑工程的定义：超限高层建

筑工程，是指超出国家现行规范、规程所规定的适用高度和适用结构类型的高层建筑工程，体型特别不规则的高层建筑工程，以及有关规范、规程规定应当进行抗震专项审查的高层建筑工程。

当建筑的高度超过国家现行规范最大适用高度的建筑结构，或者跨度较大的大跨度结构、体型复杂、结构异常，以及国家现行规范和规程未包含的建筑工程，为杜绝质量与安全隐患，这些工程在初步设计阶段，应进行抗震设防专项审查。

2.6.1 抗震设防专项审查的有关规定

1997 年 12 月 23 日建设部颁布了《超限高层建筑工程抗震设防管理暂行规定》（建设部令第 59 号）1998 年 1 月 1 日起施行，1998 年 11 月 1 日建设部发布《建设部关于加强建设工程抗震设防管理工作的通知》。

2002 年 7 月 11 日建设部第 61 次常务会议审议通过并颁布了中华人民共和国建设部令第 111 号《超限高层建筑工程抗震设防管理规定》，自 2002 年 9 月 1 日起施行，原建设部第 59 号令同时废止。

2006 年 7 月 11 日，全国超限高层建筑工程抗震设防审查专家委员会第三届委员会全体委员会议在北京召开。会议讨论了超限高层审查工作以及《超限大跨空间结构抗震专项审查要点》。

2003 年 3 月印发《超限高层建筑工程抗震设防专项审查技术要点》之后不断修订，一共有 2003 年版、2006 年版、2010 年版和 2015 年版等几个版本，最新版本为 2015 年版的《超限高层建筑工程抗震设防专项审查技术要点》。

1. 1997 年 59 号令的规定

超限高层建筑工程的抗震设防审查，包括初步设计（扩初设计）审查和施工图审查。承担超限高层建筑工程的设计单位对工程设计质量全面负责，工程项目专业负责人和勘察设计人员对其负责设计的工程项目质量承担直接责任。负责审查的专家委员会对审查的部分承担相应的审查责任。这是因为当时还没有实行施工图审查制度，所以，超限高层建筑结构的抗震专项审查分为初步设计审查和施工图审查两个阶段，两个阶段的审查均采取专家审查会的形式。

1）初步设计（扩初设计）审查应包括建筑的抗震设防分类、抗震设防烈度（或设计地震动参数）、场地抗震安全性能评价、抗震概念设计、主要结构布置、建筑与结构的协调、使用的计算程序、结构计算结果、地基基础和上部结构抗震性能评估等。

2）施工图审查首先应检查对初步设计（扩初设计）审查意见的执行情况，并对结构抗震构造和抗震能力进行综合审查和评定。

2. 2002 年 111 号令的规定

2002 年建设部颁布了关于超限高层建筑抗震专项审查的第 111 号部长令，替代了 1997 年 59 号令《超限高层建筑工程抗震设防管理暂行规定》。

1）超限高层建筑工程

本规定所称超限高层建筑工程，是指超出国家现行规范、规程所规定的适用高度和适用结构类型的高层建筑工程，体型特别不规则的高层建筑工程，以及有关规范、规程规定应进行抗震专项审查的高层建筑工程。

2）分级管理

国务院建设行政主管部门负责全国超限高层建筑工程抗震设防的管理工作。

省、自治区、直辖市人民政府建设行政主管部门负责本行政区内超限高层建筑工程抗震设防的管理工作。

3）审查阶段

在抗震设防区内进行超限高层建筑工程的建设时，建设单位应当在初步设计阶段向工程所在地的省、自治区、直辖市人民政府建设行政主管部门提出专项报告。

4）地域管理

超限高层建筑工程所在地的省、自治区、直辖市人民政府建设行政主管部门，负责组织省、自治区、直辖市超限高层建筑工程抗震设防专家委员会对超限高层建筑工程进行抗震设防专项审查。

审查难度大或审查意见难以统一的，工程所在地的省、自治区、直辖市人民政府建设行政主管部门可请全国超限高层建筑工程抗震设防专家委员会提出专项审查意见，并报国务院建设行政主管部门备案。

一般来讲，高度超过《高层建筑混凝土结构技术规程》JGJ 3—2010 A 级高度的高层建筑由工程所在省、自治区、直辖市主管部门组织省级超限专家委员会委员进行审查，超过《高层建筑混凝土结构技术规程》JGJ 3—2010 B 级高度的或审查难度大的高层建筑应由全国超限委员会委员参与审查并提出意见。

5）全国超限设防审查专家和省级超限设防审查专家

全国和省、自治区、直辖市的超限高层建筑工程抗震设防审查专家委员会委员分别由国务院建设行政主管部门和省、自治区、直辖市人民政府建设行政主管部门聘任。

超限高层建筑工程抗震设防专家委员会应当由长期从事并精通高层建筑工程抗震的勘察、设计、科研、教学和管理专家组成，并对抗震设防专项审查意见承担相应的审查责任。

6）审查提供的材料

建设单位申报超限高层建筑工程的抗震设防专项审查时，应当提供以下材料：

① 超限高层建筑工程抗震设防专项审查表。

② 设计的主要内容、技术依据、可行性论证及主要抗震措施。

③ 工程勘察报告。

④ 结构设计计算的主要结果。

⑤ 结构抗震薄弱部位的分析和相应措施。

⑥ 初步设计文件。

⑦ 设计时，参照使用的国外有关抗震设计标准、工程和震害资料及计算机程序。

⑧ 对要求进行模型抗震性能试验研究的，应当提供抗震试验研究报告。

2.6.2 超限高层建筑抗震设防专项审查要点

1. 超限高层建筑工程范围

1）高度超限工程

房屋高度超过规定，包括超过《建筑抗震设计规范》GB 50011—2010（2016 年版）第 6 章钢筋混凝土结构和第 8 章钢结构最大适用高度，超过《高层建筑混凝土结构技术规程》JGJ 3—2010 第 7 章中有较多短肢墙的剪力墙结构、第 10 章中错层结构和第 11 章混合结构最大适用高度的高层建筑工程。

2）规则性超限工程

房屋高度不超过规定，但建筑结构布置属于《建筑抗震设计规范》GB 50011—2010（2016 年版）、《高层建筑混凝土结构技术规程》JGJ 3—2010 规定的特别不规则的高层建筑工程。

3）屋盖超限工程

屋盖的跨度、长度或结构形式超出《建筑抗震设计规范》GB 50011—2010（2016 年版）第 10 章及《空间网格结构技术规程》JGJ 7—2010、《索结构技术规程》JGJ 257—2012 等空间结构规程规定的大型公共建筑工程（不含骨架支承式膜结构和空气支承膜结构）。

2. 超限审查的分级管理

1）全国超限高层建筑工程抗震设防审查专家委员会

以下工程应委托全国超限高层建筑工程抗震设防审查专家委员会进行抗震设防专项审查：

① 高度超过《高层建筑混凝土结构技术规程》JGJ 3—2010 中的 B 级高度的混凝土结构，高度超过《高层建筑混凝土结构技术规程》JGJ 3—2010 第 11 章最大适用高度的混合结构。

② 高度超过规定的错层结构，塔体显著不同的连体结构，同时具有转换层、加强层、错层、连体四种类型中三种的复杂结构，高度超过《建筑抗震设计规范》GB 50011—2010（2016 年版）规定且转换层位置超过《高层建筑混凝土结构技术规程》JGJ 3—2010 规定层数的混凝土结构，高度超过《建筑抗震设计规范》GB 50011—2010（2016 年版）规定且水平和竖向均特别不规则的建筑结构。

③ 超过《建筑抗震设计规范》GB 50011—2010（2016 年版）第 8 章适用范围的钢结构。

④ 跨度或长度超过《建筑抗震设计规范》GB 50011—2010（2016 年版）第 10 章适用范围的大跨屋盖结构。

⑤ 其他各地认为审查难度较大的超限高层建筑工程。

2）省级超限高层建筑工程抗震设防审查专家委员会

高度超过《建筑抗震设计规范》GB 50011—2010（2016 年版）最大适用高度、《高层建筑混凝土结构技术规程》JGJ 3—2010 中的 A 级高度，不超过 B 级高度的混凝土结构，由省级超限高层工程抗震设防专家委员会审查。

3. 主体结构总高度超过 350m 的超限高层建筑工程

审查要点第四条规定：对主体结构总高度超过 350m 的超限高层建筑工程的抗震设防专项审查，应满足以下要求：

1）从严把握抗震设防的各项技术性指标。

2）全国超限高层建筑工程抗震设防审查专家委员会进行的抗震设防专项审查，应会同工程所在地省级超限高层建筑工程抗震设防专家委员会共同开展，或在当地超限高层建筑工程抗震设防专家委员会工作的基础上开展。

4. 申报材料

1）超限高层建筑工程抗震设防专项审查申报表和超限情况表（至少 5 份）。

2）建筑结构工程超限设计的可行性论证报告（至少 5 份）。

3）建设项目的岩土工程勘察报告。

4）结构工程初步设计计算书（主要结果，至少 5 份）。

5）初步设计文件（建筑和结构工程部分，至少 5 份）。

6）当参考使用国外有关抗震设计标准、工程实例和震害资料及计算机程序时，应提供理由和相应的说明。

7）进行模型抗震性能试验研究的结构工程，应提交抗震试验方案。

8）进行风洞试验研究的结构工程，应提交风洞试验报告。

5. 抗震设防专项审查的主要内容

抗震设防专项审查的内容主要包括：

1）建筑抗震设防依据。

2）场地勘察成果及地基和基础的设计方案。

3）建筑结构的抗震概念设计和性能目标。

4）总体计算和关键部位计算的工程判断。

5）结构薄弱部位的抗震措施。

6）可能存在的影响结构安全的其他问题。

对于特殊体型（含屋盖）或风洞试验结果与荷载规范规定相差较大的风荷载取值，以及特殊超限高层建筑工程（规模大、高宽比大等）的隔震、减震设计，宜由相关专业的专家在抗震设防专项审查前进行专门论证。

6. 高度超限和规则性超限工程的专项审查内容

1）建筑结构抗震概念设计

① 各种类型的结构应有其合适的使用高度、单位面积自重和墙体厚度。结构的总体刚度应适当（含两个主轴方向的刚度协调符合规范的要求），变形特征应合理；楼层最大层间位移和扭转位移比符合规范、规程的要求。

② 应明确多道防线的要求。框架与墙体、筒体共同抗侧力的各类结构中，框架部分地震剪力的调整，宜依据其超限程度根据规范的规定适当增加。超高的框架—核心筒结构，其混凝土内筒和外框之间的刚度宜有一个合适的比例，框架部分计算分配的楼层地震剪力，除底部个别楼层、加强层及其相邻上下层外，多数不低于基底剪力的 8%，且最大值不宜低于 10%，最小值不宜低于 5%。主要抗侧力构件中沿全高不开洞的单肢墙，应针对其延性不足采取相应措施。

③ 超高时应从严掌握建筑结构规则性的要求，明确竖向不规则和水平向不规则的程度，应注意楼板局部开大洞导致较多数量的长短柱共用和细腰形平面可能造成的不利影响，避免过大的地震扭转效应。对不规则建筑的抗震设计要求，可依据抗震设防烈度和高度的不同有所区别。

主楼与裙房间设置防震缝时，缝宽应适当加大或采取其他措施。

④ 应避免软弱层和薄弱层出现在同一楼层。

⑤ 转换层应严格控制上下刚度比；墙体通过次梁转换和柱顶墙体开洞，应有针对性地加强措施。对水平加强层的设置数量、位置、结构形式，应认真分析比较；伸臂的构件内力计算宜采用弹性膜楼板假定，上下弦杆应贯通核心筒的墙体，墙体在伸臂斜腹杆的节点处应采取措施，避免应力集中导致破坏。

⑥ 多塔、连体、错层等复杂体型的结构，应尽量减少不规则的类型和不规则的程度。应注意分析局部区域或沿某个地震作用方向上可能存在的问题，分别采取相应加强措施。对复杂的连体结构，宜根据工程具体情况（包括施工），确定是否补充不同工况下各单塔结构的验算。

⑦ 当几部分结构的连接薄弱时，应考虑连接部位各构件的实际构造和连接的可靠程度，必要时，可取结构整体模型和分开模型计算的不利情况，或要求某部分结构在设防烈度下保持弹性工作状态。

⑧ 注意加强楼板的整体性，避免楼板的削弱部位在大震下受剪破坏；当楼板开洞较大时，宜进行截面受剪承载力验算。

⑨ 出屋面结构和装饰构架自身较高或体型相对复杂时，应参与整体结构分析，材料不同时还需适当考虑阻尼比不同的影响，应特别加强其与主体结构的连接部位。

⑩ 高宽比较大时，应注意复核地震下地基基础的承载力和稳定。

⑪ 应合理确定结构的嵌固部位。

2）关于结构抗震性能目标：

① 根据结构超限情况、震后损失、修复难易程度和大震不倒等确定抗震性能目标。即在预期水准（如中震、大震或某些重现期的地震）的地震作用下结构、部位或结构构件的承载力、变形、损坏程度及延性的要求。

② 选择预期水准的地震作用设计参数时，中震和大震可按规范的设计参数采用，当安评的小震加速度峰值大于规范规定较多时，宜按小震加速度放大倍数进行调整。

③ 结构提高抗震承载力目标举例：水平转换构件在大震下受弯、受剪极限承载力复核。竖向构件和关键部位构件在中震下偏压、偏拉、受剪屈服承载力复核，同时受剪截面满足大震下的截面控制条件。竖向构件和关键部位构件中震下偏压、偏拉、受剪承载力设计值复核。

④ 确定所需的延性构造等级。中震时出现小偏心受拉的混凝土构件应采用《高层建筑混凝土结构技术规程》JGJ3—2010 中规定的特一级构造。中震时双向水平地震下墙肢全截面由轴向力产生的平均名义拉应力超过混凝土抗拉强度标准值时宜设置型钢承担拉力，且平均名义拉应力不宜超过两倍混凝土抗拉强度标准值（可按弹性模量换算考虑型钢和钢板的作用），全截面型钢和钢板的含钢率超过 2.5％时可按比例适当放松。

⑤ 按抗震性能目标论证抗震措施（如内力增大系数、配筋率、配箍率和含钢率）的合理可行性。

3）关于结构计算分析模型和计算结果

① 正确判断计算结果的合理性和可靠性，注意计算假定与实际受力的差异（包括刚性板、弹性膜、分块刚性板的区别），通过结构各部分受力分布的变化，以及最大层间位移的位置和分布特征，判断结构受力特征的不利情况。

② 结构总地震剪力以及各层的地震剪力与其以上各层总重力荷载代表值的比值，应符合抗震规范的要求，Ⅲ、Ⅳ类场地时尚宜适当增加。当结构底部计算的总地震剪力偏小需调整时，其以上各层的剪力、位移也均应适当调整。

基本周期大于 6s 的结构，计算的底部剪力系数比规定值低 20％以内，基本周期3.5～5s 的结构比规定值低 15％以内，即可采用规范关于剪力系数最小值的规定进行设计。基本周期在 5~6s 的结构可以插值采用。

6 度 (0.05g) 设防且基本周期大于 5s 的结构,当计算的底部剪力系数比规定值低,但按底部剪力系数 0.8％ 换算的层间位移满足规范要求时,即可采用规范关于剪力系数最小值的规定进行抗震承载力验算。

③ 结构时程分析的嵌固端应与反应谱分析一致,所用的水平、竖向地震时程曲线应符合规范要求,持续时间一般不小于结构基本周期的 5 倍(即结构屋面对应于基本周期的位移反应不少于 5 次往复);弹性时程分析的结果也应符合规范的要求,即采用三组时程时宜取包络值,采用七组时程时可取平均值。

④ 软弱层地震剪力和不落地构件传给水平转换构件的地震内力的调整系数取值,应依据超限的具体情况大于规范的规定值;楼层刚度比值的控制值仍需符合规范的要求。

⑤ 上部墙体开设边门洞等的水平转换构件,应根据具体情况加强;必要时,宜采用重力荷载下不考虑墙体共同工作的手算复核。

⑥ 跨度大于 24m 的连体计算竖向地震作用时,宜参照竖向时程分析结果确定。

⑦ 对于结构的弹塑性分析,高度超过 200m 或扭转效应明显的结构应采用动力弹塑性分析;高度超过 300m 应做两个独立的动力弹塑性分析。计算应以构件的实际承载力为基础,着重于发现薄弱部位和提出相应加强措施。

⑧ 必要时(如特别复杂的结构、高度超过 200m 的混合结构、静载下构件竖向压缩变形差异较大的结构等),应有重力荷载下的结构施工模拟分析,当施工方案与施工模拟计算分析不同时,应重新调整相应的计算。

⑨ 当计算结果有明显疑问时,应另行专项复核。

4)关于结构抗震加强措施

① 对抗震等级、内力调整、轴压比、剪压比、钢材的材质选取等方面的加强,应根据烈度、超限程度和构件在结构中所处部位及其破坏影响的不同,区别对待、综合考虑。

② 根据结构的实际情况,采用增设芯柱、约束边缘构件、型钢混凝土或钢管混凝土构件,以及减震耗能部件等提高延性的措施。

③ 抗震薄弱部位应在承载力和细部构造两方面有相应的综合措施。

5)关于岩土工程勘察成果:

① 波速测试孔数量和布置应符合规范要求,测量数据的数量应符合规定,波速测试孔深度应满足覆盖层厚度确定的要求。

② 液化判别孔和砂土、粉土层的标准贯入锤击数据以及黏粒含量分析的数量应符合要求,液化判别水位的确定应合理。

③ 场地类别划分、液化判别和液化等级评定应准确、可靠;脉动测试结果仅作为参考。

④ 覆盖层厚度、波速的确定应可靠,当处于不同场地类别的分界附近时,应要求用内插法确定计算地震作用的特征周期。

6)关于地基和基础的设计方案:

① 地基基础类型合理,地基持力层选择可靠。

② 主楼和裙房设置沉降缝的利弊分析正确。

③ 建筑物总沉降量和差异沉降量控制在允许的范围内。

7) 关于试验研究成果和工程实例、震害经验：

① 对按规定需进行抗震试验研究的项目，要明确试验模型与实际结构工程相似的程度，以及试验结果可利用的部分。

② 借鉴国外经验时，应区分抗震设计和非抗震设计，了解是否经过地震考验，并判断是否与该工程的具体条件相似。

③ 对超高很多或结构体系特别复杂、结构类型特殊的工程，宜要求进行实际结构工程的动力特性测试。

7. 专项审查意见

抗震设防专项审查意见主要包括下列三方面内容：

1) 总评。对抗震设防标准、建筑体型规则性、结构体系、场地评价、构造措施、计算结果等做简要评定。

2) 问题。对影响结构抗震安全的问题，应进行讨论、研究，主要安全问题应写入书面审查意见中，并提出便于施工图设计文件审查机构审查的主要控制指标（含性能目标）。

3) 结论。分为"通过""修改""复审"三种。

审查结论"通过"，指抗震设防标准正确，抗震措施和性能设计目标基本符合要求，对专项审查所列举的问题和修改意见，勘察设计单位明确其落实方法。依法办理行政许可手续后，在施工图审查时由施工图审查机构检查落实情况。

审查结论"修改"，指抗震设防标准正确，建筑和结构的布置、计算和构造不尽合理、存在明显缺陷，对专项审查所列举的问题和修改意见，勘察设计单位落实后所能达到的具体指标尚需经原专项审查专家组再次检查。因此，补充修改后提出的书面报告需经原专项审查专家组确认已达到"通过"的要求，依法办理行政许可手续后，方可进行施工图设计，并由施工图审查机构检查落实。

审查结论"复审"，指存在明显的抗震安全问题，不符合抗震设防要求，建筑和结构的工程方案均需大调整。修改后提出修改内容的详细报告，由建设单位按申报程序重新申报审查。

审查结论"通过"的工程，当工程项目有重大修改时，应按申报程序重新申报审查。

以上内容根据中华人民共和国住房和城乡建设部 2015 年 5 月 21 日颁布的《超限高层建筑工程抗震设防专项审查技术要点》整理。

2.6.3 超限高层建筑抗震设防专项审查的行政许可及施工图审查

1. 行政许可

根据建设部令（第 111 号），初步设计文件应报建设项目所在地建设主管部门对超限高层建筑进行抗震设防专项审查，并进行行政许可。

建设单位、施工单位、工程监理单位应当严格按照经抗震设防专项审查和施工图设计文件审查的勘察设计文件，进行超限高层建筑工程的抗震设防和采取抗震措施。

未经超限高层建筑工程抗震设防专项审查，建设行政主管部门和其他有关部门不得对超限高层建筑工程施工图设计文件进行审查。

2. 施工图审查

1) 建设工程质量管理条例

2000年1月10日国务院《建设工程质量管理条例》第五条规定：从事建设工程活动，必须严格执行基本建设程序，坚持先勘察、后设计、再施工的原则。

其中的第十一条规定：建设单位应当将施工图设计文件报县级以上人民政府建设行政主管部门或者其他有关部门审查。施工图设计文件审查的具体办法，由国务院建设行政主管部门会同国务院其他有关部门制定。

施工图设计文件未经审查批准的，不得使用。

2）建筑工程施工图设计文件审查暂行办法

建设部2000年2月17日发布了《建筑工程施工图设计文件审查暂行办法》（建设〔2000〕41号）其中：第七条　施工图审查的主要内容：

（一）建筑物的稳定性、安全性审查，包括地基基础和主体结构体系是否安全、可靠；

（二）是否符合消防、节能、环保、抗震、卫生、人防等有关强制性标准、规范；

（三）施工图是否达到规定的深度要求；

（四）是否损害公众利益。

3）建设工程勘察设计管理条例

2000年9月20日国务院颁布的《建设工程勘察设计管理条例》，第三十三条　县级以上人民政府建设行政主管部门或者交通、水利等有关部门应当对施工图设计文件中涉及公共利益、公众安全、工程建设强制性标准的内容进行审查。施工图设计文件未经审查批准的，不得使用。

4）建设部（住房和城乡建设部）相关规定

2004年8月22日颁布了《房屋建筑和市政基础设施工程施工图设计文件审查管理办法》（建设部令第134号）。

自2013年8月1日起施行《房屋建筑和市政基础设施工程施工图设计文件审查管理办法》（中华人民共和国住房和城乡建设部令第13号）做出如下规定：

第十一条　审查机构应当对施工图审查下列内容：

（一）是否符合工程建设强制性标准；

（二）地基基础和主体结构的安全性；

（三）是否符合民用建筑节能强制性标准，对执行绿色建筑标准的项目，还应当审查是否符合绿色建筑标准；

（四）勘察设计企业和注册执业人员以及相关人员是否按规定在施工图上加盖相应的图章和签字；

（五）法律、法规、规章规定必须审查的其他内容。

5）住房和城乡建设部关于修改《房屋建筑和市政基础设施工程施工图设计文件审查管理办法》的决定（中华人民共和国住房和城乡建设部令第46号）2018年12月29日对原13号文进行了"多审合一"的修改：

一、将第五条第一款修改为"省、自治区、直辖市人民政府住房城乡建设主管部门应当会同有关主管部门按照本办法规定的审查机构条件，结合本行政区域内的建设规模，确定相应数量的审查机构，逐步推行以政府购买服务方式开展施工图设计文件审查。具体办法由国务院住房城乡建设主管部门另行规定"。

二、将第十一条修改为：审查机构应当对施工图审查下列内容：

（一）是否符合工程建设强制性标准；

（二）地基基础和主体结构的安全性；

（三）消防安全性；

（四）人防工程（不含人防指挥工程）防护安全性；

（五）是否符合民用建筑节能强制性标准，对执行绿色建筑标准的项目，还应当审查是否符合绿色建筑标准；

（六）勘察设计企业和注册执业人员以及相关人员是否按规定在施工图上加盖相应的图章和签字；

（七）法律、法规、规章规定必须审查的其他内容。

三、在第十九条增加一款，作为第三款"涉及消防安全性、人防工程（不含人防指挥工程）防护安全性的，由县级以上人民政府有关部门按照职责分工实施监督检查和行政处罚，并将监督检查结果向社会公布"。

2000 年以后，全国陆续实行了施工图文件审查制度，建设单位在取得建设工程规划许可证后报建设项目所在地区施工图审查机构进行施工图审查，施工图文件经审查合格后，报当地建设主管部门领取施工许可证。

施工图审查制度实施的近 20 年里，有效地保证了施工图设计文件的设计质量，为建设项目的安全和公众利益提供了保障。

3. 超限高层建筑的施工图审查

在实行施工图设计文件审查制度之前，超限高层建筑抗震专项审查需要在初步设计和施工图设计阶段分别进行抗震专项审查。实行施工图审查制度后，各地方抗震主管部门只在初步设计阶段对超限高层建筑抗震进行专项审查，超限高层建筑结构在通过了初步设计审查后，设计单位在初步设计审查意见基础上进行施工图设计，施工图设计文件由具有超限高层建筑结构审查能力的施工图审查机构进行施工图审查。

根据建设部 111 号部长令，超限高层建筑工程的施工图设计文件审查应当由经国务院建设行政主管部门认定的具有超限高层建筑工程审查资格的施工图设计文件审查机构承担。

施工图设计文件审查时应当检查设计图纸是否执行了抗震设防专项审查意见；未执行专项审查意见的，施工图设计文件审查不能通过。

4. 北京 CBD 核心区 Z13 地块商业金融项目超限审查过程

北京 CBD 核心区 Z13 地块商业金融项目是由美国 SOM 设计的主要屋面高度 180m 的超高层写字楼，塔冠高度接近 200m。本工程建筑、结构专业由美国 SOM 设计公司进行方案设计和初步设计，并完成超限高层建筑结构抗震专项审查。北京市建筑设计研究院有限公司作为国内设计方在方案和初步设计阶段提供技术支持，并根据 SOM 设计通过审批的初步设计文件进行施工图设计，并在施工过程中提供相应技术服务、质量检查、竣工验收等。

北京 CBD 核心区 Z13 项目是一栋带裙房的高层办公塔楼。建筑高度：檐口高度 179.98m（以首层室内地面设计标高 ±0.00 计），局部出屋顶高度 185.85m；室内外高差 0.020m；层数：首层地面设计标高 ±0.00 以上层数为 39 层，另有 1 个局部夹层、局部出屋顶 1 层；±0.00 以下的地下室层数为 5 层，另有 1 个局部夹层；总建筑面积 $162369.4m^2$，其中地上建筑面积 $120000m^2$，地下建筑面积 $42369.4m^2$。

塔楼地上结构采用钢筋混凝土核心筒—钢梁钢管混凝土柱外框架—单向伸臂和腰桁架—端部支撑框架组成的混合结构体系。设有两道伸臂桁架加强层，南北各设一榀带跃层支撑的框架。外围框架柱为矩形钢管混凝土柱，核心筒墙为设有钢骨的钢筋混凝土墙；核心筒内的楼盖，以及核心筒与外框架之间的楼盖均采用钢梁＋压型钢板现浇混凝土组合楼板。裙房上部结构体系采用钢框架结构，裙房与主楼之间由钢梁相连，不设永久缝。

地下室采用钢筋混凝土框架—剪力墙结构。整个主楼和裙房的地下室连成一体，不设永久缝。地下室外墙和部分内墙为钢筋混凝土墙；上部的矩形钢管混凝土柱下插至基础底板顶面。地下室楼板采用钢筋混凝土梁板结构。

本工程塔楼采用桩筏基础，塔楼抗压桩采用后注浆钻孔灌注桩，采用桩侧桩端复式注浆，塔楼范围灌注桩桩径为 1000mm，桩端持力层为细中砂层，基础底板底部的地基承载力标准值为 350kPa；抗压桩的桩端进入持力层深度不小于 2 倍的桩径，有效桩长约为 28.5m；单桩竖向极限承载力标准值 24000kN。

裙房及纯地下室范围设置抗拔桩以平衡水浮力，抗拔桩采用钻孔灌注桩，抗拔桩直径为 800mm，桩端持力层为粉质黏土层，桩端进入持力层深度不小于 2m，有效桩长约为 22m；单桩竖向受拉极限承载力标准值 3680kN。

裙房和纯地下室部分采用的抗拔桩平衡水浮力，同时兼做抗压桩。裙房基础分别考虑向上的抗浮设计工况和向下的重力荷载设计工况，包络设计。

该项目高度超过《高层建筑混凝土结构技术规程》JGJ 3—2010 规定的 B 级高度钢筋混凝土高层建筑的最大适用高度，为高度超高的复杂超限高层建筑工程，按行政许可和中华人民共和国建设部令第 111 号的要求，应在初步设计阶段进行抗震设防专项审查。

超限高层建筑结构的设计，不仅是做一个漂亮的超限审查报告，其主要工作是通过结构设计、整体计算分析和必要的研究工作，论证采用的结构体系、抗震性能目标、构造措施性能等，使得结构能够满足"小震不坏、中震可修、大震不倒"的抗震设防目标。为此，北京院设计团队在配合 SOM 进行初步设计和超限审查过程中做了许多工作。

1）前期的准备工作

北京院设计团队在初步设计阶段协助项目业主工程师进行了如下工作：

① 委托北京吉奥星地震工程勘测研究院进行场地地震安全性评价，提供《CBD 核心区 Z13 地块工程商业金融项目工程场地地震安全性评价报告》。

② 建筑方案落定后，委托中国建筑科学研究院建研科技股份有限公司进行了风洞试验，提供了《北京 CBD 核心区 Z13 地块风洞测压试验报告》《北京 CBD 核心区 Z13 地块行人高度风环境试验报告》。本书的风洞试验照片由建研科技风洞试验团队提供。

③ 根据勘察报告设计了试验桩，并进行试桩工作，为基础设计提供依据。委托中航勘察设计研究院有限公司进行地基基础协同沉降分析，提供了《北京 CBD 核心区 Z13 项目地基与基础协同作用沉降分析报告》。

④ 委托建研科技股份有限公司选取用于该工程采用时程分析法所用的加速度时程曲线。提供用于多遇地震（小震）作用下天然地震波 5 条、人工地震波 2 组。提供用于罕遇地震（大震）作用下天然地震波 3 组、人工地震波 1 组，每组地震波包括 X、Y 方向的地震波各一条。共 15 条地震波。

2）过程中的配合

① 采用 PK-PM 系列软件 SATWE 和 ETABS NonlinearC 程序与 SOM 公司结构工程师同步进行整体抗震分析。

② 根据中美双方设计团队的初步设计成果咨询全国超限委员会，多次咨询专家，并协助业主和 SOM 设计团队组织了两次超限审查咨询会，及时解决设计难题。

第一次咨询意见：

设防类别按常用人数复核；小震时外框计算分配的剪力应有合理的比例，如不大于 $0.18V_0$（V_0 是基地剪力），且中震仍应考虑外框多道防线的剪力增大；严格控制墙肢中震下的拉应力不超过 $2f_{tk}$；单斜撑、单肢墙均不利于抗震；合理布置伸臂的数量和位置，包括相关的腰桁架；两端悬挑 8.8m，注意控制挠度以及对扭转效应的影响；抗扭刚度不足，采取措施提高。

第二次咨询意见：

安评加速度 70gal，小震参数仍可采用规范参数，特征周期应内插；沿 X 向外框计算分配的最大层剪力大于底部总剪力的 20%，偏大，二道防线应按基底总剪力 25% 调整；连梁刚度折减系数，小震计算时宜取 0.70，中震墙肢拉应力复核可取 0.30；墙肢平均拉应力复核时，除筒体角部可采用 L 形截面外，不能采用 T 形截面计算。拉应力大的墙肢性能目标提高为中震弹性；端部的支撑框架的作用相当于弱剪力墙，设计应进一步改进；建议增设中部的小柱形成双跨框架；注意单斜撑方案的不利影响，水平杆拉弯、压弯，大支撑和水平杆均需要提高性能目标，建议保留之形支撑；是否采用 UBB 需研究，因屈服后扭转性能降低。UBB 组合支撑的计算模型为 4 个铰，受力和实际效果需进一步研究。注意悬挑端设置小柱 200mm×50mm×15mm 的内力传递结果，应分段考虑施工模拟，注意满足轴压比要求，也可考虑利用设备层转换。应计入竖向地震，考虑舒适度，并注意支承段的内力分析。弹塑性计算的总剪力仅为弹性的 60%，略偏小。

从几次咨询意见可以看出，超限委员会的专家提出了很多合理建议，帮助设计单位完善抗震设计。通过多次咨询以及对咨询意见的落实，加快了设计进度，保证了超限审查的顺利通过。

③ 北京院设计团队对结构体系提出设计建议。提出了矩形钢管混凝土柱、核心区内部采用钢结构楼盖体系等一系列合理化建议。提出核心筒墙体开洞建议，对核心筒墙体拉应力控制起到了良好效果。

SOM 公司原设计采用型钢混凝土柱，在有斜交构件（如跃层支撑、伸臂桁架、腰桁架等斜腹杆）的情况下，斜交构件与型钢混凝土柱相接施工非常困难，与型钢混凝土中的钢筋冲突，纵向钢筋不能连续，箍筋无法封闭。采用北京院建议的矩形钢管混凝土柱很好地解决了上述问题，保证了施工进度和施工质量。

超高层建筑的混凝土核心筒内部采用混凝土梁板式结构是很多优化公司提出的节省造价的一个措施。CBD 核心区 Z13 项目原设计核心筒内也是采用钢筋混凝土梁板式楼盖。但超高层建筑混凝土核心筒的施工通常采用爬模或滑模技术，钢筋混凝土梁板式楼盖直接阻碍了爬模（滑模）施工。在超高层建筑施工时，垂直运输量大，减少垂直运输量对超高层建筑施工是最重要的。而采用钢筋混凝土结构梁板式楼盖将大大增加模板、支撑等运输量，同时混凝土梁板的存在影响爬模（滑模）施工，需要层层支模，或预留梁板的钢筋，对施工效率影响很大。本项目混凝土核心筒内部采用钢结构，在核心筒内壁设预埋件，打开了滑膜通道，大大加快了施工进度。

3）抗震审查意见

以下为北京 CBD 核心区 Z13 地块项目超限审查专家意见，为了与本书体例一致，仅对意见内容体例进行了修改。

北京 CBD 核心区 Z13 地块项目初步设计抗震设防专项审查意见，建抗超委〔2014〕（审）023 号。

北京 CBD 核心区 Z13 地块项目为结构高度 180m 的复杂超限高层建筑工程，按行政许可和建设部令第 111 号的要求，应在初步设计阶段进行抗震设防专项审查。

该项目采用混凝土核心筒—钢梁钢管混凝土柱外框—单向伸臂和腰桁架—端部支撑框架组成的混合结构体系，设计单位针对超限情况提出关键构件承载力中震不屈服等性能目标和相应的构造措施。专家组经查阅有关勘察设计文件、会议质疑和认真讨论，认为该工程结构初步设计的抗震设防标准正确，抗震性能目标基本合理，抗震设防专项审查结论："通过"。

具体审查意见如下：

① 同意该工程采用下列抗震设计地震动参数和性能目标：

A. 本工程设计地震动的参数，中震、大震均按 2010 抗震设计规范采用。

B. 在双向水平地震作用下，底部加强部位和伸臂加强部位的主要墙肢，偏压承载力按中震不屈服复核，偏拉承载力按拉应力的大、小分别满足中震弹性和不屈服的要求，受剪承载力按中震弹性复核并满足大震的截面剪应力控制要求。加强部位以上的主要墙肢，承载力满足中震不屈服和大震的截面剪应力控制的要求。墙肢的约束边缘构件延伸至轴压比 0.25 的高度。

C. 框架柱在中震作用下，考虑多道防线的剪力调整，偏压承载力按不屈服复核，偏拉和受剪承载力满足弹性的要求。伸臂构件、两端支撑杆件及腰桁架构件承载力分别满足中震不屈服和中震弹性的要求。

② 结构设计应按下列要求改进和补充：

A. 适当增加设置伸臂的墙体厚度，加强边缘构件，型钢暗柱上延到伸臂以上二层；注意复核墙肢在大震下的截面剪应力控制条件。

B. 改进大支撑与框架梁、楼面拉梁的连接构造以及大支撑与腰桁架连接位置或构造，加强大支撑节点处相邻跨的框架梁，补充节点有限元分析。

C. 两端长悬挑部位的构件宜按中震不屈服验算承载力；并注意复核悬挑梁楼盖平面内的框架梁的弯矩和承载力，或设置楼面水平支撑。

D. 裙房设计应细化，补充裙房单独模型的承载力包络设计，改进柱子的选型和结构布置，1/D 轴应增设框架柱。

E. 弹塑性时程分析结果应进一步复核，确定薄弱部位并采取相应加强措施。

③ 该工程场地类别划分和液化判别结果符合规范要求。

抗震设防审查组　组长　　　　　　　　2014.6.20

4）施工图设计

初步设计抗震专项审查通过后，北京市建筑设计研究院有限公司北京 CBD 核心区 Z13 地块项目设计组按照 SOM 初步设计文件和超限审查专家意见进行施工图设计。在施工图设计阶段，解决了如下主要技术问题：

① 矩形钢管混凝土柱的柱脚设计。

② 地下部分矩形钢管混凝土柱与钢筋混凝土梁、板的连接节点设计。提出穿筋混凝土梁板与矩形钢管混凝土柱的连接方法，并申请了发明专利。

③ 关键节点的应力分析。

④ 大型跃层支撑的屈曲模态分析和计算长度的分析研究，跃层支撑穿楼板处的节点设计。

⑤ 伸臂桁架和腰桁架的受力分析和节点应力分析。伸臂桁架穿过核心筒剪力墙时的构造措施。

⑥ 裙房顶冷却塔基础设计和屋顶高位擦窗机的支撑结构设计。

以上的结构设计特点会在以后的章节分别论述。

2.7 钢结构的深化设计

钢结构和混合结构与钢筋混凝土结构施工不同之处在于混凝土结构可以根据设计院下发的结构施工图直接组织施工，而涉及钢结构和钢构件的加工、运输、安装，则需要将设计院设计的钢结构设计施工图转化成钢结构深化图和构件加工图，根据构件加工图进行钢构件加工，根据相应的制作、运输、吊装、安装等方案进行钢结构的施工。

20 世纪 80 年代以前，我国的钢结构设计图纸深度是沿袭苏联的设计方法，钢结构施工图设计深度较深，图纸包括平面图、立面图、构件大样图和零件的加工详图和构件、零件表等，并将构件、零件的重量都表示在构件表内。施工单位拿到设计院钢结构施工图就能直接加工构件，组织施工。改革开放以后，欧美的设计师进入中国，我国超高层民用钢结构建筑越来越多，施工图设计也参照欧美设计规则，设计单位只负责钢结构设计施工图的设计工作，不再进行构件的拆分和零件加工图的制作。钢结构施工企业或承包单位负责详细图纸的制作。这样就将设计单位从繁杂的详图绘制工作中解放出来，把更多的精力投入到结构体系设计和整体分析中，更好地从整体上把握结构的整体安全和经济性。钢结构施工详图由钢结构施工企业或承包单位制作，能更好地结合钢结构施工中构件加工、运输、吊装等各个环节的需要进行设计，更好地满足施工要求，避免了钢结构施工详图由设计单位设计时的盲目性而带来的施工不便，减少施工过程中的变更和洽商。

2.7.1 钢结构设计施工图

钢结构设计施工图的内容和深度应能满足进行钢结构制作详图设计的要求。钢结构制作详图一般应由具有钢结构专项设计资质的加工制作单位完成，也可由具有该项资质的其他单位完成，其设计深度由制作单位确定。钢结构设计施工图不包括钢结构制作详图的内容。

钢结构设计施工图应包括以下内容：

1. 钢结构设计总说明

钢结构设计总说明中应包括有关钢结构的相关内容，以钢结构为主。包括型钢混凝土结构等钢构件较多的工程，应单独编制结构设计总说明。

2. 基础平面图及详图

基础部分的图纸应表达钢柱的平面位置及其与下部混凝土构件的连接构造详图。

3. 结构平面（包括各层楼面、屋面）布置图

应注明定位关系、标高、构件（可用粗单线绘制）的位置、构件编号及截面形式和尺寸、节点详图索引号等；必要时应绘制檩条、墙梁布置图和关键剖面图；空间网架应绘制上、下弦杆及腹杆平面图和关键剖面图，平面图中应有杆件编号及截面形式和尺寸、节点编号及形式和尺寸。

4. 构件与节点详图

1）简单的钢梁、柱可用统一详图和列表法表示，注明构件钢材牌号、必要的尺寸、规格，绘制各种类型连接节点详图（可引用标准图）。

2）格构式构件应绘出平面图、剖面图、立面图或立面展开图（对弧形构件），注明定位尺寸、总尺寸、分尺寸，注明单构件型号、规格，绘制节点详图和与其他构件的连接详图。

3）节点详图应包括：连接板厚度及必要的尺寸、焊缝要求，螺栓的型号及其布置，焊钉布置等。

2.7.2 钢结构制作详图

钢结构制作详图俗称"钢结构深化图"，一般由施工企业根据设计院提供的施工图进行深化，以达到满足构件加工、运输和安装的需要。特别是大尺度的钢构件还要分段加工、工地拼装，在工地吊装时尚应满足工地起重设备的吊装能力。构件太重，吊装能力不足时将直接影响施工效率，或者根本无法吊装。钢结构制作企业的加工制作方法和安装企业的吊装方案、吊装能力是设计单位在施工图设计时无法预判的，所以钢结构设计施工图必须由钢结构承包单位进行深化，以满足施工需要。

（1）钢结构深化图的定义

"钢结构施工详图"或称"钢结构制作详图"。因为通常设计单位承担的钢结构设计也包含施工图设计阶段，这样"钢结构设计施工图"与"钢结构施工详图"极易混淆并引起建设单位的误解，因此将"钢结构施工详图"改称为"钢结构制作详图"。

规定"钢结构制作详图……，其设计深度由制作单位确定"，是因为钢结构制作详图只需满足加工制作的要求即可，且钢结构制作详图与制作工艺有关，而各钢结构制作单位的制作工艺不尽相同，故对"钢结构制作详图的设计深度"不做具体的规定。

若设计合同未明确要求编制钢结构制作详图，则钢结构设计内容仅为钢结构设计施工图，不包括钢结构制作详图。

（2）钢结构深化图的设计依据和设计确认

设计单位出具的钢结构施工图或施工图的钢结构部分图纸，仅为钢结构设计施工图，其中包括了型钢混凝土柱内的型钢、钢管或矩形钢管混凝土中的圆钢管或矩形钢管、型钢混凝土梁、剪力墙墙体暗柱内的型钢，以及钢梁、钢柱、钢支撑等的平面布置图、立面图和节点详图等。

钢结构设计施工图是钢结构制作详图（或称施工深化、翻样详图）的编制依据，钢结构制作详图一般应由具有钢结构专项设计资质的加工制作单位完成，也可由具有该项资质

的其他单位完成，其设计深度由制作单位确定。钢结构设计施工图不包括钢结构制作详图的内容。

钢结构制作详图的编制单位应根据国家、地方、行业相关规范、规定、标准，以及施工图设计图纸和设计说明的各项要求进行编制，同时应满足建筑、设备、电气等专业施工图，以及幕墙、擦窗系统等相关专业图纸的技术要求及安装要求并综合考虑制造、加工、安装、工艺等各项技术标准和要求进行深化设计。钢结构制作详图应全面满足制造、加工、安装、工艺等各项技术标准和要求，其中应包括但不限于，用于制造、组装、安装和固定的各类平面图、立面图、剖面图以及必要的多比例大样详图，应体现工程所有要素的制造、生产和安装、施工所需的必要信息，并体现设计意图。

在制造、加工、施工前，钢结构制作详图应提交建筑师（工程师）进行相关确认。设计单位的确认并不免除钢结构制作详图编制单位的责任，以及施工单位履行现场协调（包括必要的先前工程检验、现场尺寸校核等）的责任。

钢结构施工单位（钢结构承包单位）应负责钢结构施工阶段的承载力和稳定验算，保证施工安全。

2.7.3 钢结构设计优化

建设单位为了节约投资，在设计过程中会提出设计优化的问题，有时会在施工图设计完成后聘请第三方优化单位对结构用钢量进行优化。

由全国科学技术名词审定委员会审定公布的结构优化设计定义为：工程结构在满足约束条件下按预定目标求出最优方案的设计方法。优化的目的是节约原材料，并且提高结构性能，达到结构最优的设计，而目前往往成了减少材料用量为唯一目的。在一定的材料用量情况下，采取科学合理的最优设计方案，达到结构性能的最优，这才叫优化。

目前市场上的钢结构优化，就是减少用钢量。有的所谓优化是以降低设计标准的方式达到减少材料用量的目的，使得设计单位和结构优化单位往往会产生矛盾，因为设计单位要对建筑的设计质量终身负责，而优化单位往往从优化量中取酬，存在着经济利益和责任之间的矛盾，优化不当往往带来许多问题，有时还会降低安全度。

在进行优化设计之前各相关单位应该在优化的相关问题上达成共识，对优化的原则、方法进行重返交流，避免对设计工作产生干扰。

总承包单位中建一局发展有限公司项目部受业主委托进行北京 CBD 核心区 Z13 地块项目结构的设计优化工作，在开展设计优化工作之前，业主团队、总承包单位、优化顾问与结构设计团队召开启动会，明确了设计优化的基础条件、优化的原则和时限，以及优化成果的确认。在各方达成一致的基础上开展工作，避免产生不必要的矛盾。

1. 优化的基础

建筑产品的唯一性决定了每个建筑都有自身特点，不能用其他已建成的建筑进行造价上的比对。在设计方案没有确定的情况下硬性规定材料用量，特别是钢筋和钢材用量指标是不合适的。结构优化的前提是满足结构安全和国家标准，不应设置优化目标。

北京 CBD 核心区 Z13 项目的优化基础是在设计方案选型、初步设计等设计过程中已经进行结构方案比选的基础上进行的。参建各方达成一致，施工图阶段的设计优化以批准的初步设计文件为基础。经济对比也是以经业主批准并通过了政府审查的初步设计文件为依据。

2. 优化原则和时限

优化的依据是国家标准、规范，已经超限高层建筑审查的相关行政许可文件和专家意见。优化的原则是在满足安全的基础上，力争做到结构性能最优，材料最省。

在施工图设计阶段，建筑单位、设计单位、总承包单位、优化单位，以及任何有经验的工程师均可以提出优化方案。优化成果由设计单位体现在施工图设计文件中。

优化工作的终止时间是施工图文件审查结束时间。一旦施工图文件经施工图审查机构审查合格，并在施工图纸上加盖施工图审查合格章后，不允许任何单位和个人对施工图文件再次进行优化修改。

3. 优化结果最终确认

无论是建设单位还是施工总承包聘请的设计优化单位，其优化工作必须纳入设计单位的工作中。优化单位只能是业主或相关单位的顾问，为设计单位提供设计优化意见和建议，不能代替设计单位进行相关设计。因为建设项目的设计责任主体是设计单位，所以设计优化的意见建议必须征得设计单位同意，并由设计单位转化为设计文件后方可实施。

北京 CBD 核心区 Z13 项目的设计优化工作之所以进行得比较顺利，在于相关各方能够在相互协商基础上向着共同的目标努力。

3 超高层混合结构特点和常规施工方法

3.1 混合结构体系与布置

3.1.1 混合结构体系与布置

1. 混合结构的定义及适用高度

高层、超高层建筑混合结构体系不是传统意义上的砖与混凝土组成的混合结构体系，而是钢与混凝土组成的混合结构体系。钢和混凝土混合结构体系是近年来在我国迅速发展的一种新型结构体系，由于其在降低结构自重、减少结构断面尺寸、加快施工进度等方面较混凝土结构具有明显的优势，高度较高的高层建筑也大多采用了混合结构体系。

《高层建筑混凝土结构技术规程》JGJ 3—2010 对混合结构的定义为：由外围钢框架或型钢混凝土、钢管混凝土框架与钢筋混凝土核心筒所组成的框架—核心筒结构，以及由外围钢框筒或型钢混凝土外框筒与钢筋混凝土核心筒所组成的筒中筒结构。这是从材料及结构形式上定义的混合结构形式。钢筋混凝土核心筒的某些受力较大的部位，往往根据工程实际需要配置型钢或钢板，形成型钢混凝土剪力墙或钢板混凝土剪力墙。近年来，钢管（矩形钢管）混凝土结构因其刚度大、承载能力高、延性良好，与钢框架相比具有更好的耐热、防火性能，在高层建筑中的应用越来越多。这里要说明的是：为了减少柱子尺寸或增加延性，而在混凝土柱中设置构造型钢，而框架梁仍为钢筋混凝土梁时，该体系不视为混合结构，结构体系中局部构件（如框支梁柱）采用型钢梁柱（型钢混凝土梁柱）也不视为混合结构。

现行规范混合结构高层建筑适用的最大高度见表 3.1-1。其中钢框架—钢筋混凝土核心筒结构比 B 级高度的混凝土高层建筑的适用高度略低，而型钢混凝土框架—钢筋混凝土核心筒结构则比 B 级高度的混凝土高层建筑适用高度略高。这是因为钢框架与混凝土核心筒的刚度和变形能力相差甚远，地震作用下由于钢筋混凝土核心筒的刚度比钢框架大很多，核心筒承担了大部分地震作用。研究表明：如果混合结构中钢框架承担的地震剪力过少，则混凝土核心筒的受力状态和地震下的表现与普通钢筋混凝土结构几乎没有差别，甚至混凝土墙体更容易被破坏，因此，对钢框架—核心筒结构体系适用的最大高度较 B 级高度的混凝土框架—核心筒体系适用的最大高度适当减少。同时，由于钢框架—钢筋混凝土结构体系中主要抗侧力体系是钢筋混凝土核心筒，地震作用下结构的破坏会首先出现在核心筒上。如果核心筒发生严重破坏，依靠在核心筒上的外框架将无法单独承受竖向和水平荷载的作用。因此，设计时要注意针对核心筒采取更严格的抗震构造措施，提高核心筒的承载力和延性。

混合结构高层建筑适用的最大高度（m）   表 3.1-1

结构体系		非抗震设计	抗震设防烈度				
			6 度	7 度	8 度		9 度
					0.2g	0.3g	
框架—核心筒	钢框架—钢筋混凝土核心筒	210	200	160	120	100	70
	型钢（钢管）混凝土框架—钢筋混凝土核心筒	240	220	190	150	130	70
筒中筒	钢外筒—钢筋混凝土核心筒	280	260	210	160	140	80
	型钢（钢管）混凝土外筒—钢筋混凝土核心筒	300	280	230	170	150	90

注：g 为重力加速度。

2. 超高层混合结构常见的平面布置形式

根据世界各地的地震震害调查，结构平面布置不规则、传力路线不合理是结构在强震下被破坏的主要原因，不规则的平立面布置对结构抗震能力的影响往往是根本性的。在设计较高的高层办公写字楼、酒店或酒店式公寓等建筑时，为了增加结构的侧向刚度，往往都会采用空间受力性能较好的筒体结构，如框架—核心筒、筒中筒结构。

《高层建筑混凝土结构技术规程》JGJ 3—2010 规定，混合结构的平面布置宜简单、规则、对称、具有足够的整体抗扭刚度，平面宜采用方形、矩形、多边形、圆形、椭圆形等规则平面。建筑的开间、进深宜统一。筒中筒结构体系中，当外围钢框架柱采用 H 形截面柱时，宜将柱截面强轴方向布置在外围筒体平面内；角柱宜采用十字形、方形或圆形截面。楼面主梁不宜搁置在核心筒或内筒的连梁上。

常用的筒体结构平面布置图见图 3.1-1。

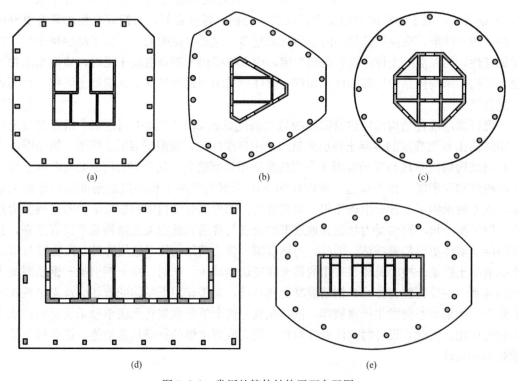

(a)　　　　　　　　　　(b)　　　　　　　　　　(c)

(d)　　　　　　　　　　(e)

图 3.1-1　常用的筒体结构平面布置图

3. 混合结构的竖向布置

混合结构竖向布置更强调考虑结构的侧向刚度和承载力沿竖向宜均匀变化、无突变，构件截面宜由下至上逐渐减小。外围框架柱沿高度宜采用同类结构构件。当采用不同类型结构构件时，应设置过渡层，且单柱的抗弯刚度变化不宜超过30%。对刚度变化较大的楼层，应采取可靠的过渡加强措施。钢框架部分采用支撑时，宜采用偏心支撑和耗能支撑，支撑宜双向连续布置。框架支撑宜延伸至基础。

在建筑平面和立面上尽量规则，优秀的超高层建筑能够将良好的使用功能、完美的体型和立面与合理的结构布置很好地统一。超高层建筑由于功能和受力需要，往往会出现竖向刚度突变和上下构件不连续的情况，需要设置转换层和加强层。

1）转换层

上部结构的部分框架柱不能直接连续贯通落地，需要设置结构转换层。这种情况在框架—剪力墙结构和筒体结构中都有可能出现，一般以筒体结构居多。当筒体结构上部是密柱与深梁组成的外框筒时，在底层的门厅、出入口或首层大堂等位置，需要有较大的柱距，这时就需要设置结构转换层。也有个别框架—核心筒结构的外框柱在底层大堂位置取消个别柱，形成较大跨度的托柱转换结构。

2）加强层

当框架—核心筒、筒中筒结构的侧向刚度不能满足要求时，一般利用建筑避难层、设备层空间设置适宜刚度的水平伸臂构件，形成带加强层的高层建筑结构。有时，加强层也同时设置周边水平环带构件（通常是形成环桁架或腰桁架）。水平伸臂构件、周边环带构件可采用斜腹杆桁架、实体梁、箱形梁、空腹桁架等形式。

3.1.2 混合结构的特点

从现有试验总结出混合结构有如下特点：基本上每个超高层建筑从建筑功能和机电使用的需求角度，设置核心筒，核心筒一般处于平面中心位置。结构的侧向刚度主要由核心筒提供，混凝土核心筒承担了绝大部分的水平剪力，混合结构的抗震性能很大程度上取决于混凝土核心筒的抗震性能。

好的体系既能满足受力要求，也能达到经济合理的要求。混合结构既有钢结构建筑自重轻、截面尺寸小、施工进度快、抗震性能好的特点，还兼有钢筋混凝土结构刚度大、耐腐蚀、防火性能好、成本低、易维护的优点。新建超高层结构大多采用钢与混凝土结构组成的混合结构形式，目前，混合结构已是我国超高层建筑结构的主流。

3.2 构件的基本形式

3.2.1 钢框架—钢筋混凝土核心筒结构构件基本形式

钢框架—钢筋混凝土核心筒结构外围框架主要采用钢柱、钢梁，楼面板一般采用楼承板。核心筒采用钢筋混凝土剪力墙。

1. 外框架柱截面形式

常见钢框架柱截面形式有焊接 H 形、十字形、箱形、圆管、矩形钢管等，见图 3.2-1。

钢构件具有材料强度高、延性好、截面尺寸小的特点。

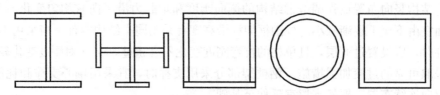

图 3.2-1　常见钢框架柱截面形式

2. 钢框架梁、楼面梁截面形式

框架梁、楼面梁截面形式和截面尺寸一般根据梁跨度大小和受力状况确定。梁的高度也要考虑建筑层高条件和室内空间净高度的要求。钢梁一般可选用热轧 H 型钢、焊接 H 型钢、工字钢。当受力较大，同时又承受较大扭矩的框架梁或楼面梁，也有采用箱形截面的梁。

3. 核心筒

核心筒通常是由钢筋混凝土剪力墙围合而成，当核心筒墙体承受的弯矩、剪力和轴力均较大时，核心筒墙体可采用型钢混凝土剪力墙、钢板混凝土剪力墙、带钢斜撑混凝土剪力墙。

4. 楼板的结构形式

由于采用了钢梁，楼板主要采用压型钢板或钢筋桁架楼承板。根据底部钢板是否与混凝土共同工作可分为组合楼板和非组合楼板。组合楼板是指钢板除用作浇筑混凝土的永久性模板外，还充当板底受拉钢筋作用的现浇混凝土楼盖板。非组合楼板是指压型钢板仅作为混凝土楼板的永久性模板，不考虑其参与结构受力的现浇混凝土楼盖板。压型钢板或钢筋桁架无论是否参与受力，都起到模板的作用，大大减少模板的使用及人工支模的人力成本，缩短工期。超高层结构的楼板也有采用钢筋混凝土楼板的，但由于要进行高处支模，模板、脚手架的垂直运输量大，给施工造成较大压力，超高层建筑较大的垂直运输量也带来了安全隐患。近年来，超高层建筑几乎没有采用单纯的钢筋混凝土楼板。

压型钢板的形式有开口形、缩口形和闭口形，见图 3.2-2。

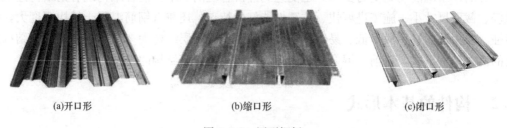

(a)开口形　　　　　　　　(b)缩口形　　　　　　　　(c)闭口形

图 3.2-2　压型钢板

钢筋桁架楼承板（图 3.2-3）是将楼板中的钢筋在工厂加工成钢筋桁架，并将钢筋桁架与镀锌压型钢板底模焊接成一体的组合模板。在施工阶段，钢筋桁架楼承板可承受施工荷载，直接铺设到梁上，可以减少现场 $60\%\sim70\%$ 的钢筋绑扎量，进行简单的钢筋工程便可浇筑混凝土。由于完全替代了模板功能，减少了模板架设和拆卸工程，大大提高了楼板施工效率。并可以设计为双向板。钢筋桁架的受力模式可以提供更大的桁架板刚度，较同跨度的压型钢板大大减少或无需临时支撑，并且钢筋排列均匀，上下层钢筋间距及保护层厚度有可靠保证。

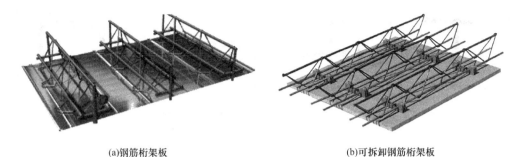

(a)钢筋桁架板   (b)可拆卸钢筋桁架板

图 3.2-3 钢筋桁架楼承板

在钢筋桁架楼承板基础上研发出的装配可拆式钢筋桁架楼承板，底模板在混凝土凝结后可完全拆卸，底面和传统混凝土完全一致，可直接进行抹灰工程，无需吊顶施工，底模采用塑料复合板或镀锌钢板，可重复使用多次，经济环保、保护环境，可有效地降低施工成本。

5. 组合楼板耐火隔热设计

组合楼板耐火性能应符合国家标准《建筑设计防火规范》GB 50016—2014（2018 年版）标准对楼板的规定。压型钢板作为永久模板使用的非组合楼板，其耐火设计应按普通混凝土楼板耐火设计方法进行。无防火保护的压型钢板组合楼板，需满足《组合楼板设计与施工规范》CECS 273：2010 关于楼板最小厚度的要求。

3.2.2 型钢混凝土框架—钢筋混凝土核心筒结构构件基本形式

型钢混凝土框架—钢筋混凝土核心筒结构外围框架主要采用型钢混凝土柱、钢梁或型钢梁，楼面板可采用现浇混凝土板和压型钢板或钢筋桁架楼承板。核心筒采用钢筋混凝土剪力墙。

1. 外框型钢柱截面形式

与单纯的钢柱比较，型钢混凝土柱具有如下优点：

1）良好的耐久性和耐火性：型钢外包裹的混凝土具有抵抗有害介质侵蚀，防止钢材锈蚀等作用。

2）节约钢材：型钢混凝土柱充分发挥混凝土和钢材的优势，混凝土和型钢共同承担荷载，较大幅度减少钢材用量。

3）受力性能好：普通钢结构受压容易失稳，型钢混凝土内置型钢因周围混凝土的约束，有效克服平面外扭转屈曲。

型钢混凝土的缺点是：不仅要制作和安装钢结构，还要安装支护模板、绑扎钢筋、浇筑混凝土，工序繁琐、工作量大，加大了施工的难度。在设计的过程中，工程师应该结合工程的实际情况，尽量发挥出这两种柱的优点，以达到设计目的。常见型钢柱截面形式见图 3.2-4。

2. 框架梁、楼面梁的截面形式

型钢混凝土框架的边框梁和楼面梁有两种形式，一种是采用钢梁，其形式与第 3.2.1

节的钢框架和钢楼面梁相同；另一种框架梁、楼面梁的形式是采用型钢混凝土梁。

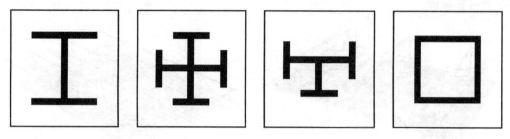

图 3.2-4　常见型钢柱截面形式

3. 楼板的结构形式

框架梁、楼面梁采用钢梁的，其楼板一般采用压型钢板或钢筋桁架楼承板，这一点与钢框架—核心筒结构相同。当框架梁、楼面梁采用型钢混凝土结构时，楼板一般采用钢筋混凝土楼板，与型钢混凝土梁一同浇筑。

3.2.3　钢管混凝土框架—混凝土核心筒结构构件基本形式

钢管混凝土框架—钢筋混凝土核心筒结构外围框架主要采用钢管柱，框架梁一般采用钢梁，楼面板一般采用压型钢板或钢筋桁架楼承板。核心筒采用钢筋混凝土剪力墙。

1. 外框钢管柱截面形式

钢管柱包括矩形钢管柱、圆形钢管柱，常见钢管柱截面形式见图 3.2-5。钢管柱承载力高，受压承载力达到钢管和混凝土单独承载力之和的 1.7～2.0 倍，受剪承载力也高。与钢筋混凝土柱比，截面面积可减小 60% 以上，有效减小构件截面，增大建筑使用面积。管内混凝土受到钢管的强力约束，延性性能显著改善，混凝土的破坏特征由脆性破坏转变为延性破坏。与普通混凝土杆件比较，钢管混凝土杆件的极限应变值增大约 10 倍。外部钢管代替了钢筋和模板的作用，省去绑扎钢筋骨架、支模、拆模等工序，降低人工成本，节省工期。火灾时，钢管内混凝土吸收较多热量，从而使钢管的耐火极限时间延长。钢管混凝土结构的防火涂层与钢结构相比，涂层厚度较薄，防火费用较钢结构低。

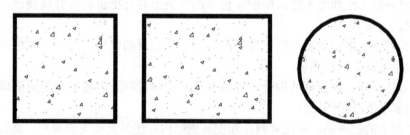

图 3.2-5　常见钢管柱截面形式

2. 框架梁、楼面梁的截面形式

钢管混凝土框架、矩形钢管混凝土框架结构的框架梁和楼面梁一般都采用钢梁。钢梁便于与钢管（矩形钢管）连接，无论是焊接或螺栓连接均与钢结构相同。

3. 楼板的结构形式

钢管（矩形钢管）混凝土结构的框架梁、楼面梁采用钢梁的，其楼板大多数采用与钢框架结构相同的压型钢板或钢筋桁架楼承板组合楼板，也有采用现浇钢筋混凝土楼板的，但越来越多的工程采用压型钢板或钢筋桁架楼承板叠合混凝土的组合楼板。

3.2.4 加强层结构和支撑结构构件

超高层结构高度较高，刚度不够时，利用避难层及设备层设置加强层。加强层结构可以是水平伸臂构件和周边环带构件，其形式可以是斜腹杆伸臂桁架、实体梁、箱形梁、空腹桁架等。从适用性和经济性上考虑，采用斜腹杆桁架的较多。

1. 加强层伸臂桁架、腰桁架、环桁架

伸臂桁架主要是将筒体剪力墙的弯曲变形转换成框架柱的轴向变形，以减少水平荷载作用下结构的位移。一般伸臂桁架的高度不宜低于一个层高，外柱相对桁架杆件来说，截面尺寸较小，轴向力较大，不宜承受很大的弯矩，因而外框柱与伸臂桁架宜采用铰接。

由于外框架柱与混凝土内筒存在的轴向变形不一致，会在外挑伸臂桁架中产生很大的附加应力，因此外伸桁架宜分段拼装，在设置多道伸臂桁架时，伸臂桁架可在施工上一个伸臂桁架时封闭。仅设置一道伸臂桁架时，可在主体结构完工后再安装封闭，形成整体。设置伸臂桁架虽然能减少层间位移，由此带来的后果则是刚度发生突变，特别是加强层及其邻近层的梁、柱、墙和板需进行加强。为保证伸臂桁架与内筒刚接，一般要求钢桁架埋入混凝土筒体墙内，并且贯通，且在伸臂桁架根部设置型钢构造柱以方便连接。

常见伸臂桁架布置形式见图 3.2-6。

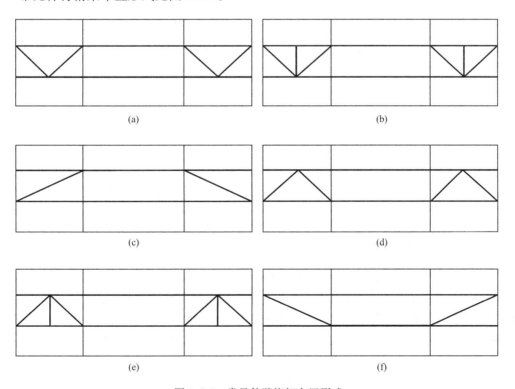

(a)   (b)

(c)   (d)

(e)   (f)

图 3.2-6　常见伸臂桁架布置形式

2. 支撑体系

1）竖向支撑

支撑体系主要包含竖向支撑和水平支撑。竖向支撑主要指各榀框架和各片竖向支撑由各层楼板连接，从而形成空间结构。竖向支撑属于轴力杆系，与角部框架柱形成三角形，发挥空间工作效能，与属弯曲杆系的框架相比，具有大得多的抗推刚度和水平承载力。

框筒结构和框架—核心筒结构由于其剪力滞后效应，削弱了其侧向刚度，随着建筑高度的增加，往往采用大型支撑作为加强筒体结构侧向刚度的有效方式。所谓大型支撑往往是跃层支撑，将较大的倾覆力矩由承担拉力和压力的支撑杆件承担，大大提高了结构的侧向刚度。

2）水平支撑

为提高外框架柱抗倾覆力矩能力，提高结构的抗侧刚度，超高层建筑往往设置加强层，加强层水平构件承受较大的拉力和压力，而楼板往往采用钢筋混凝土楼板。楼板在开裂后，刚度大大降低，为保证加强层上下楼层的平面内刚度，保证加强层水平构件拉压力的有效传递，高层建筑加强层及相邻楼层的楼盖除加强刚度和配筋外，一般通过设置楼板平面内的水平支撑来增强结构的整体性。

3.3 北京 CBD 核心区 Z13 地块项目结构体系选择

3.3.1 结构概况

北京 CBD 核心区 Z13 商业金融项目（以下简称 Z13 项目）位于北京中央商务区的核心区，地块东临针织路，北临景辉路，南侧、西侧与 Z11、Z12 地块相接，由地上写字楼和地下车库及相关配套设施组成。地下共 5 层，地上 40 层，地上部分为高端写字楼，主楼建筑总高度 189m，屋顶结构顶板标高 179.45m。总建筑面积 16 万 m²，其中地上建筑面积约 12 万 m²。

结构体系为矩形钢管混凝土框架—钢筋混凝土核心筒结构。外围框架柱采用矩形钢管混凝土柱，核心筒墙为设有型钢的钢筋混凝土墙，利用 14 层和 27 层设备层设置伸臂桁架。核心筒内外楼盖均采用钢梁—压型钢板现浇混凝土楼板，基础采用桩筏基础。

方案及初步设计由美国 SOM 建筑事务所完成，北京市建筑设计研究院有限公司负责施工图的绘制，并协调初步设计超限高层建筑结构的抗震专项审查工作，协助完善超限报告等审查文件，并组织超限审查的专家咨询，参加了最终的超限审查专家会。

Z13 项目主要结构平面布置图见图 3.3-1，剖面图见图 3.3-2。

3.3.2 结构体系的选择

北京 CBD 核心区 Z13 地块项目主楼的建筑总高度为 189m，超过《建筑抗震设计规范》GB 50011—2010（2016 年版）、《高层建筑混凝土结构技术规程》JGJ 3—2010，钢筋混凝土高层建筑的最大适用高度中所规定的钢筋混凝土框架—核心筒结构，抗震设防烈度 8 度时不超过 100m 的限值；并超过《高层建筑混凝土结构技术规程》JGJ 3—2010 规定的 B 级高度。

适用于 Z13 项目的结构体系有全钢结构和混合结构。

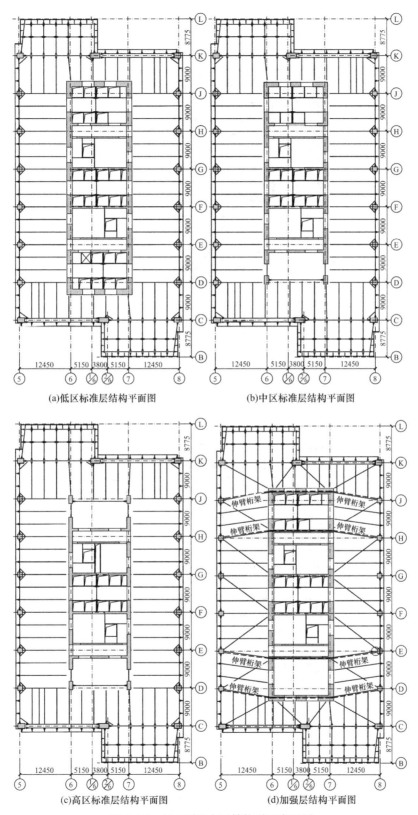

(a)低区标准层结构平面图 (b)中区标准层结构平面图

(c)高区标准层结构平面图 (d)加强层结构平面图

图 3.3-1 Z13 项目主要结构平面布置图

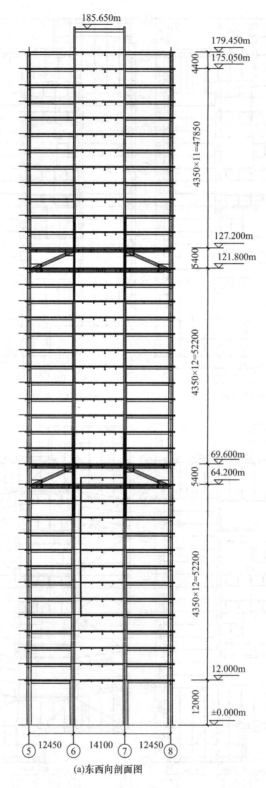

185.650m

179.450m
175.050m

4400

4350×11=47850

127.200m
121.800m

5400

4350×12=52200

69.600m
64.200m

5400

4350×12=52200

12.000m

12000

±0.000m

⑤ 12450 ⑥ 14100 ⑦ 12450 ⑧

(a)东西向剖面图

图 3.3-2 Z13 项目剖面图（一）

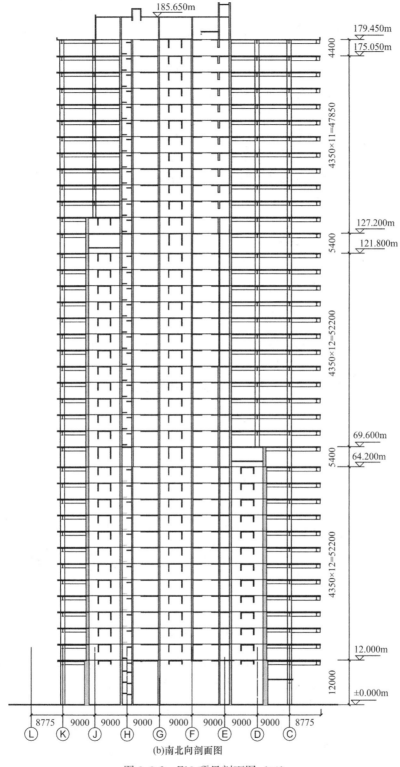

图 3.3-2　Z13 项目剖面图（二）

1. 钢结构

全钢结构具有良好的抗震性能，施工质量容易保证，适用于高层、超高层建筑。其结构断面面积小，实际上增加了建筑使用面积。结构自重轻、施工周期短，但结构造价高，结构造价一般是钢筋混凝土结构的两倍左右。施工精度要求高，国内有经验的钢结构施工队伍较少。钢结构的防火性能比钢筋混凝土结构和混合结构差。

2. 混合结构

混合结构主要指型钢混凝土框架—钢筋混凝土核心筒结构或钢管混凝土框架—钢筋混凝土核心筒结构。混合结构体系结合了钢结构和混凝土结构的一些优点，抗震性能比钢筋混凝土好，又比钢结构耐火性能好。但造价比钢筋混凝土结构高，接近钢结构，施工难度比钢结构和钢筋混凝土结构大。

经过综合比较，特别从经济方面考虑，考虑技术可行性便于施工，在 179.45m 总高度的条件下，适合采用混合结构。确定了混合结构体系，接下来要决定外框架柱采用型钢混凝土柱，还是采用钢管混凝土柱，不管哪种结构体系，核心筒均为钢筋混凝土核心筒。

3.3.3 外框架柱截面形式的选择

型钢混凝土柱与钢梁连接较复杂。由于型钢外围由钢筋混凝土包裹，柱的纵向钢筋和箍筋在梁柱节点核心区被钢梁打断，施工困难，受力性能也受一定影响。如果存在斜交构件，如斜交的钢梁、伸臂桁架的斜腹杆等，斜交构件与型钢混凝土柱连接时操作困难，焊接和钢筋连接的质量都难以保证。型钢混凝土柱—钢梁连接节点示意图见图 3.3-3。

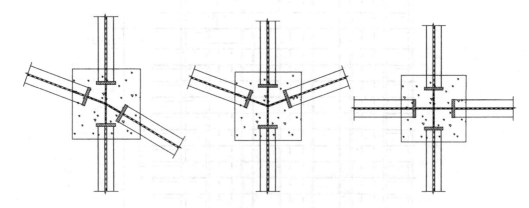

图 3.3-3　型钢混凝土柱—钢梁连接节点示意图

矩形钢管混凝土柱由于钢板在混凝土外边，便于与钢梁连接，特别是有斜交钢构件存在的情况下，避免了型钢混凝土柱同时存在纵筋和箍筋，钢梁要穿过众多的钢筋与柱内的型钢连接的困扰。由于矩形钢管混凝土与钢梁的连接都在明面上，焊接质量容易检查，质量容易保证。如果结构存在平面和立面上的斜交构件，矩形钢管混凝土柱是最好的选择。钢管混凝土柱—钢梁柱连接节点示意图见图 3.3-4。

由以上节点示意图可以看出，采用钢管混凝土柱可以较好地解决柱面与梁有夹角的节点连接问题，且遇到一个平面上存在多个梁节点的情况也完全可以满足要求。而型钢混凝土柱在处理上述问题时需要将型钢做成与梁同角度，这在实际施工中很难做到；且在同一截面上设置多个梁柱节点在实际中也难以实现，型钢混凝土柱中配有纵向钢筋和箍筋，在梁柱节点处纵向钢筋与水平梁冲突，施工中处理起来也十分麻烦。

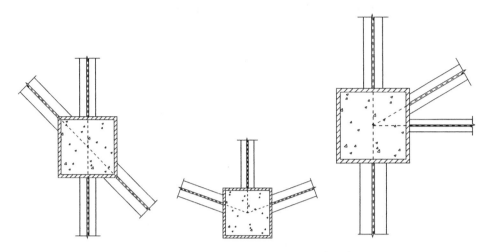

图 3.3-4　钢管混凝土柱—钢梁连接节点示意图

1. 经济比较

型钢混凝土柱内的型钢不用涂装，省去了一部分防腐、防火费用，但增加了钢筋和混凝土用量。

钢管混凝土柱外侧需要进行防腐和防火涂装。钢管混凝土柱的截面面积比型钢混凝土柱的截面面积小，建筑有效使用空间大。

北京 CDB 核心区 Z13 项目在初步设计前期，针对外框柱的结构形式进行了对比分析。仅从柱子本身造价看，矩形钢管混凝土柱比型钢混凝土柱便宜。主要在于矩形钢管混凝土柱内仅为素混凝土，而型钢混凝土柱除混凝土外还有钢筋，并且有模板和脚手架费用，仅施工措施这两项的费用就与钢管混凝土外层的防腐防火涂装相抵。总造价矩形钢管混凝土结构在总造价上是有优势的。

2. 施工方法比较

钢管混凝土柱的钢管在钢结构制造厂制作完成，在现场进行拼装。混凝土浇灌在现场进行，由钢管作为模板，省去了混凝土工程的支模、拆模的工序，节省了模板，同时施工速度快，节省工期。

型钢混凝土柱中型钢同样在钢结构制造厂制作完成，在现场拼装。在钢结构施工完成后，须进行柱纵筋及箍筋的绑扎，并支设混凝土模板，然后才能进行混凝土浇筑，还需进行拆模和养护。型钢混凝土的施工速度比钢管混凝土要慢很多。

3. Z13 项目选用矩形钢管混凝土结构

Z13 项目设置有加强层伸臂桁架和腰桁架，伸臂桁架上下弦钢梁与核心筒及框架柱有一定交角，而且，在结构端部设有跃层的大型支撑，这些斜交构件与柱、核心筒剪力墙的连接节点构造复杂，为减少施工难度，采用矩形钢管混凝土柱是一个很好的解决方案。

综上所述，经各方面比较，采用矩形钢管混凝土截面框架柱比十字形型钢混凝土截面框架柱更为安全、合理、经济。

3.3.4 核心筒内部结构形式的选择

超高层建筑结构的核心筒施工通常采用液压滑模或爬模施工工艺，核心筒先施工，周边框架随后施工，一般情况下核心筒比周边框架的施工进度快7～8层。钢结构的楼面梁和次梁与剪力墙接头部位一部分落在剪力墙暗柱上，一部分落在剪力墙墙体上，个别支承在连梁上。核心筒内部的楼面结构有两种结构形式：一种是采用常规的钢筋混凝土梁板结构形式，一种是采用钢梁加压型钢板或钢筋桁架楼层板叠合混凝土楼板的结构形式。

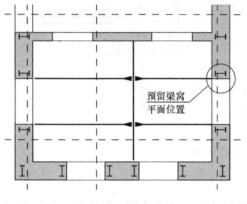

图 3.3-5 预留梁窝

1. 钢筋混凝土梁板结构

超高层剪力墙厚度较厚，剪力墙和连梁的钢筋非常密集，竖筋、水平筋、梁筋多方向交叉，且剪力墙内有时设置型钢。如果核心筒内部楼板采用传统的现浇钢筋混凝土梁板结构，需要在剪力墙次梁端部位置预留梁、板的纵向钢筋，或预留梁窝（图3.3-5），待上部墙体施工完成后再进行钢筋连接，对预留梁窝需要剔凿、清理，并将后浇楼面的梁、板钢筋伸进梁窝，满足锚固长度要求。由于核心筒内部有梁和楼板，采用预留钢筋的方法必然影响爬模或滑模的正常施工，如模板在每个楼层处不能正常滑模或爬模，势必影响工期，在超高层建筑上支模垂直运输量大，会带来施工安全风险。所以，核心筒内部采用钢筋混凝土梁板结构的工程，一般都采用在楼面混凝土梁端部支座处的混凝土墙体内预埋木盒，浇筑混凝土后剔除木盒形成梁窝，在梁窝内伸入楼面梁的纵向钢筋，楼面梁的纵向钢筋伸入梁窝达到设计要求的锚固长度，绑扎好梁板钢筋，浇筑混凝土，形成整体混凝土梁板式楼盖。楼板钢筋一般可采用较小直径的钢筋预理在混凝土墙内，滑模后弯出调直与楼板钢筋搭接。然而，核心筒墙体一般较厚，混凝土强度等级较高，施工中梁窝的清理难度大，且对较高强度的混凝土无法保证剔凿干净，影响梁截面，核心筒墙体钢筋直径较大，钢筋排布较密。同时，在预留梁窝清理不干净的情况下会造成多次返工，误工误时。图3.3-6、图3.3-7是实际工程中清理验收合格的梁窝和正在剔凿的梁窝。

图 3.3-6 剔凿清理验收合格的梁窝

图 3.3-7　正在剔凿的梁窝

美国的超高层建筑核心筒内部大多采用钢结构，仅核心筒墙体采用钢筋混凝土结构。目前，国内很多超高层项目的核心筒内部结构往往采用钢筋混凝土梁板式楼盖，这些仅仅考虑了结构的造价，想当然地认为混凝土结构比钢结构节省造价。从以上几幅图片显示，预留梁窝后浇混凝土梁板结构的方法费工费时，而且无法保证质量。特别是在百米以上的高处进行混凝土剔凿、高处支模等施工，会带来施工安全风险。有必要改变这种落后的结构形式和施工方法。

2. 钢梁加楼承板的组合楼盖形式

核心筒内部结构采用钢梁加压型钢板叠合现浇混凝土楼板，或者钢梁加钢筋桁架楼承板的结构形式，避免了钢筋混凝土梁板式结构给滑模或爬模工带来的所有不利影响。核心筒内部钢结构可以采用与核心筒外部楼面梁相同的施工工艺，在混凝土墙体上预留埋件，既不影响滑模或爬模施工，又方便与楼面钢梁连接。同时，采用钢结构可以大大减轻结构自重，有利于减少地震作用，有利于桩筏基础的优化。在核心筒墙体边缘构件内设型钢位置，钢次梁预埋件可以和墙内部型钢焊接，方便滑模施工和与钢梁的连接，避免二次剔凿和后植钢筋。减少了模板、混凝土、钢筋的垂直运输量和场地堆载面积。

图 3.3-8 为钢梁预埋件节点做法，钢梁荷载和跨度均较小时，可以采用锚板加锚筋的做法。

北京 CDB 核心区 Z13 地块项目核心筒内部采用什么结构形式的问题，也是经过多轮的比较论证，最终摒弃了原设计的钢筋混凝土梁板结构，采用了钢梁加楼承板的结构形式。实际的施工效果非常明显，大大加快了施工进度。北京 CDB 核心区 Z13 地块项目是北京 CDB 核心区所有建筑中第一个结构封顶的项目。

3.3.5　核心筒内部隔墙的选择

高层建筑的填充墙、隔墙等非结构构件宜采用各类轻质材料，构造上应与主体结构可靠连接，并应满足承载力、稳定和变形要求。高层建筑层数较多，减轻填充墙的自重是减轻结构总重量的有效措施；而且轻质隔墙容易实现与主体结构的柔性连接构造，减轻或防止随主体结构变形而发生破坏。除传统的加气混凝土制品、空心砌块外，室内隔墙还可以采用玻璃、铝板、不锈钢板等轻质复合墙板材料。非承重墙体无论与主体结构采用刚性连接，还是柔性连接，都应按非结构构件进行抗震设计，自身应具有相应的承载力、稳定及变形要求。

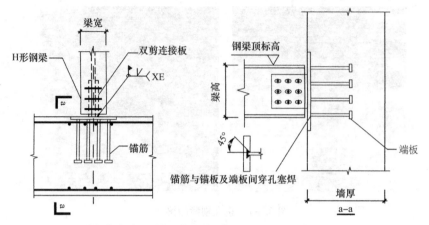

(a)钢梁与大于500厚核心筒墙/连梁铰接节点(埋件为锚板)

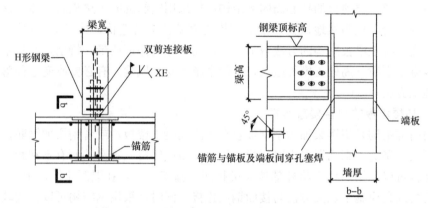

(b)钢梁与小于500厚核心筒墙/连梁铰接节点(埋件为锚板)

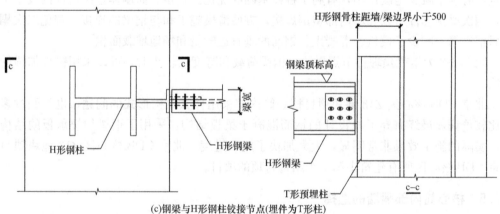

(c)钢梁与H形钢柱铰接节点(埋件为T形柱)

图 3.3-8 钢梁预埋件节点做法

H——钢梁高度

　　为避免主体结构变形时室内填充墙、门窗等非结构构件被损坏,较高建筑或侧向变形较大的建筑中的非结构构件应采取有效的连接措施来适应主体结构的变形。例如,外墙门窗采用柔性密封胶条或耐候密封胶嵌缝;室内隔墙选用金属板或玻璃隔墙、柔性密封胶填缝等,可以很好地适应主体结构的变形。

以上是《高层建筑混凝土结构技术规程》JGJ 3—2010 的规定。然而，很多超高层建筑的内隔墙要求按砌体墙设计，其主要目的是节省造价。核心筒内部隔墙采用轻质隔墙，轻质隔墙自重轻，与砌块相比，可以减轻结构整体自重。较轻的建筑自重能够节省基础的工程费用。基础设计时，桩的数量和长度会减少，筏形基础的厚度及配筋都能大大降低。同时，减轻建筑自重带来地震作用的降低，从而降低上部结构造价。

3.4 核心筒的施工工艺

3.4.1 核心筒施工组织形式

对于混凝土核心筒加钢结构或型钢混凝土结构外框架的超高层混合结构形式，通常采用核心筒先行施工，外框结构跟随施工的施工组织形式。这种组织形式结合了混凝土结构和钢结构不同的施工特性及施工要求，适应超高层结构的总体竖向施工组织模型，在高度方向将结构施工流水自然划分为：

核心筒竖向结构→外框柱→外框钢梁→压型钢板→楼板钢筋混凝土→核心筒水平结构，具有各工序衔接紧密、施工速度快、后续分项工程插入灵活等特点。核心筒施工组织形式见图 3.4-1。

图 3.4-1 核心筒施工组织形式

3.4.2 核心筒各分项工程主要施工工艺

核心筒竖向结构先行施工，如何处理后续的外框梁、板与核心筒的连接及保证连接的可靠性，成为超高层竖向施工需考虑的重点问题之一。

1. 楼板钢筋与核心筒的连接

楼板钢筋可在核心筒施工阶段采用"胡子筋"的方式预留。将钢筋 90°弯折后，预留于核心筒墙内，弯折段贴附在墙体表面。楼板施工时，将表面弯折钢筋剔出，调直后，楼板钢筋与核心筒连接（图 3.4-2）。

弯折段钢筋长度为板筋搭接长度，预留"胡子筋"计算总长度 l 为：

$$l = l_a + l_1 + 连接区段长度 \qquad (3.4\text{-}1)$$

式中：l——预埋钢筋总长度（mm）；

l_a——受拉钢筋锚固长度（mm），楼板为非抗震构件；

l_1——纵向受拉钢筋绑扎搭接长度（mm），楼板为非抗震构件。

由于预留"胡子筋"需进行二次冷加工调直，此种做法只建议应用于延性较好的 HPB300 级钢筋。对于楼板钢筋等级为 HRB400 及以上级别的钢筋，应采用后植筋连接方式。

也有项目采用在混凝土核心筒墙上后植筋的方式，连接楼板钢筋。HRB400 级钢筋后植筋连接示意图见图 3.4-3。这样可以避免预留钢筋不易施工的问题，但是会增加造价。

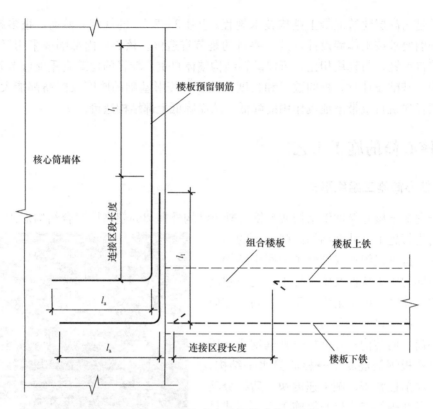

图 3.4-2　楼板钢筋与核心筒连接示意图

图 3.4-3　HRB400 级钢筋后植筋连接示意图

2. 钢筋混凝土梁纵筋与核心筒的连接

钢筋混凝土梁纵筋与核心筒的连接可利用一级接头能在同一连接区段 100% 连接的特性，按照梁纵筋空间布置，在核心筒对应位置预留一级机械连接套筒及钢筋锚固段。混凝土梁施工时，将预留套筒清理干净，梁纵筋与套筒紧固即可。混凝土梁钢筋与核心筒连接示意图如图 3.4-4 所示。

为避免焊接对钢筋的影响，锚固段钢筋穿过法兰板但不焊接。法兰板穿筋孔开孔位置应准确，不宜过大，并有效固定于核心筒内，混凝土梁锚固筋预留见图 3.4-5。

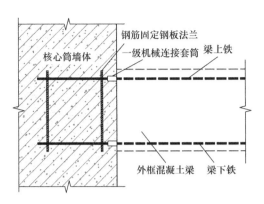

图 3.4-4 混凝土梁钢筋与核心筒连接示意图

图 3.4-5 混凝土梁锚固筋预留

3. 钢梁与核心筒的连接

外框钢梁与核心筒的连接采用预埋板埋件的形式,后施工钢梁通过焊接或栓接与预埋板连接。预埋件的深化设计与选型要经过计算确认,常用预埋件样式见图 3.4-6～图 3.4-10。

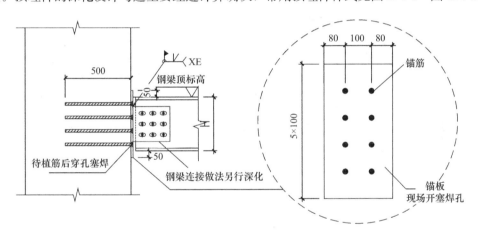

图 3.4-6 常规锚筋埋件连接节点示意图

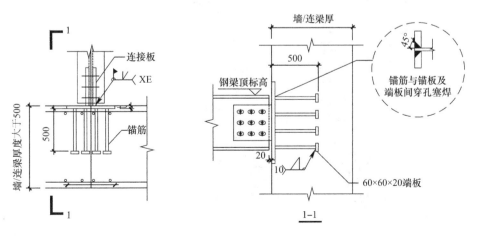

图 3.4-7 带端板锚筋埋件连接节点示意图一

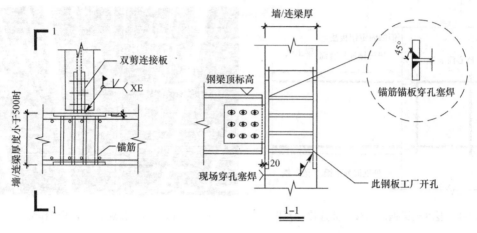

图 3.4-8　带端板锚筋埋件连接节点示意图二

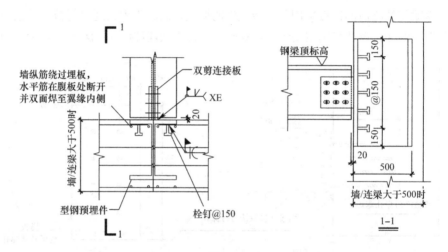

图 3.4-9　型钢埋件连接节点示意图

图 3.4-10　核心筒钢梁预埋件

3.5　型钢混凝土柱与钢管混凝土柱的施工

3.5.1　钢柱吊运和安装的注意事项

1. 起吊时应注意以下事项

起吊前，钢构件应横放在垫木上，并且安装好爬梯。

起吊时，不得使柱端在地面上拖拉，钢柱起吊时必须距地面高度2m以上才开始回转。

2. 钢柱安装注意事项

1）钢柱吊装应按照土建施工顺序分区、分段进行，以便和土建施工配合，不影响工程整体施工进度。

2）钢柱校正时应对轴线、垂直度、标高、焊缝间隙等因素进行综合考虑，全面兼顾，每个分项的偏差值都要符合设计及规范要求。

3）钢柱安装前，必须焊好安全环，绑牢爬梯，清理污物。

4）吊点设置必须对称，确保钢柱吊装时是垂直状。

5）构件起吊时必须平稳，不得出现构件在地面上的拖拉现象，离地后短暂停留1min试吊。回转时，需要有一定的高度。起钩、旋转、移动交替缓慢进行，就位时，缓慢下落，防止构件大幅度摆动和震荡。

6）每节柱的定位轴线应以地面控制线为基准线直接向上引出，不得引用下节钢柱的轴线。

7）钢柱标高可按相对标高进行，控制安装第一节柱时，从基准点引出控制标高，标在混凝土基础或钢柱上。以后每次使用此标高引测，确保结构标高符合设计及规范要求。

8）严格保证钢柱的就位方向，且钢柱定位后，应及时将钢柱连接板的高强度螺栓穿锁、初拧牢固。

9）上部钢柱对接焊接完毕后，将连接板切割掉。切割时不得伤害母材，切割后打磨平整。

3. 钢柱起吊与就位

钢构件堆放时下方必须垫木方。将吊索挂在钢柱的吊耳上，缓慢起钩，将钢柱垂直吊起，提升高出地面建筑物后，开始转臂，当钢柱吊到就位点后，停止转臂，开始落钩。当柱距离下节柱1m时，停止高速落钩，使用低速慢就位的缓慢落钩。

3.5.2　临时固定措施

钢柱吊升到位后，首先检查钢柱四边中心线与基础十字轴线是否对齐吻合。当对准或已使偏差控制在规范许可的范围内时，即为完成对位工作。然后，对钢柱进行临时固定。

首节钢柱吊装前，应控制好调整螺母标高，使柱脚底板处于同一水平面上。钢柱安放后，带上紧固螺母，利用缆风绳与地锚进行临时固定（注：地锚应在底板混凝土浇筑前与上铁钢筋焊接牢固）。第二节柱（T2）及以上节次钢柱与下节钢柱连接板分别用高强度螺栓临时固定，通过塔式起重机和撬棍微调上下柱间隙，达到上下柱预先标定的标高值后，用钢楔临时固定牢固。

3.5.3 钢柱校正

1. 标高调整

在首节钢柱安装就位前，将地脚螺栓上的调整螺母顶部标高拧到同一标高（即柱底标高）。然后，进行钢柱的安装，将柱子放到调整螺母上，再将螺杆上部紧固螺母拧紧。同时，预先在柱底中心位置预制钢板砂浆垫块（垫块顶标高为柱底标高）。钢柱就位后，适度紧固调整螺母，紧固调整以能够稳固柱体，且不因用力过大影响钢柱垂直度为宜，使其与柱底接触紧密。首节钢柱标高调整示意图见图 3.5-1。

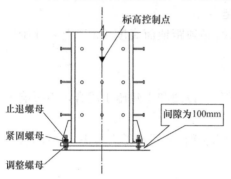

图 3.5-1 首节钢柱标高调整示意图

2. 轴线位移校正

首节钢柱以在底板放出的钢柱十字交叉线为基准，辅以两台经纬仪进行柱脚轴线位移校正，较重钢柱采用千斤顶进行柱脚位置微调，使用千斤顶校正见图 3.5-2。对于大部分重量在 3~4t 的较轻钢柱，直接使用撬棍即可顺利完成此项工作，使用撬棍校正见图 3.5-3。

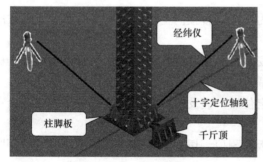

图 3.5-2 使用千斤顶校正

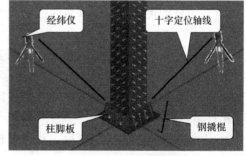

图 3.5-3 使用撬棍校正

3.5.4 柱底灌注无收缩水泥砂浆

灌筑前，将柱脚空间清理干净，预湿、支撑模板，缝隙用无收缩水泥砂浆密实。灌筑时，按比例投放灌浆料和水，用机械或人工搅拌，人工搅拌时需搅拌均匀，搅拌时间不少于 5min，达到所需的流动度。灌筑孔或小空间时，可用人工振捣，将气泡赶跑，灌筑密实，稍干后，把外露面抹平压光，注意振捣时不可过振。灌筑完毕后，经 12h 便要浇水养护，24h 达到一定强度后方可拆模，继续浇水养护。柱脚灌注无收缩水泥砂浆示意图见图 3.5-4。

3.5.5 柱接柱吊装

施工中每一节柱以 T 表示，T1 表示第一节柱。当第二节柱 T2 及 T2 节次以上钢柱吊至距其就位位置上方 200mm 时，稳住钢柱、缓慢落钩。待钢柱落稳后，将连接板连接牢固，拉好缆风绳、摘钩。落实后使用专用角尺检查，调整钢柱使钢柱的定位线与基础定位轴线重合。就位误差确保在 3mm 以内。

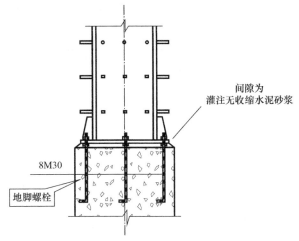

图 3.5-4　柱脚灌注无收缩水泥砂浆示意图

T2 及以上节次钢柱，考虑到焊缝收缩变形，柱顶标高偏差控制在 4mm 以内。钢柱安装完后，在柱顶安置水准仪，测量柱顶标高。当柱顶标高超过设计值 ±5mm 时，进行现场调整。如标高超出偏差，应及时通知加工厂调整后续钢柱尺寸以消除偏差，见图 3.5-5。

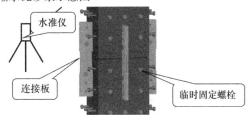

图 3.5-5　T2 节及以上钢柱标高调整示意图
注：所示水准仪位于上节柱柱顶平面区域

3.6 钢管混凝土施工工艺对比

3.6.1 不同施工工艺对比分析

钢管混凝土由于钢管与混凝土良好的协同工作特性，被普遍地应用于超高层竖向支撑构件中。钢管柱内的混凝土施工属于隐蔽工程，其施工质量无法采用常规方法直观检测。保证钢管混凝土柱内的混凝土施工质量，确保混凝土浇筑的密实度，成为钢管混凝土质量控制的关键。钢管混凝土常规的施工方法主要有顶升混凝土法、高抛自密实混凝土法、人工振捣法。

1. 顶升混凝土法

利用高压泵将自密实混凝土由钢管柱底预留顶升孔顶入钢管，自下而上逐步填满钢柱空腔。施工过程对混凝土输送泵、泵管选择要求高，同时应保证施工连续性，防止顶升过程中断。

2. 高抛自密实法

利用高压泵将自密实混凝土泵送至钢柱顶部，由柱顶向柱身空腔注入。由于混凝土存在自由下落部分，需严格控制混凝土自身性能，防止出现抛落过程离析现象。

71

3. 人工振捣法

利用常规人工和振捣器对混凝土实施振捣，以达到密实的效果。施工质量不易控制，易出现过振、漏振导致的混凝土内部蜂窝或离析分层现象。

3种浇筑方法优缺点分析见表3.6-1。3种浇筑方法对比分析表见表3.6-2。

3种浇筑方法优缺点分析 表 3.6-1

项目	人工振捣法	高抛自密实法	顶升法
原理及特点	混凝土常规浇筑方法，利用人工和振捣器对混凝土实施振捣，以达到密实的效果	通过一定的抛落高度，充分利用混凝土坠落时的动能及混凝土自身的优异性能达到振实的效果	混凝土常规浇筑方法，利用人工和振捣器对混凝土振捣，达到密实的效果
优点	1. 操作简便，对混凝土和泵的要求均较小 2. 施工人员可进入钢柱内，对混凝土浇筑情况直接观察，适用于内部空腔较大且无其他阻碍人员进入的钢筋、隔板等钢管柱施工	1. 操作相对简便，理论混凝土抛落高度为3~12m，无需振捣 2. 适用于尺寸较大，内部隔板简单的单一钢管柱施工	1. 操作简便，对混凝土和泵的要求小 2. 施工人员可进入钢柱内，对混凝土浇筑情况直接观察，适用于内部空腔较大，且无其他阻碍人员进入的钢筋、隔板等钢管柱施工
缺点	1. 对于内部复杂节点处的混凝土浇筑质量无法控制 2. 混凝土浇筑与钢柱安装交叉作业，影响工期；同时制约钢柱的分节分段，增加钢构现场工作量 3. 施工人员在钢柱内作业，安全风险大	1. 对于钢管柱内部复杂节点处设计要求高，施工不可控性大，混凝土浇筑质量不易控制 2. 混凝土浇筑与钢柱安装交叉作业，影响工期 3. 施工人员在高处作业，安全风险大 4. 混凝土性能要求较高，成本较大	1. 对于内部复杂节点处的混凝土浇筑质量无法控制 2. 混凝土浇筑与钢柱安装交叉作业，影响工期；同时制约钢柱的分节、分段，增加钢结构现场工作量 3. 施工人员在钢柱内作业，安全风险大
Z13项目箱形柱针对3种浇筑方法的适用性分析	1. 本工程地下分节为一柱两层，地上普遍为一柱三层，炎热条件下，工人进入内部作业安全风险大 2. 本工程箱形柱内布置有大量栓钉及通长竖向筋板及横隔板，内部空间狭小（地下室有钢筋穿过），人员无法通过，只能将振动棒深入钢柱内，无法观察，不能确保浇筑质量	1. 本工程箱形柱内横纵隔板众多，尤其在与环（带）桁架相接位置，若采用高抛法对于复杂隔板下部混凝土的浇筑质量无法控制，容易出现气泡和空洞现象，导致浇筑不密实 2. 高抛法适用于内部结构简单、高度较低（一柱一层）的单一钢管柱施工，对于本工程（一柱三层）、内部隔板复杂的箱形柱内腔混凝土施工时，由于梁钢筋穿钢柱的工程，受钢筋影响混凝土浇筑导向管插入柱内深度受限，混凝土下落高度难控制，且混凝土下落过程由于钢筋及柱内隔板阻碍，粗细骨料易分离，产生离析，不利于浇筑质量控制	1. 本工程地下分节为一柱两层，地上普遍为一柱三层，炎热条件下，工人进入内部作业安全风险大 2. 本工程箱形柱内布置有大量栓钉、通长竖向筋板、横隔板，内部空间狭小（地下室有钢筋穿过），人员无法通过，只能将振动棒深入钢柱内，无法观察，不能确保浇筑质量

<table>
<tr><td colspan="4" align="center">3 种浇筑方法对比分析表　　　　　　　　　　　　　　　　　表 3.6-2</td></tr>
<tr><th>名称</th><th>人工振捣法</th><th>高抛自密实法</th><th>顶升法</th></tr>
<tr>
<td>安全</td>
<td>施工人员引接泵管及振捣，作业面在钢柱顶部，属高处作业，危险性大</td>
<td>施工人员引接泵管，作业面在钢柱顶部，属高处作业，危险性大</td>
<td>施工人员引接泵管位置属于钢柱底部，作业面在楼层处，作业环境好，安全性非常好</td>
</tr>
<tr>
<td>质量</td>
<td>柱腔体内横隔板较多，钢筋纵横交错，振捣泵在腔体内作业环境不易观察，易形成空洞，造成质量缺陷</td>
<td>此法自身对混凝土的技术要求较高，故质量较人工振捣稍好，但在横隔板死角位置容易形成空腔</td>
<td>利用泵输入压力与混凝土自重及钢柱腔体对混凝土自身的约束力形成的高压对抗，在不用振捣的前提下，混凝土在腔体内无死角，易保证质量</td>
</tr>
<tr>
<td>工期</td>
<td>一层一节，施工进度慢，各工序衔接要求高，且要求钢柱腔体内阻碍物尽可能少</td>
<td>一层一节，施工进度慢，各工序衔接要求较高且要求钢柱腔体内阻碍物尽可能少</td>
<td>多层（2～4 层）一节，现场施工进度快，腔体内阻碍物多少要求较前两种低</td>
</tr>
<tr>
<td>成本</td>
<td>人工费高，混凝土费较低，综合费正常</td>
<td>人工费高，混凝土费较高，比人工振捣费稍高</td>
<td>人工费低，混凝土费较高，比人工振捣费稍高</td>
</tr>
</table>

4. 实际工程中的应用

以下以北京 CBD 核心区 Z13 地块项目超高层工程为例，将 3 种施工方法进行对比分析。该工程为较典型框架—核心筒超高层结构，地下 5 层、地上 39 层，外框由 18 根巨型箱形钢管混凝土柱及南北向的巨型支撑组成外围的竖向结构体系。地下室结构 X、Y 双向混凝土梁与箱形钢柱连接，南北向巨柱间设有水平及竖向支撑梁，作为上部巨撑的延伸。上部两道加强层布置了环带桁架及伸臂桁架，与核心筒结构形成有机整体，加强水平刚度。标准层结构平面图见图 3.6-1。

箱形巨柱内部构造较复杂：地下钢筋混凝土梁纵向钢筋纵横两个方向穿过钢管柱柱身，在钢柱腔体内形成较为密集的钢筋网；地上由于与钢柱连接钢梁较多，柱身预留钢牛腿对应的柱内加劲板多，间距密集。梁柱典型节点见图 3.6-2，梁柱典型节点模型图见图 3.6-3，钢框柱设计概况见表 3.6-3。

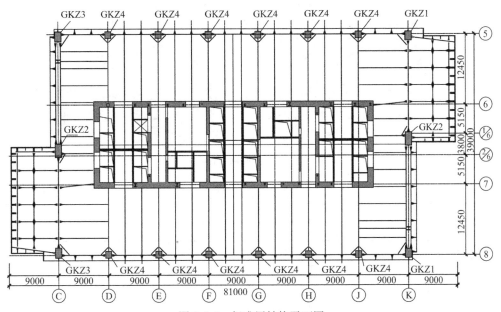

图 3.6-1　标准层结构平面图

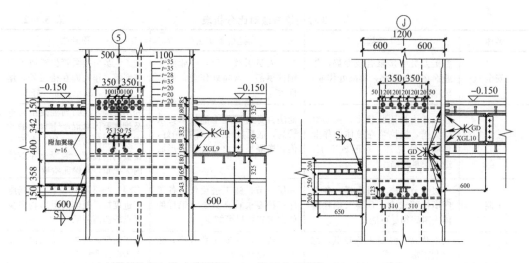

图 3.6-2 梁柱典型节点

图 3.6-3 梁柱典型节点模型图

钢框柱设计概况   表 3.6-3

楼层	GKZ1		混凝土强度等级
	柱截面尺寸（mm）	每米混凝土量（m³）	
地下 5 层～地上 5 层	1600×1200×50	1.65	C60
6～9 层	1450×1200×40	1.54	
10～19 层	1400×1200×35	1.51	
20～24 层	1350×1200×35	1.45	

楼层	GKZ1		
	柱截面尺寸（mm）	每米混凝土量（m³）	混凝土强度等级
25～29 层	1300×1200×35	1.4	C50
30～34 层	1200×1100×30	1.186	C50
35～屋顶	1150×1100×30	1.134	C40

楼层	GKZ2		
	柱截面尺寸（mm）	每米混凝土量（m³）	混凝土强度等级
地下 5 层～地上 5 层	2400×1200×55	2.5	C60
6～24 层	2400×1200×50	2.53	C60
25～29 层	2300×1200×50	2.42	C60
30～34 层	2200×1100×45	2.13	C60
35～屋顶	2100×1100×45	2.03	C60

楼层	GKZ3		
	柱截面尺寸（mm）	每米混凝土量（m³）	混凝土强度等级
地下 5 层～地上 5 层	1800×1200×50	1.87	C60
6～9 层	1800×1200×40	1.93	C60
10～19 层	1700×1200×40	1.814	C60
20～24 层	1700×1200×35	1.842	C60
25～29 层	1600×1200×35	1.729	C60
30～34 层	1500×1100×30	1.498	C60
35～屋顶	1400×1100×30	1.394	C60

楼层	GKZ4		
	柱截面尺寸（mm）	每米混凝土量（m³）	混凝土强度等级
地下 5 层～地上 5 层	1200×1100×35	1.252	C60
6～9 层	1150×1000×30	1.025	C60
10～19 层	1050×1000×30	0.931	C60
20～24 层	1000×950×30	0.8366	C60
25～29 层	950×900×30	0.7476	C60
30～34 层	850×850×30	0.6241	C60
35～屋顶	800×800×25	0.5625	C60

5. 对结构设计情况进行分析

1）钢管柱柱身内部有双向钢筋穿过，形成较为密集钢筋网，高抛混凝土不易穿过。

2）钢柱柱身内部钢隔板多，混凝土浇筑"死角"多，隔板下部混凝土浇筑不密实。

3）钢柱截面面积普遍较大，混凝土浇筑量大，人工振捣严重制约施工进度，且振捣质量不易控制。

综上所述，北京 CDB 核心区 Z13 地块项目最终采用了顶升自密实混凝土的施工方案，取得了良好的效果。

3.6.2 顶升混凝土工艺

顶升技术对混凝土的要求，需满足泵送及顶升的双重要求：

1. 泵送混凝土配置要求

1）高流动度与可泵性。高强混凝土的拌合物除高流动性外，还必须具有良好的抗离析性和填充能力。

2）高耐久性。要求高强混凝土在硬化过程中体积稳定，水化热低，冷却时温度收缩小，干燥收缩小，不易产生宏观及微观裂缝。

2. 顶升混凝土配置要求

1）较高的流动性和较小的黏度。由于箱形柱内部纵横隔板复杂，腔内混凝土流动面积及距离较长，因此混凝土必须具有较高的流动性，以保证浇筑质量和密实度。

2）较小的收缩率。为保证腔内混凝土顶升浇筑的质量，混凝土与钢板侧壁之间不能出现明显收缩。

3）混凝土配合比技术参数的选择：

① 泵送混凝土选用普通硅酸盐水泥，粗骨料采用粒径为5～20mm连续级配，且含泥量小于1%的机碎石，粗骨料中针片状颗粒的含量不宜大于5%。

② 细骨料采用中砂，其通过0.315mm筛孔的颗粒含量不应少于15%。

③ 活性掺合料选择

为确保塔楼超高压混凝土的和易性，并减少水泥用量，拟掺加部分Ⅰ级粉煤灰，其丰富的玻璃珠含量，产生滚珠摩擦效应，可以改善混凝土的流动性。粉煤灰需水量小，在水胶比不变的情况下，增加了混凝土的坍落度，提高混凝土的可泵性。同时，加入矿粉，以进一步保证混凝土的强度，为了降低混凝土黏度，保证混凝土后期强度，还需添加一定量的微硅粉，确保混凝土高强泵送的要求。

3.7 钢梁的加工及吊装

3.7.1 钢梁的吊装

钢梁采用两个吊点进行吊装，两个吊点分别在钢梁中心的两侧，且应距端部支座处800mm以上。将吊绳长度控制在合理范围之内，保证吊绳与钢梁夹角≥45°，最佳角度为60°，钢梁吊装示意图见图3.7-1。钢梁在起吊时，在钢梁的两端分别挂两根溜绳，由工人分别拉住两根溜绳，钢梁开始起吊速度一定要慢，为了保证安全，人员不能站在钢梁吊装途经区域的正下方。在钢梁的两端带上专用放置安装螺栓的布袋，待钢梁吊至就位位置以上时，开始就位钢梁，钢梁下落速度控制在3m/min，在两钢柱的端牛腿上设置两名安装工，准备安装钢梁。钢梁接近就位位置时，2名安装工人要分别用手扶住钢梁，将钢梁拖至就位位置。

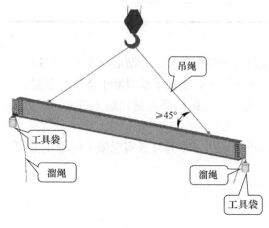

图3.7-1 钢梁吊装示意图

3.7.2 梁临时对位、固定

钢梁吊升到位后，按施工图进行对位，要注意钢梁的起拱，正、反方向和钢柱上连接板的轴线不可安错。较长梁的安装，应用冲钉将梁两端孔打紧、对正，然后，再用普通螺栓拧紧。腹板普通安装螺栓数量不得少于该节点螺栓总数的30%，且不得少于2个。吊装固定钢梁时，要进行测量监控，保证梁水平度，保证已校正单元框架整体的安装精度。钢梁固定好以后，为了确保工人在钢梁上安全行走，必须立即拉上安装绳。挂架的搭设图见图3.7-2。

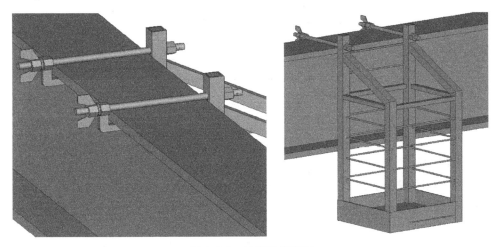

图 3.7-2　挂架的搭设图

3.8　组合楼板的施工

随着智慧建筑概念的提出和飞速发展，现代信息技术与智能化系统越来越普遍地应用于高端办公楼宇。架空地板由于轻便、灵活等特性被普遍应用于现代高端办公楼宇的地面系统，以满足各类功能布线和布局调整的需求，同时为用户提供良好的舒适性。

目前国内设置架空地板的办公楼地面做法通常为：结构混凝土楼板＋地面砂浆找平层＋架空地板。由于砂浆找平层的存在，不仅增大了楼面空鼓、起砂的隐患，而且带来额外的成本投入。利用混凝土一次成型技术则可取消砂浆找平层，也为室内控高带来一定帮助。

架空地板楼面做法对比见表3.8-1。

架空地板楼面做法对比　　　　　　　　　　　　　　表 3.8-1

项目	常规设计做法	优化做法
1	架空活动地板	架空活动地板
2	20～30mm 厚 DS 干拌砂浆压实抹平	一次成型钢筋混凝土楼板
3	钢筋混凝土楼板	—

1. 压型钢板混凝土组合楼板施工流程

压型钢板混凝土组合楼板一次成型施工流程见图3.8-1。

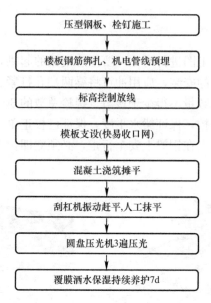

压型钢板、栓钉施工

↓

楼板钢筋绑扎、机电管线预埋

↓

标高控制放线

↓

模板支设(快易收口网)

↓

混凝土浇筑摊平

↓

刮杠机振动赶平,人工抹平

↓

圆盘压光机3遍压光

↓

覆膜洒水保湿持续养护7d

图 3.8-1　压型钢板混凝土组合楼板一次成型施工流程

2. 标高控制

标高控制采用激光投射法。将核心筒墙面建筑 1m 线和外框钢柱柱身建筑 1m 线拉通,形成地面标高控制面。图 3.8-2～图 3.8-5 是北京 CBD 核心区 Z13 地块项目楼面标高控制的实际操作现场照片。

将激光发射仪放置于标高已知的部位,通过计算得出卷尺标高控制读数,形成标高控制面。

3. 混凝土压光工艺

混凝土浇筑完成后,人工抹平混凝土,同时用刮杠机振捣刮平混凝土。混凝土初凝前,采用圆盘压光机进行第一遍压光,间隔 1h(h 代表小时)用圆盘压光机压光第二遍,再间隔 3～4h 用带刮片的圆盘压光机进行第三遍收面压光。

图 3.8-6～图 3.8-10 为北京 CBD 核心区 Z13 地块项目楼板混凝土压光作业照片。

4. 混凝土养护

大面积混凝土养护采用覆膜洒水保湿养护,每天早、中、晚洒水,持续养护 7d。

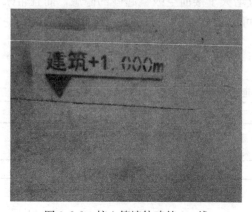

图 3.8-2　核心筒墙体建筑 1m 线

图 3.8-3　外框钢柱柱身建筑 1m 线

图 3.8-11、图 3.8-12 是楼面混凝土养护和最终效果照片。可以看出楼板混凝土表面非常平整。楼面效果受到业主和设计单位的一致好评。

图 3.8-4　楼面标高控制放线　　　　　　图 3.8-5　楼面标高激光投射法控制

图 3.8-6　混凝土浇筑过程人工抹平　　　　　图 3.8-7　刮杠机振动刮平

图 3.8-8　圆盘压光机首次压光　　　　　　图 3.8-9　圆盘压光机二次压光

5. 大面积混凝土楼面一次成型技术优势及效益分析

1）与常规做法相比，一次成型取消砂浆找平层，可增加楼层净高，若不需增加净高，则可增加架空地板下部机电布线空间。

2）传统扫毛地面存在空鼓、开裂、起砂等质量通病，后期修补、清扫难度大，一次

图 3.8-10　圆盘压光机三次收面压光

压光楼面技术可避免前述质量通病，地面易清扫，后期隐患少。

3）经济效益

与设计做法相比，楼面一次压光减少原混凝土楼板上部 40mm 厚 C15 细石混凝土和 20mm 厚 DS 干拌砂浆两层做法，每平方米楼板节省材料费和人工费合计为 50 元。

4）社会效益

一次压光成型楼面混凝土外观质量好，施工现场规范整洁，是企业形象的良好展示，是外部检查、观摩的亮点，具有良好的社会效益。

图 3.8-11　楼面混凝土养护

图 3.8-12　楼面混凝土最终效果

4 混合结构柱脚的设计与施工

4.1 柱脚

4.1.1 概述

柱脚节点是整体结构中很重要的一部分,柱脚节点设计及构造是否合理,对结构的受力性能、施工质量、工程进度以及整个工程造价都有直接的影响。

4.1.2 柱脚分类

钢—混凝土混合结构中的框架—核心筒结构,其外围框架柱可采用钢柱、型钢混凝土柱、钢管混凝土柱等形式。对应不同框架柱的柱脚节点按结构受力可分为铰接连接柱脚和刚接连接柱脚两大类。在实际工程中,介于两者之间的半刚接柱脚也经常出现。框架的柱脚一般多采用刚接柱脚。

钢柱柱脚按不同截面形式分类见表4.1-1。

钢柱柱脚按不同截面形式分类 表 4.1-1

柱脚类型	构造形式	受力类型	传力特征
钢柱柱脚	外露式	铰接	仅传递竖向力和水平力
		刚接	传递竖向力、水平力、弯矩
	外包式	刚接	
	埋入式	刚接	
型钢柱柱脚	非埋入式	刚接	
	埋入式	刚接	
矩形钢管柱脚	埋入式	刚接	
圆钢管柱脚	非埋入式	刚接	

4.2 钢柱柱脚

4.2.1 一般规定

钢柱柱脚包括外露式柱脚、外包式柱脚、埋入式柱脚三类,钢柱柱脚按不同截面形式分类见图4.2-1。外露式柱脚有铰接和刚接两种,外包式柱脚和埋入式柱脚均为刚接。上部结构的计算嵌固端在基础顶面时,应采用刚接柱脚,抗震设防时应优先采用埋入式柱脚;上部结构的计算嵌固端在地下室顶板,且柱脚以上不少于2层地下室时,可采用外露式铰接柱脚。

各类刚接柱脚应进行受压、受弯、受剪承载力计算,其轴力、弯矩、剪力的设计值应取钢柱底部的相应设计值。外露式铰接柱脚应进行受压、受剪承载力和局部承压计算。

4.2.2 构造要求

各类钢柱柱脚构造应分别符合下列要求:

1) 外露式柱脚通过底板锚栓固定于混凝土基础上(图 4.2-1a),当采用刚接柱脚时,对于 8 度及以上抗震设防的结构,柱脚锚栓截面面积不宜小于钢柱下端截面的 20%。

2) 外包式柱脚由钢柱脚和外包混凝土组成(图 4.2-1b),位于混凝土基础顶面以上,外包混凝土的高度不应小于钢柱截面高度的 2.5 倍,且从柱脚底到外包层顶部箍筋的距离与外包混凝土宽度之比不宜小于 1。外包层内主筋深入基础的长度不应小于 25 倍主筋直径,且四角主筋的上下都应加弯钩。外包层中应配置箍筋,箍筋的直径、间距和配箍率应符合国家标准《混凝土结构设计规范》GB 50010—2010(2015 年版)中柱的要求。外包层顶部箍筋应加密,不少于 3 道,其间距不应大于 50mm。

3) 埋入式柱脚是将柱脚埋入混凝土基础(承台)内(图 4.2-1c)。工字形截面柱的埋置深度不应小于钢柱截面高度的 2 倍,箱形柱或圆形柱的埋置深度不应小于柱截面长边或外径的 2.5 倍,钢柱脚底板应设置锚栓与下部混凝土连接,埋入式钢柱柱脚的保护层厚度见图 4.2-2。C_1 不得小于钢柱受弯方向截面高度的一半,C_2 不得小于钢柱受弯方向截面高度的 2/3,且不小于 400mm,C_1、C_2 是埋入式钢柱柱脚的保护层厚度。

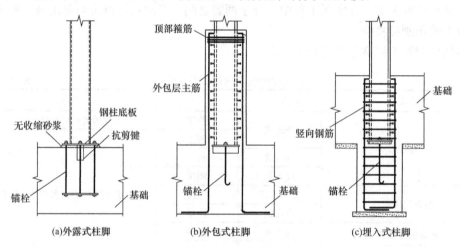

图 4.2-1 钢柱柱脚不同形式示意图

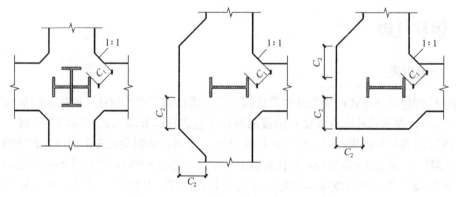

图 4.2-2 埋入式钢柱柱脚的保护层厚度

钢柱埋入部分的四角应设置竖向钢筋，四周应配置箍筋，箍筋直径不应小于 10mm，其间距不大于 250mm。在边柱和角柱柱脚中，埋入部分的顶部和底部还应设置 U 形钢筋，U 形钢筋开口向内，用以抵抗柱脚剪力，U 形钢筋的锚固长度应从钢柱内侧算起，不小于 30 倍钢筋直径。边柱 U 形钢筋的设置示意图见图 4.2-3。

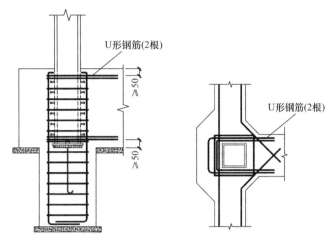

图 4.2-3　边柱 U 形钢筋的设置示意图

在混凝土基础顶部，钢柱应设置水平加劲肋，当箱形柱壁板宽厚比 $D/t > 30$，应在埋入部分的顶部设置隔板，也可在箱形柱的埋入部分填充混凝土，当混凝土填充至基础顶面以上一倍箱形截面高度时，埋入部分的顶部可不设置加劲肋或隔板。

4）刚接柱脚的底板均应采用抗弯连接，其底板形状和锚栓的设置可参见图 4.2-4，锚栓埋入长度不应小于其直径的 25 倍，锚栓底部应设置锚板或弯钩，锚板厚度宜大于 1.3 倍锚栓直径，应保证锚栓四周及底部的混凝土具有足够的厚度，避免基础冲切破坏，锚栓和外包层基础下面还应按混凝土基础要求设置保护层。

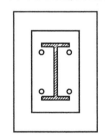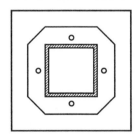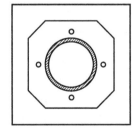

图 4.2-4　抗弯连接刚接柱脚的底板形状和锚栓的设置

5）埋入式柱脚不宜采用冷成型箱形柱。

刚接外露式柱脚的设计应符合 1）~5）条设计要求，铰接外露式柱脚的设计应符合上述 1）条要求。

4.2.3　外露式柱脚设计

钢柱轴力由底板直接传至混凝土基础，按国家标准《混凝土结构设计规范》GB 50010—2010（2015 年版）验算柱脚底板下混凝土的局部承压，承压面积为底板面积。

在轴力和弯矩作用下计算所需锚栓面积，可按式（4.2-1）进行验算：

$$M \leqslant M_1 \tag{4.2-1}$$

式中：M——柱脚弯矩设计值（kN·m）；

M_1——在轴力与弯矩作用下按钢筋混凝土压弯构件截面设计方法计算的柱脚受弯承载力（kN·m）。设截面为底板面积，由受拉边的锚栓单独承受拉力，由混凝土基础单独承受压力，受压边的锚栓不参加工作，锚栓和混凝土的强度均取设计值。

抗震设计时，在柱与柱脚的连接处，柱可能出现塑性铰的柱脚极限受弯承载力应大于钢柱的全塑性抗弯承载力，应按式（4.2-2）进行验算：

$$M_u \geqslant M_{pc} \tag{4.2-2}$$

式中：M_{pc}——考虑轴力时柱的全塑性受弯承载力（kN·m），按式（4.2-3）～式（4.2-8）的规定计算；

M_u——考虑轴力时柱脚的极限受弯承载力（kN·m），按式（4.2-1）中计算 M_1 的方法计算，但锚栓和混凝土强度均取标准值。

当框架柱存在轴力时，构件的全塑性受弯承载力 M_{pc} 应按下列规定采用。本条也适用于其他类型的钢柱脚和组合柱中的钢柱或钢管柱的计算。

工字形截面（绕强轴）和箱形截面：

$$当 N/N_y \leqslant 0.13 时, M_{pc} = M_p \tag{4.2-3}$$

$$当 N/N_y > 0.13 时, M_{pc} = 1.15(1 - N/N_y)M_p \tag{4.2-4}$$

工字形截面（绕弱轴）：

$$当 N/N_y \leqslant A_W/A 时, M_{pc} = M_p \tag{4.2-5}$$

$$当 N/N_y > A_W/A 时, M_{pc} = \left[1 - \left(\frac{N - A_W f_y}{N_y - A_W f_y}\right)^2\right]M_p \tag{4.2-6}$$

圆管截面：

$$当 N/N_y \leqslant 0.2 时, M_{pc} = M_p \tag{4.2-7}$$

$$当 N/N_y > 0.2 时, M_{pc} = 1.25(1 - N/N_y)M_p \tag{4.2-8}$$

式中：N——钢柱的轴力设计值（N）；

N_y——钢柱的轴向屈服承载力（N）；

A——钢柱的全截面面积（mm^2）；

A_W——钢柱腹板的截面面积（mm^2）；

M_p——钢柱的全塑性受弯承载力（N·mm）；

f_y——钢柱钢材的屈服强度（N/mm^2）。

钢柱底部的剪力可由底板与混凝土之间的摩擦力传递，摩擦系数取 0.4；当剪力大于底板下的摩擦力时，应设置抗剪键，由抗剪键承受全部剪力，也可由锚栓抵抗全部剪力，此时底板上的锚栓孔直径不应大于锚栓直径加 5mm。

当锚栓同时受拉、受剪时，单根锚栓的承载力应按式（4.2-9）计算：

$$\sqrt{\left(\frac{N_t}{N_t^b}\right)^2 + \left(\frac{V_v}{V_v^b}\right)^2} \leqslant 1 \tag{4.2-9}$$

式中：N_t——单根锚栓承受的拉力设计值（N）；

V_v——单根锚栓承受的剪力设计值（N）；

N_t^b——单根锚栓的受拉承载力（N），取 $N_t^b = A_e f$；

V_v^b——单根锚栓的受剪承载力（N），取 $V_v^b = A_e f_v$；

f——锚栓钢材的抗拉强度设计值（N/mm²）；

f_v——锚栓钢材的抗剪强度设计值（N/mm²）；

A_e——锚栓的面积（mm²）。

4.2.4 外包式柱脚设计

柱脚轴向压力由钢柱直接传给基础，按国家标准《混凝土结构设计规范》GB 50010—2010（2015 年版）验算柱脚底板下混凝土的局部承压，承压面积为底板面积。

弯矩和剪力由外包层混凝土和钢柱脚共同承担，外包层的有效面积见图 4.2-5。

柱脚的受弯承载力可按式（4.2-10）进行验算：

$$M \leqslant 0.9 A_s f h_0 + M_1 \qquad (4.2\text{-}10)$$

式中：M——柱脚的弯矩设计值（N·mm）；

A_s——外包层混凝土中受拉侧的钢筋截面面积（mm²）；

f——受拉钢筋抗拉强度设计值（N/mm²）；

h_0——受拉钢筋合力点至混凝土受压区边缘的距离（mm）；

M_1——钢柱脚的受弯承载力（N·mm），按外露式钢柱脚 M_1 的计算方法计算。

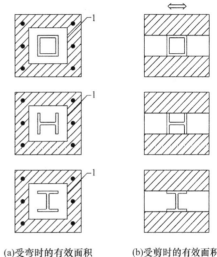

(a)受弯时的有效面积　(b)受剪时的有效面积

图 4.2-5　外包层的有效面积

1—底板

抗震设计时，在外包混凝土顶部箍筋处，柱可能出现塑性铰的柱脚极限受弯承载力应大于钢柱的全塑性受弯承载力（图 4.2-6），柱脚的极限受弯承载力应按下式进行验算，式（4.2-11）～式（4.2-17）及其字母解释，引自《高层民用建筑钢结构技术规程》JGJ 99—2015 式（8.6.3-2）～式（8.6.3-8）内容，仅将公式重新编号：

$$M_u \geqslant \alpha M_{pc} \qquad (4.2\text{-}11)$$

$$M_u = \min\{M_{u1}, M_{u2}\} \qquad (4.2\text{-}12)$$

$$M_{u1} = M_{pc}/(1 - l_r/l) \qquad (4.2\text{-}13)$$

$$M_{u2} = 0.9 A_s f_{yk} h_0 + M_{u3} \qquad (4.2\text{-}14)$$

式中：M_{pc}——考虑轴力时，钢柱截面的全塑性受弯承载力（N·mm），按式（4.2-2）的规定计算；

M_u——柱脚的极限受弯承载力（N·mm）；

M_{u1}——考虑轴力影响，外包混凝土顶部箍筋处钢柱弯矩达到全塑性弯矩 M_{pc} 时，按比例放大的外包混凝土底部弯矩（N·mm）；

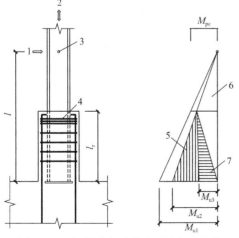

图 4.2-6　极限受弯承载力时外包式柱脚的受力状态

1—剪力；2—轴力；3—柱的反弯点；

4—最上部箍筋；5—外包钢筋混凝土的弯矩；

6—钢柱的弯矩；7—作为外露式柱脚的弯矩

l——钢柱底板到柱反弯点的距离（mm），可取底层层高的 2/3；

l_r——外包混凝土顶部箍筋到柱底板的距离（mm）；

M_{u2}——外包钢筋混凝土的抗弯承载力（N·mm）与 M_{u3} 之和；

M_{u3}——钢柱脚的极限受弯承载力（N·mm），按外露式钢柱脚 M_u 的计算方法计算；

α——连接系数，按表 4.2-1 的规定采用；

f_{yk}——钢筋的抗拉强度最小值（N/mm²）。

外包层混凝土截面的受剪承载力应符合下列要求：

$$V \leqslant b_c h_0 (0.7 f_t + 0.5 f_{yv} \rho_{sh}) \tag{4.2-15}$$

抗震设计时尚应满足式（4.2-16）和式（4.2-17）要求：

$$V_u \geqslant M_u / l_r \tag{4.2-16}$$

$$V_u = b_c h_0 (0.7 f_{tk} + 0.5 f_{yvk} \rho_{sh}) + M_{u3} / l_r \tag{4.2-17}$$

式中：V——柱底截面剪力设计值（N）；

V_u——外包式柱脚的极限受剪承载力（N）；

b_e——外包层混凝土的有效截面宽度（mm）；

f_{tk}——混凝土轴心抗拉强度标准值（N/mm²）；

f_t——混凝土轴心抗拉强度设计值（N/mm²）；

f_{yv}——箍筋的抗拉强度设计值（N/mm²）；

f_{yvk}——箍筋的抗拉强度标准值（N/mm²）；

ρ_{sh}——水平箍筋的配箍率；$\rho_{sh} = A_{sh} / b_e s$，当 $\rho_{sh} > 1.2\%$ 时，取 1.2%；A_{sh} 为配置在同一截面内箍筋的截面面积（mm²）；s 为箍筋的间距（mm）。

4.2.5 埋入式柱脚设计

柱脚轴向压力由钢柱直接传给基础，应按国家标准《混凝土结构设计规范》GB 50010—2010（2015 年版）验算柱脚底板下混凝土的局部承压，承压面积为底板面积。

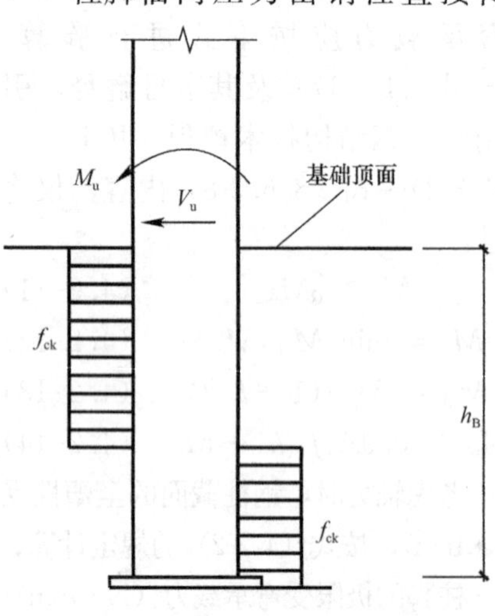

图 4.2-7 埋入部分钢柱侧向应力

抗震设计时，在基础顶面，柱可能有塑性铰的柱脚，应按埋入部分钢柱侧向应力分布（图 4.2-7）验算在轴力和弯矩作用下，基础混凝土的侧向抗弯承载力，埋入式柱脚的极限受弯承载力不应小于钢柱全塑性抗弯承载力，与极限受弯承载力对应的剪力，不应大于钢柱的全塑性抗剪承载力，应按式（4.2-18）～式（4.2-20）验算：

$$M_u \geqslant \alpha M_{pc} \tag{4.2-18}$$

$$V_u = M_u / l \leqslant 0.58 h_w t_w f_y \tag{4.2-19}$$

$$M_u = f_{ck} b_c l \{ \sqrt{(2l + h_B)^2 + h_B^2} - (2l + h_B) \} \tag{4.2-20}$$

式中：M_u——柱脚埋入部分承受的极限受弯承载力（N·mm）；

M_{pc}——考虑轴力影响时钢柱截面的全塑性受弯承载力（N·mm），按式（4.2-2）计算；

l——基础顶面到钢柱反弯点的距离（mm），可取柱脚所在层层高的 2/3；

b_c——与弯矩作用方向垂直的柱身宽度，对 H 形截面柱应取等效宽度；

h_B——钢柱脚埋置深度（mm）；

f_{ck}——基础混凝土抗压强度标准值（N/mm²）；

α——连接系数，按表 4.2-1 规定选用。

α 连接系数   表 4.2-1

母材牌号	梁柱连接		支撑连接、构件拼接		柱脚	
	母材破坏	高强度螺栓破坏	母材或连接板破坏	高强度螺栓破坏		
Q235	1.40	1.45	1.25	1.30	埋入式	1.2(1.0)
Q345	1.35	1.40	1.20	1.25	外包式	1.2(1.0)
Q345GJ	1.25	1.30	1.10	1.15	外露式	1.0

采用箱形柱和圆钢管柱时埋入式柱脚的构造应符合下列规定，截面宽厚比或径厚比较大的箱形柱和圆管柱，其埋入部分应采取措施防止在混凝土侧压力下被压坏。常用方法是填充混凝土（图 4.2-8b），或在基础顶面设置内隔板或外隔板（图 4.2-8c、图 4.2-8d）。隔板的厚度应按计算确定，外隔板的外伸长度不应小于柱边长（或管径）的 1/10。对于有抗拔要求的埋入式柱脚，可在埋入部分设置栓钉（图 4.2-8a）。

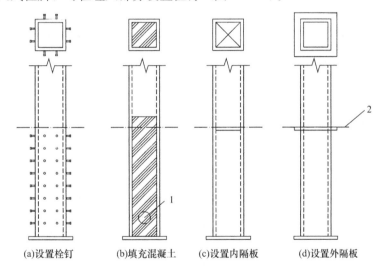

（a）设置栓钉   （b）填充混凝土   （c）设置内隔板   （d）设置外隔板

图 4.2-8   埋入式柱脚的抗压和抗拔构造
1—灌浆孔；2—基础顶面

抗震设计时，在基础顶面处钢柱可能出现塑性铰的边（角）柱的混凝土埋入基础部分的上、下部位均需布置 U 形钢筋加强，可按下式验算 U 形钢筋数量：

当柱脚受到由内向外作用的剪力时（图 4.2-9a），

$$M_u \leqslant f_{ck} b_c l \left\{ \frac{T_y}{f_{ck} b_c} - l - h_B + \sqrt{(l+h_B)^2 - \frac{2T_y(l+a)}{f_{ck} b_c}} \right\} \quad (4.2\text{-}21)$$

当柱脚受到由外向内作用的剪力时（图 4.2-9b），

$$M_u \leqslant -(f_{ck} b_c l^2 + T_y l) + f_{ck} b_c l \sqrt{l^2 + \frac{2T_y(l+h_B-a)}{f_{ck} b_c}} \quad (4.2\text{-}22)$$

式中：M_u——柱脚埋入部分由 U 形加强筋提供的侧向受弯承载力（N·mm）；

T_y——U 形加强筋的受拉承载力（N），$T_y = A_t f_{tk}$，A_t 为 U 形加强筋的截面面积

（mm²）之和，f_{tk} 为 U 形加强筋的强度标准值（N/mm²）；

f_{ck}———基础混凝土的受压强度标准值（N/mm²）；

a———U 形加强筋合力点到基础上表面或到柱底板下表面的距离（mm）；

l———基础顶面到钢柱反弯点的距离（mm），可取柱脚所在层层高的 2/3；

h_B———钢柱脚埋置深度（mm）；

b_c———与弯矩作用方向垂直的柱身尺寸（mm）。

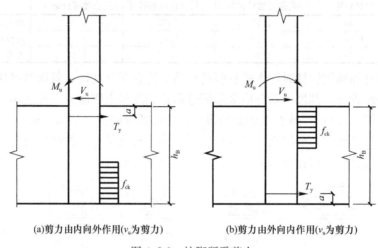

(a)剪力由内向外作用(v_u为剪力)   (b)剪力由外向内作用(v_u为剪力)

图 4.2-9　柱脚所受剪力

4.3　型钢混凝土柱柱脚

4.3.1　一般规定

型钢混凝土柱可根据不同的受力特点采用型钢埋入基础底板（承台）的埋入式柱脚（图 4.3-1）或非埋入式柱脚（图 4.3-2）。考虑地震作用组合的偏心受压柱宜采用埋入式柱脚；不考虑地震作用组合的偏心受压柱可采用埋入式柱脚，也可采用非埋入式柱脚。当有地下室且柱中型钢延伸至基础顶时，抗震结构也可采用非埋入式柱脚。偏心受拉柱应采用埋入式柱脚。

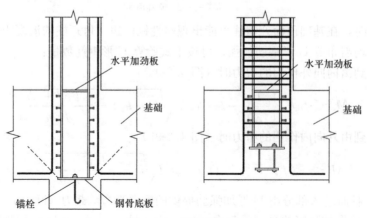

图 4.3-1　埋入式柱脚

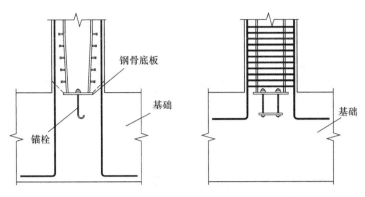

图 4.3-2　非埋入式柱脚

型钢混凝土偏心受压柱嵌固端以下有两层及两层以上地下室时，可将型钢混凝土柱伸入基础底板，也可伸至基础底板顶面。当伸至基础底板顶面时，纵向钢筋和锚栓应锚入基础底板并符合锚固要求；柱脚应按非埋入式柱脚计算其受压、受弯和受剪承载力，计算中不考虑型钢作用，轴力、弯矩和剪力设计值取柱底部的相应设计值。

4.3.2　埋入式柱脚的设计

型钢混凝土偏心受压柱，其埋入式柱脚的埋置深度（图 4.3-3）h_B 应满足式（4.3-1）的要求。

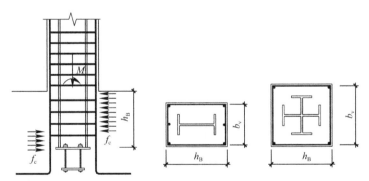

图 4.3-3　埋入式柱脚的埋置深度

$$h_B \geqslant 2.5\sqrt{\frac{M}{b_v f_c}}$$

（4.3-1）

式中：h_B——型钢混凝土柱柱脚埋置深度（mm）；

M——埋入式柱脚最大组合弯矩设计值（N·mm）；

f_c——基础底板混凝土轴心抗压强度设计值（N/mm²）；

b_v——型钢混凝土柱垂直于计算弯曲平面方向的箍筋边长（mm）。

无地下室或仅有一层地下室的型钢混凝土柱的埋入式柱脚，其型钢在基础底板（承台）中的埋置深度除符合式（4.3-1）规定外，不应小于柱型钢截面高度的 2 倍。

型钢混凝土偏心受压柱，其埋入式柱脚在轴向压力作用下，基础底板的局部受压承载力应符合国家标准《混凝土结构设计规范》GB 50010—2010（2015 年版）中局部受压承载力计算的规定；基础底板的受冲切承载力应符合此规范中有关受冲切承载力计算的规定。

型钢混凝土偏心受拉柱，其埋入式柱脚的埋置深度应符合偏心受压柱的规定。基础底板在轴向拉力作用下的受冲切承载力应符合国家标准《混凝土结构设计规范》GB 50010—2010（2015 年版）中冲切承载力计算的规定，冲切面高度应取型钢的埋置深度，冲切计算中的轴向拉力设计值应按式（4.3-2）计算：

$$N_{\mathrm{t}} = N_{\mathrm{t\,max}} \frac{f_{\mathrm{a}} A_{\mathrm{a}}}{f_{\mathrm{y}} A_{\mathrm{s}} + f_{\mathrm{a}} A_{\mathrm{a}}} \tag{4.3-2}$$

式中：N_{t}——冲切计算中的轴向拉力设计值（N）；

$N_{\mathrm{t\,max}}$——埋入式柱脚最大组合轴向拉力设计值（N）；

A_{a}——型钢截面面积（mm^2）；

A_{s}——全部纵向钢筋截面面积（mm^2）；

f_{a}——型钢抗拉强度设计值（$\mathrm{N/mm}^2$）；

f_{y}——纵向钢筋抗拉强度设计值（$\mathrm{N/mm}^2$）。

柱型钢底部应设置底板，并用锚栓锚固于柱脚底部的基础底板（承台）中。型钢底板厚度不应小于柱脚型钢翼缘厚度，且不宜小于 25mm。锚栓埋置深度以及柱内纵向钢筋在基础底板中的锚固长度，应符合国家相关标准的规定，柱内纵向钢筋锚入基础底板部分应设置箍筋。

型钢混凝土柱的埋入式柱脚，其埋入范围及其上一层的型钢翼缘和腹板部位应设置栓钉，栓钉直径不宜小于 19mm，水平和竖向间距不宜大于 200mm，栓钉离型钢翼缘边缘不宜小于 50mm，且不宜大于 100mm。

埋入式柱脚埋入部分顶面位置处，应设置水平加劲肋，加劲肋的厚度宜与型钢翼缘等厚，其形状应便于混凝土浇筑。

埋入式柱脚伸入基础（承台）内型钢外侧的混凝土保护层的最小厚度，中柱不应小于180mm，边柱和角柱不应小于 250mm。埋入式柱脚混凝土保护层厚度见图 4.3-4。

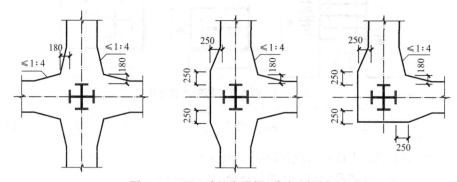

图 4.3-4　埋入式柱脚混凝土保护层厚度

4.3.3　非埋入式柱脚的设计

型钢混凝土偏心受压柱，其非埋入式柱脚型钢底板截面处的锚栓配置，应符合下列偏心受压正截面承载力计算规定。柱脚底板锚栓配置计算参数示意图见图 4.3-5（本图完全引自《组合结构设计规范》JGJ 138—2016 图 6.5.13），式（4.3-3）～式（4.3-13）及其字母解释，完全引自《组合结构设计规范》JGJ 138—2016 式（6.5.13-1）～式（6.5.13-11）内容，仅将公式重新编号。

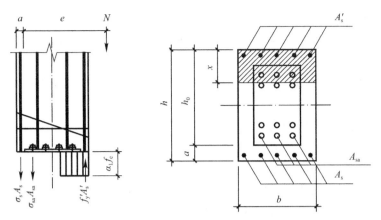

图 4.3-5 柱脚底板锚栓配置计算参数示意图

（1）持久、短暂设计状况

$$N \leqslant \alpha_1 f_c b x + f'_y A'_s - \sigma_s A_s - 0.75 \sigma_{sa} A_{sa} \qquad (4.3\text{-}3)$$

$$Ne \leqslant \alpha_1 f_c b x \left(h_0 - \frac{x}{2} \right) + f'_y A'_s (h_0 - a'_s) \qquad (4.3\text{-}4)$$

（2）地震设计状况

$$N \leqslant \frac{1}{\gamma_{RE}} (\alpha_1 f_c b x + f'_y A'_s - \sigma_s A_s - 0.75 \sigma_{sa} A_{sa}) \qquad (4.3\text{-}5)$$

$$Ne \leqslant \frac{1}{\gamma_{RE}} \left[\alpha_1 f_c b x \left(h_0 - \frac{x}{2} \right) + f'_y A'_s (h_0 - a'_s) \right] \qquad (4.3\text{-}6)$$

$$e = e_i + \frac{h}{2} - a \qquad (4.3\text{-}7)$$

$$e_i = e_0 + e_a \qquad (4.3\text{-}8)$$

$$e_0 = \frac{M}{N} \qquad (4.3\text{-}9)$$

$$h_0 = h - a \qquad (4.3\text{-}10)$$

（3）纵向受拉钢筋应力 σ_s 和受拉一侧最外排锚栓应力 σ_{sa} 可按下列规定计算：

当 $x \leqslant \xi_b h_0$ 时，$\sigma_s = f_y$，$\sigma_{sa} = f_{sa}$

当 $x > \xi_b h_0$ 时

$$\sigma_s = \frac{f_y}{\xi_b - \beta_1} \left(\frac{x}{h_0} - \beta_1 \right) \qquad (4.3\text{-}11)$$

$$\sigma_{sa} = \frac{f_{sa}}{\xi_b - \beta_1} \left(\frac{x}{h_0} - \beta_1 \right) \qquad (4.3\text{-}12)$$

ξ_b 可按下式计算：

$$\xi_b = \frac{\beta_1}{1 + \dfrac{f_y + f_{sa}}{2 \times 0.003 E_s}} \qquad (4.3\text{-}13)$$

式中：N——非埋入柱脚底板截面处轴向压力设计值；

$\quad M$——非埋入柱脚底板截面处弯矩设计值；

$\quad e$——轴向力作用点至纵向受拉钢筋与受拉一侧最外排锚栓合力点之间的距离；

$\quad e_0$——轴向力对截面重心的偏心距；

e_a——附加偏心距；其值宜取 20mm 和偏心方向截面尺寸的 1/30 两者中的较大值；

A_s、A_s'、A_{sa}——纵向受拉钢筋、纵向受压钢筋、受拉一侧最外排锚栓的截面面积；

σ_s、σ_{sa}——纵向受拉钢筋、受拉一侧最外排锚栓应力；

a——纵向受拉钢筋与受拉一侧最外排锚栓合力点至受拉边缘的距离；

E_s——钢筋弹性模量；

x——混凝土受压区高度；

b、h——型钢混凝土柱截面宽度、高度；

h_0——截面有效高度；

ξ_b——相对界限受压区高度；

f_y、f_{sa}——纵向钢筋抗拉强度设计值、锚栓抗拉强度设计值；

α_1——受压区混凝土压应力影响系数，按《组合结构设计规范》JGJ 138—2016 第 5.1.1 条取值；

β_1——受压区混凝土应力图形影响系数，按《组合结构设计规范》JGJ 138—2016 第 5.1.1 条取值。

型钢混凝土偏心受压柱，其非埋入式柱脚在柱轴向压力作用下，基础底板的局部受压承载力、受冲切承载力要求同埋入式柱脚。

型钢混凝土偏心受压柱非埋入式柱脚底板截面处的偏心受压正截面承载力不符合式（4.3-3）～式（4.3-13）的计算规定时，可在柱周边外包钢筋混凝土，增大柱截面，配置计算所需的纵向钢筋及构造规定的箍筋。外包钢筋混凝土应延伸至基础底板以上一层的层高范围，其纵筋锚入基础底板的锚固长度应符合国家标准《混凝土结构设计规范》GB 50010—2010（2015 年版）的规定，钢筋端部应设置弯钩。

型钢混凝土偏心受压柱，其非埋入式柱脚受剪承载力计算应符合式（4.3-14）～式（4.3-17）计算规定，式（4.3-14）～式（4.3-17）及其字母解释，引自《组合结构设计规范》JGJ 138—2016 式（6.5.17-1）～式（6.5.17-4），仅将公式重新编号。

（1）柱脚型钢底板下不设置抗剪连接件时

$$V \leqslant 0.4N_B + V_{rc} \tag{4.3-14}$$

（2）柱脚型钢底板下设置抗剪连接件时

$$V \leqslant 0.4N_B + V_{rc} + 0.85f_a A_{wa} \tag{4.3-15}$$

$$N_B = N \frac{E_a A_a}{E_c A_c + E_a A_a} \tag{4.3-16}$$

$$V_{rc} = 1.5f_t(b_{c1} + b_{c2})h + 0.5f_y A_{sl} \tag{4.3-17}$$

式中：V——柱脚型钢底板处剪力设计值；

N_B——柱脚型钢底板下按弹性刚度分配的轴向压力设计值；

N——柱脚型钢底板处与剪力设计值 V 相应的轴向压力设计值；

b_{c1}、b_{c2}——柱脚型钢底板周边箱形混凝土截面左、右侧沿受剪方向的有效受剪宽度；

h——柱脚底板周边箱形混凝土截面沿受剪方向的高度；

A_c、A_s、A_a——型钢混凝土柱的混凝土截面面积、全部纵向钢筋截面面积、型钢截面面积；

A_{sl}——柱脚底板周边箱形混凝土截面沿受剪方向的有效受剪宽度和高度范围内的纵向钢筋截面面积；

A_{wa}——抗剪连接件型钢腹板的受剪截面面积。

型钢混凝土偏心受压柱，其非埋入式柱脚型钢底板厚度不应小于柱脚型钢翼缘厚度，且不宜小于 30mm。其底板锚栓直径不宜小于 25mm，锚栓埋入基础底板长度不宜小于 40 倍锚栓直径。纵向钢筋锚入基础的长度应符合受拉钢筋锚固规定，外围纵向钢筋锚入基础部分应设置箍筋。柱与基础在一定范围内混凝土应连续浇筑。

非埋入式柱脚上一层的型钢翼缘和腹板栓钉设置要求同埋入式柱脚。

4.4 矩形钢管混凝土柱柱脚

4.4.1 一般规定

矩形钢管混凝土柱可根据不同的受力特点采用埋入式柱脚或非埋入式柱脚。考虑地震作用组合的偏心受压柱宜采用埋入式柱脚，不考虑地震作用组合的偏心受压柱可采用埋入式柱脚，也可采用非埋入式柱脚。当有地下室且钢管柱延伸至基础顶时，抗震结构也可采用非埋入式柱脚。偏心受拉柱应采用埋入式柱脚。

矩形钢管混凝十偏心受压柱嵌固端以下有两层及两层以上地下室时，可将矩形钢管混凝土柱伸入基础底板，也可伸至基础底板顶面。当伸至基础底板顶面时，柱脚锚栓应锚入基础，且符合锚固规定。柱脚应按非埋入式柱脚计算其受压、受弯和受剪承载力。

4.4.2 埋入式柱脚的设计

矩形钢管混凝土偏心受压柱，其埋入式柱脚的埋置深度 h_B 应符合下列规定：

$$h_B \geqslant 2.5 \sqrt{\frac{M}{bf_c}} \tag{4.4-1}$$

式中：h_B——矩形钢管混凝土柱埋置深度（mm）；

M——埋入式柱脚弯矩设计值（N·mm）；

f_c——基础底板混凝土轴心抗压强度设计值（N/mm²）；

b——矩形钢管混凝土柱垂直于计算弯曲平面方向的柱边长（mm）。

无地下室或仅有一层地下室的矩形钢管混凝土柱的埋入式柱脚，其在基础底板（承台）中的埋置深度除符合式（4.4-1）规定外，尚不应小于矩形钢管柱长边尺寸的 2 倍。

矩形钢管混凝土偏心受压柱，其埋入式柱脚在轴向压力作用下，基础底板的局部受压承载力应符合国家标准《混凝土结构设计规范》GB 50010—2010（2015 年版）中有关局部受压承载力计算的规定；基础底板的受冲切承载力应符合此规范中有关受冲切承载力计算的规定。

矩形钢管混凝土偏心受拉柱，其埋入式柱脚的埋置深度应符合偏心受压柱的规定。基础底板在轴向拉力作用下的受冲切承载力应符合国家标准《混凝土结构设计规范》GB 50010—2010（2015 年版）中有关受冲切承载力计算的规定，冲切面高度应取钢管的埋置深度。

矩形钢管混凝土柱埋入式柱脚的钢管底板厚度，不应小于柱脚钢管壁的厚度，且不宜小于 25mm。柱脚埋置深度范围内的钢管壁外侧应设置栓钉，栓钉直径不宜小于 19mm，水平和竖向间距不宜大于 200mm，栓钉离侧边不宜小于 50mm，且不宜大于 100mm。

埋入式柱脚埋入部分顶面位置处，应设置水平加劲肋，加劲肋的厚度不宜小于25mm，且加劲肋应留有混凝土浇筑孔。

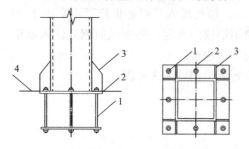

图 4.4-1 矩形钢管混凝土柱非埋入式柱脚
1—锚栓；2—环形底板；3—加劲肋；4—基础顶面

埋入式柱脚钢管底板处的锚栓埋置深度，应符合国家标准《混凝土结构设计规范》GB 50010—2010（2015年版）的规定。

4.4.3 非埋入式柱脚的设计

矩形钢管混凝土偏心受压柱，其非埋入式柱脚宜采用由矩形环底板、加劲肋和刚性锚栓组成的柱脚（图4.4-1）。

矩形钢管混凝土偏心受压柱，其非埋入式柱脚在柱脚底板截面处的锚栓配置，应符合式（4.4-2）～式（4.4-12）计算规定，式（4.4-2）～式（4.4-12）及其字母解释引自《组合结构设计规范》JGJ 138—2016式（7.4.13-1）～式（7.4.13-10）内容，仅将公式重新编号：

（1）持久、短暂设计状况

$$N \leqslant \alpha_1 f_c b_a x - 0.75 \sigma_{sa} A_{sa} \tag{4.4-2}$$

$$Ne \leqslant \alpha_1 f_c b_a x \left(h_0 - \frac{x}{2} \right) \tag{4.4-3}$$

（2）地震设计状况

$$N \leqslant \frac{1}{\gamma_{RE}} (\alpha_1 f_c b_a x - 0.75 \sigma_{sa} A_{sa}) \tag{4.4-4}$$

$$Ne \leqslant \frac{1}{\gamma_{RE}} \left[\alpha_1 f_c b_a x \left(h_0 - \frac{x}{2} \right) \right] \tag{4.4-5}$$

$$e = e_i + \frac{h_a}{2} - \alpha \tag{4.4-6}$$

$$e_i = e_0 + e_a \tag{4.4-7}$$

$$e_0 = \frac{M}{N} \tag{4.4-8}$$

$$h_0 = h_a - \alpha_{sa} \tag{4.4-9}$$

（3）受拉一侧锚栓应力 σ_{sa} 可按下列规定计算：

当 $x \leqslant \xi_b h_0$ 时，
$$\sigma_{sa} = f_{sa} \tag{4.4-10}$$

当 $x > \xi_b h_0$ 时，

$$\sigma_{sa} = \frac{f_{sa}}{\xi_b - \beta_1} \left(\frac{x}{h_0} - \beta_1 \right) \tag{4.4-11}$$

ξ_b 可按式（4.4-12）计算：

$$\xi_b = \frac{\beta_1}{1 + \dfrac{f_{sa}}{0.003 E_{sa}}} \tag{4.4-12}$$

式中：N——非埋入式柱脚底板截面处轴向压力设计值；

M——非埋入式柱脚底板截面处弯矩设计值；

e——轴向力作用点至受拉一侧锚栓合力点之间的距离；

e_0——轴向力对截面重心的偏心距;

e_a——附加偏心距,应按《组合结构规范》JGJ 138—2016 第 7.2.4 条规定计算;

A_{sa}——受拉一侧锚栓截面面积;

f_{sa}——锚栓强度设计值;

E_{sa}——锚栓弹性模量;

a_{sa}——受拉一侧锚栓合力点至柱脚底板近边的距离;

b_a、h_a——柱脚底板宽度、高度;

h_0——柱脚底板截面有效高度;

x——混凝土受压区高度;

σ_{sa}——受拉一侧锚栓的应力值;

α_1——受压区混凝土压应力影响系数,按《组合结构规范》JGJ 138—2016 第 5.1.1 条取值;

β_1——受压区混凝土应力图形影响系数,按《组合结构规范》JGJ 138—2016 第 5.1.1 条取值。

矩形钢管混凝土偏心受压柱,其非埋入式柱脚在轴向压力作用下,基础底板的局部受压承载力应符合国家标准《混凝土结构设计规范》GB 50010—2010(2015 年版)中有关局部受压承载力计算的规定;基础底板的受冲切承载力应符合此规范中有关受冲切承载力计算的规定。

矩形钢管混凝土偏心受压柱,其非埋入式柱脚底板截面处的偏心受压正截面承载力不符合式(4.4-2)~式(4.4-12)的计算规定时,可在钢管周边外包钢筋混凝土增大柱截面,并配置计算所需的纵向钢筋及构造规定的箍筋。外包钢筋混凝土应延伸至基础底板以上一层的层高范围,其纵筋锚入基础底板的锚固长度应符合国家标准《混凝土结构设计规范》GB 50010—2010(2015 年版)的规定,钢筋端部应设置弯钩。钢管壁外侧应按埋入式柱脚要求设置栓钉。

矩形钢管混凝土偏心受压柱,其非埋入式柱脚底板截面处的受剪承载力应符合下列公式,式(4.4-13)~式(4.4-16)及其字母解释引自《组合结构设计规范》JGJ 138—2016 式(7.4.17-1)~式(7.4.17-4)内容,仅将公式重新编号:

(1)柱脚矩形环底板下不设置抗剪连接件时

$$V \leqslant 0.4N_B + 1.5f_t A_{cl} \qquad (4.4\text{-}13)$$

(2)柱脚矩形环底板下设置抗剪连接件时

$$V \leqslant 0.4N_B + 1.5f_t A_{cl} + 0.85f_a A_{wa} \qquad (4.4\text{-}14)$$

(3)柱脚矩形环底板内的核心混凝土中设置钢筋笼时

$$V \leqslant 0.4N_B + 1.5f_t A_{cl} + 0.5f_y A_{sl} \qquad (4.4\text{-}15)$$

$$N_B = N \frac{E_a A_a}{E_c A_c + E_a A_a} \qquad (4.4\text{-}16)$$

式中:V——非埋入柱脚底板截面处的剪力设计值;

N_B——矩形环底板按弹性刚度分配的轴向压力设计值;

N——柱脚底板截面处与剪力设计值 V 相应的轴向压力设计值;

A_{cl}——矩形钢管混凝土柱环形底板内上下贯通的核心混凝土截面面积;

A_c——矩形钢管混凝土柱内填混凝土截面面积；

A_a——矩形钢管混凝土柱钢管壁截面面积；

A_{wa}——矩形环底板下抗剪连接件型钢腹板的受剪截面面积；

A_{sl}——矩形环底板内核心混凝土中配置的纵向钢筋截面面积；

f_a——抗剪连接件的抗拉强度设计值；

f_y——纵向钢筋抗拉强度设计值；

f_t——矩形钢管混凝土柱环形底板内核心混凝土抗拉强度设计值。

采用矩形环板的非埋入式矩形钢管混凝土偏心受压柱柱脚，矩形环板的厚度不宜小于钢管壁厚的 1.5 倍，宽度不宜小于钢管壁厚的 6 倍。

锚栓直径不宜小于 25mm，间距不宜大于 200mm，锚栓锚入基础的长度不宜小于 40 倍锚栓直径和 1000mm 的较大值。

钢管壁外加劲肋厚度不宜小于钢管壁厚，加劲肋高度不宜小于柱脚板外伸宽度的 2 倍，加劲肋间距不应大于柱脚底板厚度的 10 倍。

4.5 圆形钢管混凝土柱柱脚

4.5.1 一般规定

同 4.4.1 内容。

4.5.2 埋入式柱脚的设计

圆形钢管混凝土偏心受压柱，其埋入式柱脚的埋置深度 h_B 应符合下列规定：

$$h_B \geqslant 2.5\sqrt{\frac{M}{0.4Df_c}} \tag{4.5-1}$$

式中：h_B——圆形钢管混凝土柱埋置深度（mm）；

M——埋入式柱脚弯矩设计值（N·mm）；

f_c——基础底板混凝土轴心抗压强度设计值（N/mm²）；

D——钢管柱外直径（mm）。

无地下室或仅有一层地下室的圆形钢管混凝土柱的埋入式柱脚，其在基础底板（承台）中的埋置深度除符合式（4.5-1）规定外，尚不应小于圆形钢管直径的 2.5 倍。

圆形钢管混凝土偏心受压柱，其埋入式柱脚在轴向压力作用下，基础底板的局部受压承载力应符合国家标准《混凝土结构设计规范》GB 50010—2010（2015 年版）中有关局部受压承载力计算的规定；基础底板的受冲切承载力应符合此规范中有关受冲切承载力计算的规定。

圆形钢管混凝土偏心受拉柱，其埋入式柱脚的埋置深度应符合偏心受压柱的规定。基础底板在轴向拉力作用下的受冲切承载力应符合国家标准《混凝土结构设计规范》GB 50010—2010（2015 年版）中有关受冲切承载力计算的规定，冲切面高度可取钢管的埋置深度。

圆形钢管混凝土柱埋入式柱脚的柱脚底板厚度不应小于圆形钢管壁厚，且不应小于 25mm。柱脚埋置深度范围内的钢管壁外侧应设置栓钉，栓钉直径不宜小于 19mm，水平和竖向间距不宜大于200mm。

埋入式柱脚埋入部分顶面位置处，应设置水平加劲肋，加劲肋的厚度不宜小于25mm，且加劲肋应留有混凝土浇筑孔。

埋入式柱脚钢管底板处的锚栓埋置深度，应符合国家标准《混凝土结构设计规范》GB 50010—2010（2015年版）的规定。

4.5.3 非埋入式柱脚的设计

圆形钢管混凝土偏心受压柱，其非埋入式柱脚底板宜采用由环形底板、加劲肋和刚性锚栓组成的端承式柱脚（图4.5-1）。

圆形钢管混凝土偏心受压柱，其非埋入式柱脚在柱脚底板截面处的锚栓配置，应符合式（4.5-2）～式（4.5-8）计算规定，柱脚环形底板锚栓配置计算见图4.5-2，式（4.5-2）～式（4.5-8）及其字母解释引自《组合结构设计规范》JGJ 138—2016式（8.4.13-1）～式（8.4.13-7）内容，仅将公式重新编号。

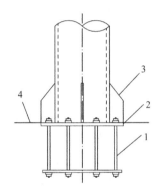
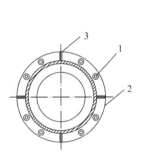

图4.5-1 圆形钢管混凝土柱非埋入式柱脚　　图4.5-2 柱脚环形底板
1—锚栓；2—环形底板；3—加劲肋；4—基础顶面　　　　　锚栓配置计算

（1）持久、短暂设计状况

$$N \leqslant \alpha \alpha_1 f_c A \left(1 - \frac{\sin 2\pi\alpha}{2\pi\alpha}\right) - 0.75\alpha_t f_{sa} A_{sa} \qquad (4.5\text{-}2)$$

$$N e_i \leqslant \frac{2}{3}\alpha_1 f_c A r \frac{\sin^3 \pi\alpha}{\pi} + 0.75 f_{sa} A_{sa} \gamma_s \frac{\sin\pi\alpha_t}{\pi} \qquad (4.5\text{-}3)$$

（2）地震设计状况

$$N \leqslant \frac{1}{\gamma_{RE}}\left[\alpha \alpha_1 f_c A\left(1 - \frac{\sin 2\pi\alpha}{2\pi\alpha}\right) - 0.75\alpha_t f_{sa} A_{sa}\right] \qquad (4.5\text{-}4)$$

$$N e_i \leqslant \frac{1}{\gamma_{RE}}\left[\frac{2}{3}\alpha_1 f_c A r \frac{\sin^3 \pi\alpha}{\pi} + 0.75 f_{sa} A_{sa} r_s \frac{\sin\pi\alpha_1}{\pi}\right] \qquad (4.5\text{-}5)$$

$$\alpha_t = 1.25 - 2\alpha \qquad (4.5\text{-}6)$$

$$e_i = e_0 + e_a \qquad (4.5\text{-}7)$$

$$e_0 = \frac{M}{N} \qquad (4.5\text{-}8)$$

式中：N——柱脚底板截面处轴向压力设计值；

M——柱脚底板截面处弯矩设计值；

e_0——轴向力对截面重心的偏心距；

e_a——考虑荷载位置不定性、材料不均匀、施工偏差等引起的附加偏心距；其值宜取 20mm 和偏心方向截面尺寸的 1/30 两者中的较大值；

A_{sa}——锚栓总截面面积；

A——柱脚底板外边缘围成的圆形截面面积；

r——柱脚底板外边缘围成的圆形截面半径；

r_s——锚栓中心所在的圆周半径；

α——对应于受压区混凝土截面面积的圆心角（rad）与 2π 的比值；

α_t——纵向受拉锚栓截面面积与总锚栓截面面积的比值，当 α_t 大于 0.625 时，取 α_t 为 0；

f_{sa}——锚栓强度设计值；

α_1——受压区混凝土压应力影响系数，按《组合结构设计规范》JGJ 138—2016 第 5.1.1 条取值；

β_1——受压区混凝土应力图形影响系数，按《组合结构设计规范》JGJ 138—2016 第 5.1.1 条取值。

圆形钢管混凝土轴心受压柱，其非埋入式柱脚在轴向压力作用下，基础底板的局部受压承载力应符合国家标准《混凝土结构设计规范》GB 50010—2010（2015 年版）中有关局部受压承载力计算的规定；基础底板的受冲切承载力应符合上述规范中有关受冲切承载力计算的规定。

圆形钢管混凝土偏心受压柱，其非埋入式柱脚底板截面处的偏心受压正截面承载力不符合式（4.5-2）～式（4.5-8）的计算规定时，可在钢管周边外包钢筋混凝土增大柱截面，并配置计算所需的纵向钢筋及构造规定的箍筋。外包钢筋混凝土应延伸至基础底板以上一层的层高范围，其纵筋锚入基础底板的锚固长度应符合国家标准《混凝土结构设计规范》GB 50010—2010（2015 年版）的规定，钢筋端部应设置弯钩。钢管壁外侧应按埋入式柱脚要求设置栓钉。

圆形钢管混凝土偏心受压柱，其非埋入式柱脚底板截面处的受剪承载力计算见式（4.4-13）～式（4.4-16）。

采用环形底板的非埋入式圆形钢管混凝土偏心受压柱柱脚，环形底板的厚度不宜小于钢管壁厚的 1.5 倍，且不小于 20mm。宽度不宜小于钢管壁厚的 6 倍，且不小于 100mm。

锚栓直径不宜小于 25mm，间距不宜大于 200mm，锚栓锚入基础的长度不宜小于 40 倍锚栓直径和 1000mm 的较大值。

钢管壁外加劲肋厚度不宜小于钢管壁厚，加劲肋高度不宜小于柱脚板外伸宽度的 2 倍，加劲肋间距不应大于柱脚底板厚度的 10 倍。

4.6 北京 CBD 核心区 Z13 地块项目矩形钢管混凝土柱柱脚的设计

北京 CBD 核心区 Z13 地块项目采用矩形钢管混凝土柱，首层柱截面为 1800mm×1200mm、1600mm×1200mm、2400mm×1200mm、1200mm×110mm，截面较大，故本项目未采用很多高层建筑将钢管柱在地下一层转换为型钢柱的做法，该项目地下部分 5 层，钢管延伸到地下 5 层，避免了采用型钢柱截面增大引起的使用面积减少，这一做法充分考虑了长期经济效益的影响，在寸土寸金的 CBD 地区做到节约土地资源，获得最大效益。

　　进行钢管柱柱脚设计时，如将钢管柱下插到基础底板内，一方面，柱由上部传来的荷载巨大，底板需要很厚才能满足冲切计算要求。基础加厚带来基础埋深加大，土方量增大。地下 5 层柱底轴力虽很大，但地震附加弯矩很小，设计采用外露式柱脚，并在750mm 厚房心回填土层内用混凝土包裹柱脚，对柱脚进行保护。柱脚做法见图 4.6-1。

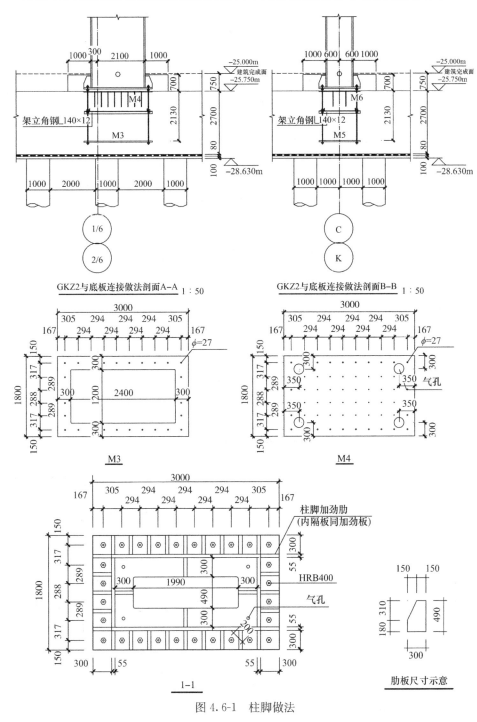

图 4.6-1　柱脚做法

4.7 钢结构柱脚施工

4.7.1 柱脚预埋施工专项方案编制

工程施工必须遵循技术方案先行，看似相对简单的柱脚预埋施工也是如此。柱脚预埋正式施工之前应编制专项施工方案，施工单位、监理单位等签署通过意见后，方可进行实际施工。柱脚预埋专项施工方案的编制依据一般为该工程的结构图纸、钢结构深化设计图纸、合同要求、国家相关的法律法规、规范规程及施工质量验收规范等。专项施工方案必须明确柱脚预埋的种类、重难点及解决措施、柱脚预埋施工进度计划、劳动力及资源配置、质量安全控制措施等相关内容。在专项方案编制前，要充分了解现场的实际情况及结构图纸设计情况，根据工程的实际情况决定柱脚预埋采取何种施工方法，有针对性地编制柱脚预埋的专项施工方案。当柱脚预埋螺栓时，地脚螺栓等紧固标准件及螺母、垫圈等标准配件，其品种、规格、性能等都应符合现行国家产品的标准和设计要求，地脚螺栓应采用包裹等方式进行保护，防止被损坏、锈蚀或受到污染，影响施工质量，地脚螺栓安装尺寸偏差应符合表 4.7-1 的规定。

地脚螺栓安装尺寸允许偏差（mm）　　　　　　　表 4.7-1

项目	允许偏差
螺栓露出长度	+30.0
螺纹长度	+30.0
地脚螺栓中心偏移	5.0

地脚螺栓定位施工完毕后，且在混凝土浇筑前，应在螺纹部位涂抹黄油，并用软布包裹，最后用套管套住。在柱脚预埋施工过程中，需做到以下几点：

1）施工人员必须戴安全帽、穿防滑鞋，高处作业人员系安全带。

2）注意与土建作业的交叉施工安全。

3）柱脚预埋进行电、气焊作业时，必须设灭火器和专人看守。

4）与土建施工建立良好的沟通，不要在柱脚预埋上依附或堆放钢筋等额外荷载，钢筋铺设施工时，勿对安装完成柱脚预埋产生撞击，管理人员需进行巡检和看护。

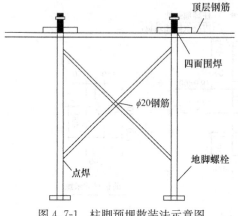

图 4.7-1　柱脚预埋散装法示意图

4.7.2 柱脚预埋施工方法

一般情况下，柱脚预埋的常用施工方法有：散装法、法兰安装法、整体吊装法、支架法。

散装法：对柱脚预埋构件单独逐个进行安装，通过钢筋或其他零星材料进行相对位置固定完成安装的方法。仅适用于安装精度及难度要求不高，出现偏差易于被调整，且一般为预埋型钢或预埋螺栓少于 3 个的柱脚预埋。其做法见图 4.7-1。

法兰安装法：在单块钢板或者由多块小钢

板、角钢、槽钢等预制而成的小构件上按要求预留足够的标准孔，能够精确保证两个以上的柱脚螺栓相对位置的辅助构件被称为法兰板。安装柱脚螺栓时，一般每个螺栓需要配备两个调节螺母，用来控制螺栓的垂直度及调节螺栓的安装标高。法兰安装法不适用于预埋型钢，适用于安装精度要求较高，预埋螺栓数量多，出现偏差不容易被调整，且一般整体质量较轻的柱脚预埋。其做法见图4.7-2。

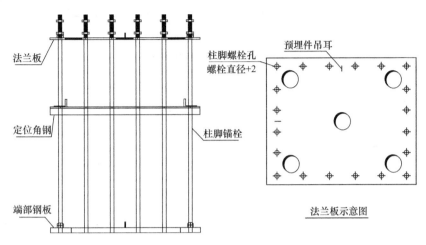

图 4.7-2　柱脚预埋法兰安装示意图

　　整体吊装法：在工厂或现场安装前，将所有柱脚预埋单个构件进行整体组装，完成后整体吊装至安装位置。此种安装方法针对所有的情况均可使用，但从成本效率等综合角度考虑，更适用柱脚预埋件较大，重量较重，需借助于施工机械方可完成的情况，也适用于预埋型钢。根据设计标高及现场施工环境的不同，整体吊装法通常情况下与法兰、支架配合使用。其做法见图4.7-3。

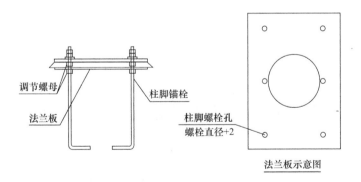

图 4.7-3　柱脚预埋整体吊装法示意图

　　支架法：支架法实际为一种施工措施，当柱脚预埋件或预埋型钢的支撑标高处于悬空状态，在预埋前无可靠牢固支撑点时，预先设置支撑钢支架，钢支架一般随柱脚被永久埋于主体工程内。支架法适用于基坑环境复杂，标高多样，且基坑垫层标高低于柱脚预埋底标高，当需要采用支架法施工的法兰安装时，一般将支架与法兰合二为一。支架法与另外两种安装方法通常配合使用，不单独使用。其做法见图4.7-4。

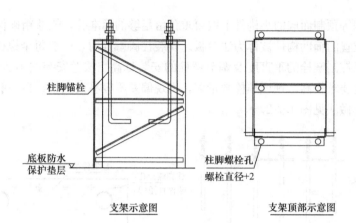

图 4.7-4　柱脚预埋支架

支架法安装柱脚预埋时，需要注意以下几点：

① 为了保证底板混凝土浇筑过程中支架稳固可靠，不发生移动，在浇筑垫层前，支架支腿的位置需要预留埋件。

② 预留埋件的方式可根据柱脚预埋实际标高采用上返或下埋方式。上返需要在浇筑防水保护层时，额外支模浇筑，防水不需额外处理。下埋时需要施工垫层前，将埋件位置标高下调，防水节点需要额外处理，但浇筑完成后，埋件顶部与防水保护层高度一致，对底板钢筋施工无影响，一般建议采用下埋方式。其做法见图 4.7-5。

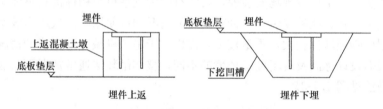

图 4.7-5　柱脚预埋支架埋件位置二维示意图

柱脚预埋怎么施工，采取什么方法视情况而定。但无论什么情况，选用方法的原则是保证施工简单可行，质量可靠，安全可控。

4.8　某实际工程型钢混凝土柱柱脚的设计施工案例

4.8.1　工程概况

本工程塔楼为一幢集办公、商业于一体的大型超高层建筑，总建筑面积为 142757.64m²。地上 38 层，另有 1 个局部加强层、局部出屋顶 1 层，地下 4 层，另有 1 个局部夹层。建筑檐口高度为 172.90m，局部出屋顶高度为 179.70m，室内外高差为 0.150m。主楼结构形式为：采用型钢混凝土柱—钢梁外框—混凝土核心筒结构组成的混合结构体系，裙楼上部结构体系采用钢筋混凝土框架结构，地下室采用钢筋混凝土框架—剪力墙结构。

4.8.2　柱脚的施工

本工程主楼外框柱为 18 根劲性混凝土柱，柱脚螺栓主要分布在外框、核心筒及裙房。

柱脚螺栓材质为 HRB400 钢筋，柱脚螺栓汇总表见表 4.8-1。

柱脚螺栓汇总表　　　　　　　　　　　　表 4.8-1

构件编号	柱脚螺栓规格	构件数量	螺栓长度（mm）	每构件螺栓数量	部位	材质
MJ-1	D32	10	1080	4	外框十字对称	HRB400
MJ-1a	D32	4	1080	8	外框十字对称	HRB400
MJ-2	D32	4	1080	6	外框钢柱	HRB400
MJ-3	D32	7	1080	4	裙房 H 形钢柱	HRB400
MJ-4	D32	8	800	4	核心筒十字形钢柱	HRB400
MJ-5	D32	16	800	4	核心筒 H 形钢柱	HRB400
MJ-6	D32	4	800	4	核心筒 H 形钢柱	HRB400
MJ-7	D32	2	800	4	核心筒 H 形钢柱	HRB400
MJ-8	D32	1	800	4	核心筒 H 形钢柱	HRB400

柱脚螺栓平面定位图见图 4.8-1。柱脚螺栓主要定位图见图 4.8-2。

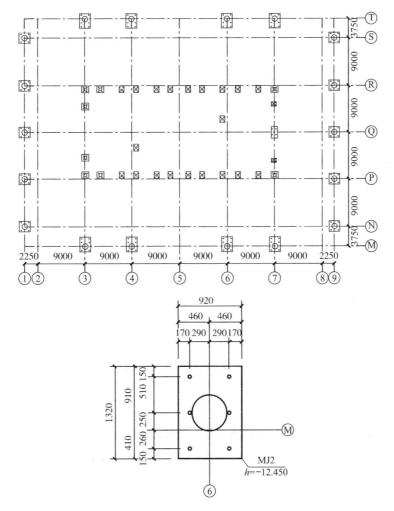

图 4.8-1　柱脚螺栓平面定位图

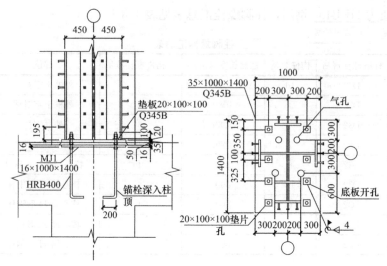

图 4.8-2　柱脚螺栓主要定位图

本工程标高有－12.450m、－8.750m、＋49.725m。项目钢柱截面及标高变化虽多样，但其需要预埋的柱脚锚栓直径较小，长度较短，以及锚栓数量较少，对锚栓定位相对容易控制，故采用经济适用的法兰辅助定位安装的方案。地脚螺栓施工安装如下：

① 地脚螺栓与定位法兰组装

将地脚螺栓按设计图位置与顶部定位法兰盘用螺母固定，形成整体。

② 地脚螺栓位置及标高的确定

根据轴线位置放线定位柱脚螺栓顶部定位法兰盘位置及标高。

③ 地脚螺栓就位

根据放线位置对相应底板上铁钢筋做局部的间距调整，使地脚螺栓整体顺利通过上铁钢筋。

④ 地脚螺栓固定

复测地脚螺栓顶部法兰的位置和标高，准确无误后，地脚螺栓四周焊接钢筋框与底板上铁钢筋或箍筋点焊，钢筋框确保地脚螺栓在混凝土浇筑前不发生偏移。

⑤ 地脚螺栓验收

地脚螺栓在浇筑混凝土前应再次复核，确认其位置及标高准确。在混凝土浇筑前，螺纹上要涂黄油并包上油纸，外面再装上套管，地脚螺栓安装完毕并验收合格后，浇筑底板混凝土。

⑥ 跟踪测量

混凝土浇筑时测量工 24h 跟踪测量，在地脚螺栓纵横两个方向架设经纬仪，对螺栓监测校正，一旦发现偏差超标的，立刻校正，直至符合规范要求。

4.9　北京 CBD 核心区 Z13 地块项目矩形钢管混凝土柱柱脚的设计施工

4.9.1　工程概况

本项目由 18 根箱形钢外框柱和核心筒内 44 根劲性钢柱组成，最大截面为 2400mm×1200mm。预埋件和锚栓规格见表 4.9-1。

预埋件和锚栓规格　　　　　　　　　　　　表 4.9-1

构件编号（预埋件）	柱脚锚栓规格	构件数量	锚栓长度（mm）	每构件锚栓数量	部位	材质
MJ-1	D50	2	3100	20	外框箱形钢柱	8.8 级螺栓
MJ-2	D25	12	2470	20	外框箱形钢柱	HRB400
MJ-3	D50	2	3100	22	外框箱形钢柱	8.8 级螺栓
MJ-4	D25	2	2450	28	外框箱形钢柱	HRB400
MJ-5	D32	2	1180	2	外框 H 形钢柱	HRB400
MJ-5-1	D32	2	1180	1	外框 H 形钢柱	HRB400
MJ-6	D32	12	1160	8	核心筒 H 形钢柱	HRB400
MJ-7	D32	4	1160	8	核心筒 H 形钢柱	HRB400
MJ-8	D32	4	1160	2	核心筒 H 形钢柱	HRB400
MJ-9	D25	16	1150	5	核心筒 H 形钢柱	HRB400
MJ-10	D32	10	1180	2	裙房 H 形钢柱	HRB400
MJ-10-1	D32	6	1180	2	裙房 H 形钢柱	HRB400
MJ-11	D32	12	1170	4	裙房 H 形钢柱	HRB400

4.9.2　柱脚的施工

本项目主楼外框柱为矩形钢管混凝土柱，由于柱截面较大、重量较重，需要预埋的柱脚锚栓规格大、数量多，采用在底板中预埋柱脚锚栓角钢支架的方案，控制锚栓埋设定位。将柱脚埋设过程简述如下：

在底板防水保护层上定位埋设角钢支架埋件，待保护层混凝土强度达到要求后在埋件上焊接角钢支架，然后绑扎底板下铁钢筋。

在现场地面将柱脚螺栓、上部钢板、中部角钢定位架、下部钢板组装，将中部角钢定位架与螺杆固定（或点焊，要注意不伤害螺杆），将组合架体整体吊装放置在角钢支架上。随后绑扎中部及上部底板钢筋，要注意保持柱脚螺栓的位置，将柱脚螺栓与上铁钢筋点焊固定保持定位，然后浇筑底板，待混凝土强度达到要求后吊装钢柱。

1. 下部定位角钢支架设计

本工程柱脚螺栓最重为 1.5t，角钢支架需承受活荷载按 2t 考虑。角钢支架材质为 Q235，角钢规格为：上部横杆及竖杆为 L 80×6，斜杆和下部横杆为 L 40×4，最不利情况考虑荷载全部作用在单榀支架上，简化为均布线性荷载，荷载值为：$q = \dfrac{20\text{kN}}{1.5\text{m}} \approx 13.3\text{kN/m}$，受力计算简图见图 4.9-1。

采用 Midas Gen 进行角钢支架建模计算分析，模型见图 4.9-2。

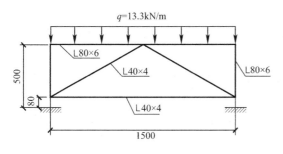

图 4.9-1　角钢支架受力计算简图

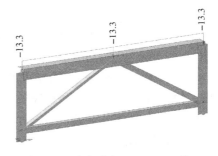

图 4.9-2　角钢支架 Midas Gen 模型

在 1.2 倍恒荷载＋1.4 倍活荷载组合下，角钢支架组合应力图如图 4.9-3 所示，可知最大应力值为 96MPa，小于 Q235 钢材屈服强度设计值 205MPa，强度满足要求。

在 1.2×恒荷载＋1.4×活荷载组合下，角钢支架位移等值线如图 4.9-4 所示，可知最大位移为 0.464mm，小于容许变形值 $\frac{1}{400}$×750mm＝1.875mm，变形满足要求。

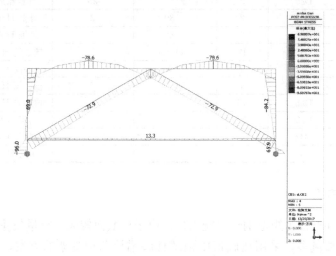

图 4.9-3　角钢支架组合应力图（N/mm²）

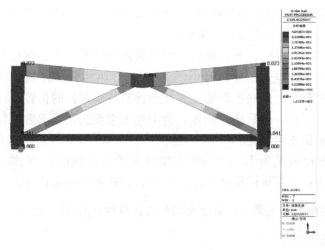

图 4.9-4　角钢支架位移等值线（mm）

2. 角钢支架埋件安装

底板垫层、防水层施工完毕后，从轴线位置测量放线定位角钢支架埋件的平面位置及标高，埋件顶标高即为防水保护层完成面标高。

按照放线确定位置，在需放置埋件部位的防水层上浇筑部分混凝土，将埋件埋入混凝土中，使埋件位置及顶标高与放线位置一致，待下部混凝土具有一定强度后开始进行大面积防水保护层的混凝土浇筑，浇筑过程中要注意尽量减少对埋件的扰动，并持续监测埋件位置，及时进行纠偏。

角钢支架埋件安装见图 4.9-5。

图 4.9-5　角钢支架埋件安装

3. 角钢支架焊接安装

角钢支架在工厂制作拼装完毕后被运输到现场，从轴线位置放线定位角钢支架位置，待防水保护层强度达到要求后在埋件上焊接角钢支架。角钢支架埋件焊接细部节点见图4.9-6，角钢支架焊接完成见图4.9-7。

图 4.9-6　角钢支架埋件焊接细部节点

图 4.9-7　角钢支架焊接完成

4. 柱脚螺栓现场组装

（1）在施工现场找一块平地，搭设四面双排钢管脚手架用以组装柱脚螺栓构件，为提高施工效率，设 2 套脚手架搭设同时作业。组装脚手架搭设做法见图 4.9-8～图 4.9-11。

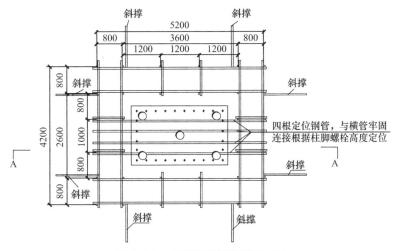

图 4.9-8　组装脚手架搭设平面图

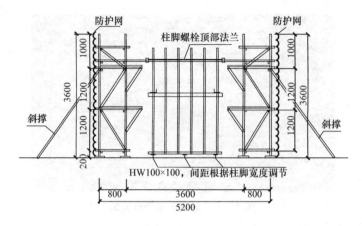

图 4.9-9　组装脚手架 A-A 剖面图

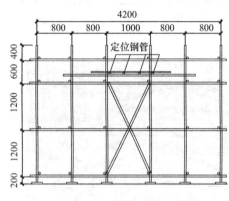

图 4.9-10　组装脚手架横立面图　　　　图 4.9-11　组装脚手架纵立面图

（2）在脚手架内的空地上放置 3 根 HW100×100 型钢，放线保证 3 个 H 形钢梁顶面在同一平面。H 型钢间距根据底部钢板大小调整。

（3）将柱脚螺栓底部抗拔锚板吊起，从脚手架体上空处放下，居中水平放置于 3 根 H 形钢梁上，并在抗拔锚板上画出十字中心对称线。

（4）将四个角钢散件放于底部钢板上对孔，在每两个角钢角部的公用孔中插入备好的钢筋或圆钢管，并对齐插入抗拔锚板的四个角部孔中，角钢对孔完成后，焊接成角钢架，放置于底部钢板上保持不动。

（5）根据底部钢板与顶部法兰的净间距，由底部钢板顶面测量出定位钢管顶表面（法兰底面）高度位置，标记于脚手架竖管上。

（6）在（5）中标好的竖管位置上安装 4 根 φ48 水平定位钢管，定位钢管穿过整个架体，并用扣件与附加横管牢固连接。

（7）将顶部法兰吊起，居中放置于定位钢管上，用扣件临时固定，使其位置保持不动。

（8）根据顶部法兰四角位置调整下面钢板和角钢架的位置，使三者螺栓孔对准。

（9）依次吊起螺杆从顶部法兰孔向下穿入底部钢板和角钢架的螺孔，待所有螺杆穿完后，检查螺杆的垂直度，满足要求后先将螺杆与底部抗拔锚板塞焊连接，再将上部两颗螺母拧紧，最后将角钢架按要求位置与螺杆点焊固定，要注意焊接过程中不能烧伤螺杆。

至此，柱脚螺栓现场组装完成，见图 4.9-12。

5. 柱脚螺栓整体吊装与焊接安装

（1）根据轴线位置放线定位柱脚螺栓抗拔锚板和顶部法兰位置。

（2）将脚手架上定位钢管拆除，然后用塔式起重机将柱脚螺栓整体吊起，根据放线位置放置于已安装好的角钢支架上，如有底部钢板和法兰位置不能同时满足的情况，优先满足顶部法兰位置，确保柱脚螺栓位置准确。

图 4.9-12　柱脚螺栓现场组装完成

（3）复测柱脚螺栓顶部法兰位置，调整偏差后将底部钢板与角钢支架焊接，其后，在底板钢筋绑扎的过程中，进行复测，确保柱脚螺栓定位准确。

（4）柱脚螺栓安装完成见图 4.9-13。

6. 柱脚螺栓固定

在柱脚螺栓安装的过程中同时进行底板钢筋的绑扎，待上铁钢筋绑扎完成后，复测柱脚螺栓顶部法兰的位置和标高是否满足图纸要求，准确无误后，将柱脚螺栓四周焊接好钢筋框后，再与底板上铁钢筋或箍筋点焊，确保柱脚螺栓钢筋框在混凝土浇筑前不发生偏移。

7. 跟踪测量

底板混凝土浇筑时，测量工要 24h 测量，在柱脚螺栓纵横两个方向架设经纬仪，对螺栓进行监测校正，一旦发现偏差超标，立刻进行校正。

图 4.9-13　柱脚螺栓安装完成

5 梁柱连接的设计与施工

梁柱等构件需要通过连接手段组成基本的受力结构，梁与柱、梁与墙、梁与梁的连接节点对于任何结构都是非常重要的，连接节点的受力性能直接影响其连接的各个杆件的受力性能。在结构破坏和震害调查中，经常发现因连接节点失效引起的破坏现象。梁柱连接节点是保证超高层建筑结构安全可靠的关键部位，对结构受力性能有着重要影响。节点的设计和施工质量直接影响结构的安全，必须给予足够重视。

5.1 节点设计原则

节点是结构中重要传力构件，应根据结构形式、荷载大小、加工制作方法、施工条件等进行综合考虑，节点设计应确保传力准确，保证结构安全、经济、合理。

1. 节点的承载力应满足承载力极限要求

节点设计时首先要满足承载力要求。防止节点承载力不足或者节点域变形过大而引起的结构失效。

2. 节点构造符合设计计算假定

计算简图是铰接时，连接节点应设计成转动约束小，能发生相对转动的连接；计算按刚性连接假定的，应将节点设计成能够承受和传递弯矩，不发生相对转动的连接节点。同时，连接中的各个结构板件、零件应受力明确，保证力的传递和结构安全。

3. 满足"强节点、弱杆件"要求

有抗震要求的结构和构件，节点设计还要求在地震作用下节点不先于杆件发生破坏，即"强节点，弱杆件"。

4. 便于施工

连接节点的设计要便于制造、运输、安装和维护。连接构造尽量简单，尽量减少连接的形式和类型；设计时要考虑制造和施工误差，留有调节余地；尽可能设置安装螺栓、支托，保证安装精度，提高吊装机械的吊装效率；避免仰焊，保证焊接质量。在保证质量的同时兼顾生产、运输和安装效率。

5. 经济合理

连接节点的设计应做到经济合理，节省材料用量和加工费用。工程实践证明，对连接节点的钢材用量在整个结构中用钢量的占比不容忽视。

总之，连接节点的设计要针对具体结构和构造具体分析，要有清晰的传力途径，弄清节点每个部件对节点受力的影响，以及节点对整个结构的影响。结构设计时，为了计算方便，可采取一些简化假定，但简化假定不应损害整个结构的安全。节点的设计、构造应综合上述几个方面全盘分析，对受力和构造比较复杂的节点尚应进行应力分析，以确保节点设计的可靠性。

5.2 梁柱节点的特点及分类

构件之间的连接，按受力和变形情况可分为铰接、刚接和半刚接。一般梁与柱的连接节点也是分为刚性节点、铰接节点和半刚性节点。实际上，理想的铰接和刚接是不存在的，铰接连接或多或少存在一定的约束，刚接连接也或多或少存在一些转动。按刚接或铰接设计时，要采取一些措施使我们设计的连接尽量接近铰接和刚接。

5.2.1 刚性节点

刚性节点能够承受弯矩和剪力。一般认为，在外力作用下，只要连接转动约束达到理想刚接的90%以上，即可认为是刚接。研究得出刚性节点具有较强的抗弯能力，能够承受梁端弯矩和剪力，增强结构的整体受力性能。框架结构梁和框架柱的连接大多采用刚性连接。框架—核心筒结构的楼面梁与核心筒墙体的连接大多数采用铰接，有时为了提高结构的整体刚度，楼面钢梁与混凝土墙体也会用到刚接或半刚接。

1. 刚接节点的优点

具有较强的抗弯能力，能够承受梁端弯矩和剪力，增强结构的整体刚度和受力性能。

2. 刚接节点的缺点

梁柱的刚性连接节点较为复杂，特别是组合结构的型钢混凝土梁柱节点，由于型钢和钢筋同时存在，构造十分复杂，施工难度较大，质量不易保证。楼面钢梁与混凝土墙的刚性连接节点，延性差，构造复杂，施工难度大，在施工过程中钢筋混凝土墙体内预埋件的偏移，往往导致安装钢梁产生偏差，连接板的螺栓孔和钢梁腹板的螺栓孔很难对齐。同时产生的正偏差（预埋件与钢梁的间距变大），使得焊缝太宽，影响焊缝质量；当产生负偏差时，会使得钢梁安装困难，甚至要切割钢梁，影响安装施工。

5.2.2 铰接节点

铰接节点一般情况下仅承受剪力，不承受弯矩。一般认为，在外力作用下，只要连接转动达到理想铰接的80%以上，即可认为是铰接。铰接节点不传递弯矩，对结构的整体刚度的贡献比刚接节点少。但该类节点构造简单，施工方便。

1. 铰接节点的优点

能承受剪力，构造简单，施工方便。

2. 铰接节点的缺点

由于铰接节点不传递弯矩，对结构的整体刚度的贡献比刚性连接少。但实际铰接节点从构造上无法形成完全铰。一般情况下混凝土结构和型钢混凝土结构的连接节点无法设计成铰接节点。计算程序中提供的"点铰功能"也只是计算假定，现实中根本做不到。钢结构的铰接节点一般是腹板螺栓连接，上下翼缘不连接，但当腹板高度达到一定高度时，次弯矩的影响较大。所以说除了部分销轴节点，基本上所有的铰节点都不算完全铰。

5.2.3 半刚性节点

实际工程施工过程中的连接节点一般很难达到完全刚接或完全铰接的理想状态，大部分连接的受力性能介于两者之间，称为半刚性连接。半刚性节点在能承受剪力的同时，又能承受一定的梁端弯矩，有较好的延性和耗能能力，是一种较理想的连接方式。

1. 半刚性节点的优点

能承受剪力的同时，又能承受一定的梁端弯矩，有较好的延性和耗能能力，节约钢材。

2. 半刚性节点的缺点

钢梁与钢柱之间的半刚性节点容易实现，但工艺比较复杂，大多数是通过梁端板与柱翼缘板之间的螺栓连接。但型钢混凝土柱与钢梁的半刚性连接比较复杂，施工工艺上很难实现。混凝土核心筒与钢梁的半刚性连接更加复杂，这是由混合结构框架—核心筒结构体系施工工艺所决定的。高层或超高层框架—核心筒的施工通常先采用滑模或爬模的方法施工混凝土核心筒，再吊装外框架柱，最后吊装钢梁，钢梁与混凝土核心筒墙上的预埋件连接。由于连接钢梁的预埋件要事先被埋入混凝土墙中，故一般无法实现全螺栓连接。如果采用其他形式的全螺栓连接（如外伸牛腿），则实现核心筒墙体滑模工艺的难度变大，施工安全系数下降。

5.3 钢框架梁柱节点的连接

在超高层建筑中，钢梁与钢柱的连接，非抗震设计的结构应按国家标准《钢结构设计标准》GB 50017—2017 的有关规定执行。在抗震设计时，构件按多遇地震作用下内力组合设计值选择截面，连接设计应符合构造措施要求。按弹塑性设计，连接的极限承载力应大于构件的全塑性承载力。

连接的类型，按梁对柱的约束作用分类，可分为：刚接、半刚接和铰接。超高层结构中抵抗侧力的外框架梁柱的连接，一般均采用刚接连接。

5.3.1 钢框架梁柱节点的刚性连接

1. 一般规定

梁与 H 形钢柱（绕强轴）刚接连接或与箱形柱、钢管柱刚接连接时，弯矩由梁翼缘和腹板受弯区的连接承受，剪力由腹板受剪区的连接承受。梁与柱的连接宜采用翼缘焊接、腹板高强度螺栓连接的形式，也可采用全焊接连接，一、二级时宜采用加强型连接或骨式连接。梁腹板用高强度螺栓连接时，应先确定腹板受弯区的高度，并应对设置于连接板上的螺栓进行合理布置，再分别计算腹板连接的受弯承载力和受剪承载力。

构件拼接和柱脚计算时，构件的受弯承载力应考虑轴力的影响。构件的全塑性受弯承载力 M_p 应按下列规定由 M_{pc} 代替：

1）工字形截面（绕强轴）和箱形截面

$$当 N/N_y \leqslant 0.13 时, M_{pc} = M_p \qquad (5.3-1)$$

$$当 N/N_y > 0.13 时, M_{pc} = 1.15(1 - N/N_y)M_p \qquad (5.3-2)$$

2）工字形截面（绕弱轴）

$$当 N/N_y \leqslant A_w/A 时, M_{pc} = M_p \qquad (5.3-3)$$

$$当 N/N_y > A_w/A 时, M_{pc} = \left[1 - \left(\frac{N - A_w f_y}{N_y - A_w f_y}\right)^2\right]M_p \qquad (5.3-4)$$

3）圆形空心截面

$$当 N/N_y \leqslant 0.2 时, M_{pc} = M_p \tag{5.3-5}$$

$$当 N/N_y > 0.2 时, M_{pc} = 1.25(1 - N/N_y)M_p \tag{5.3-6}$$

式中：N——构件的轴力设计值（N）；

N_y——构件的轴向屈服承载力（N）；

A——构件的全截面面积（mm^2）；

A_w——构件腹板的截面面积（mm^2）；

M_p——构件的全塑性受弯承载力（N·mm）；

f_y——构件腹板钢材的屈服强度（N/mm^2）。

2. 刚性连接的受弯计算

1）梁与柱的刚性连接应按下列公式验算（引自《高层民用建筑钢结构技术规程》JGJ 99—2015 中 8.2.1 的内容，仅将公式重新编号）：

$$M_u^j \geqslant \alpha M_p \tag{5.3-7}$$

$$V_u^j \geqslant \alpha \left(\sum M_p / l_n \right) + V_{Gb} \tag{5.3-8}$$

式中：M_u^j——梁与柱连接的极限受弯承载力（kN·m）；

M_p——梁的全塑性受弯承载力（kN·m）（加强型连接按未扩大的原截面计算），考虑轴力影响时按式（5.3-1）～式（5.3-6）计算；

$\sum M_p$——梁两端截面的塑性受弯承载力之和（kN·m）；

V_u^j——梁与柱连接的极限受弯承载力（kN）；

V_{Gb}——梁在重力荷载代表值（9 度尚应包含竖向地震作用标准值）作用下，按简支梁分析的梁端截面剪力设计值；

l_n——梁的净跨（m）；

α——连接系数，按《高层民用建筑钢结构技术规程》JGJ 99—2015 规定采用。

2）梁与柱连接的受弯承载力应按下列公式计算（引自《高层民用建筑钢结构技术规程》JGJ 99—2015 中 8.2.2 的内容，仅将公式重新编号）：

$$M_j = W_e^j f \tag{5.3-9}$$

梁与工字形柱（绕强轴）连接时：

$$W_e^j = 2I_e / h_b \tag{5.3-10}$$

梁与箱形柱或圆管柱连接时：

$$W_e^j = \frac{2}{h_b} \left\{ I_e - \frac{1}{12} t_{wb} (h_{0b} - 2h_m)^3 \right\} \tag{5.3-11}$$

式中：M_j——梁与柱连接的受弯承载力（N·mm）；

W_e^j——连接的有效截面模量（mm^3）；

I_e——扣除过焊孔的梁端有效截面惯性矩（mm^4）；当梁腹板用高强度螺栓连接时，为扣除螺栓孔和梁翼缘与连接板之间间隙后的截面惯性矩；

h_b、h_{0b}——分别为梁截面和梁腹板的高度（mm）；

t_{wb}——梁腹板厚度（mm）；

f——梁的抗拉、抗压和抗弯强度设计值（N/mm^2）；

h_m——梁腹板的有效受弯高度（mm）。

3）梁腹板的有效受弯高度 h_m 应按式（5.3-12）~式（5.3-17）计算，工字形梁与箱形柱和圆管柱连接的符号说明见图 5.3-1，引自《高层民用建筑钢结构技术规程》JGJ 99—2015 中 8.2.3 内容，仅将公式重新编号。

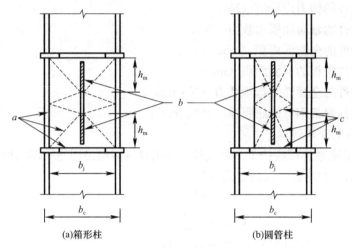

图 5.3-1　工字形梁与箱形柱和圆管柱连接的符号说明

a—壁板的屈服线；b—梁腹板的屈服区；c—钢管壁的屈服线

H 形柱（绕强轴）：

$$h_m = h_{0b}/2 \tag{5.3-12}$$

箱形柱时：

$$h_m = \frac{b_j}{\sqrt{\sqrt{\dfrac{b_j t_{wb} f_{yb}}{t_{fc}^2 f_{yc}}} - 4}} \tag{5.3-13}$$

圆管柱时：

$$h_m = \frac{b_j}{\sqrt{\dfrac{k_1}{2}}\sqrt{k_2\sqrt{\dfrac{3k_1}{2}} - 4}} \tag{5.3-14}$$

当箱形柱、圆管柱 $h_m < S_r$ 时，取 $h_m = S_r$ (5.3-15)

当箱形柱 $h_m > d_j/2$ 或 $\dfrac{b_j t_{wb} f_{yb}}{t_{fc}^2 f_{yc}} \leqslant 4$ 时，取 $h_m = d_j/2$ (5.3-16)

当圆管柱 $h_m > d_j/2$ 或 $k_2\sqrt{\dfrac{3k_1}{2}} \leqslant 4$ 时，取 $h_m = d_j/2$ (5.3-17)

式中：d_j——箱形柱壁板上下加劲肋内侧之间的距离（mm）；

b_j——箱形柱壁板屈服区宽度（mm），$b_j = b_c - 2t_{fc}$；

b_c——箱形柱壁板宽度或圆管柱的外径（mm）；

h_m——与箱形柱或圆管柱连接时，梁腹板（一侧）的有效受弯高度（mm）；

S_r——梁腹板过焊孔高度，高强度螺栓连接时为剪力板与梁翼缘间间隙的距离（mm）；

h_{0b}——梁腹板高度（mm）；

f_{yb}——梁钢材的屈服强度（N/mm²），当梁腹板用高强度螺栓连接时，为柱连接板钢材的屈服强度；

f_{yc}——柱钢材的屈服强度（N/mm²）；

t_{fc}——箱形柱壁板厚度（mm）；

t_{wb}——梁腹板厚度（mm）；

k_1、k_2——圆管柱有关截面和承载力指标，$k_1 = b_j/t_{fc}$、$k_2 = t_{wb}f_{yb}/(t_{fc}f_{yc})$。

4）抗震设计时，梁与柱连接的极限受弯承载力应按下列规定计算，梁柱连接见图 5.3-2，式（5.3-18）～式（5.3-24）及其字母解释引自《高层民用建筑钢结构技术规程》JGJ 99—2015 式（8.2.4-1）～式（8.2.4-7）内容，仅将公式重新编号。

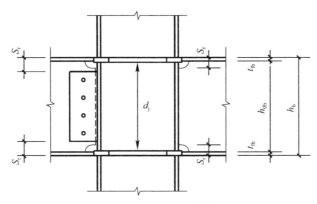

图 5.3-2　梁柱连接

梁端连接的极限受弯承载力：

$$M_u^j = M_{uf}^j + M_{uw}^j \tag{5.3-18}$$

梁翼缘连接的极限受弯承载力：

$$M_{uf}^j = A_f(h_b - t_{fb})f_{ub} \tag{5.3-19}$$

梁腹板连接的极限受弯承载力：

$$M_{uw}^j = m \cdot W_{wpe} \cdot f_{yw} \tag{5.3-20}$$

$$W_{wpe} = \frac{1}{4}(h_b - 2t_{fb} - 2S_r)^2 t_{wb} \tag{5.3-21}$$

梁腹板连接的受弯承载力系数 m 应按下列公式计算：

H 形柱（绕强轴）$m = 1$ 　　　　　　　　　　　　　　　　　　 (5.3-22)

箱形柱 $m = \min\left\{1, 4\frac{t_{fc}}{d_j}\sqrt{\frac{b_j \cdot f_{yc}}{t_{wb} \cdot f_{yw}}}\right\}$ 　　　　　　 (5.3-23)

圆管柱 $m = \min\left\{1, \frac{8}{\sqrt{3}k_1 k_2 \cdot \gamma}\left(\sqrt{k_2\sqrt{\frac{3k_1}{2}} - 4} + \gamma\sqrt{\frac{k_1}{2}}\right)\right\}$ 　 (5.3-24)

式中：W_{wpe}——梁腹板有效截面的塑性截面模量（mm³）；

　　　f_{yw}——梁腹板钢材的屈服强度（N/mm²）；

　　　h_b——梁截面高度（mm）；

　　　d_j——柱上下水平加劲肋（横隔板）内侧之间的距离（mm）；

　　　b_j——箱形柱壁板内侧的宽度或圆管柱内直径（mm），$b_j = b_c - 2t_{fc}$；

　　　γ——圆钢管上下横隔板之间的距离与钢管内径的比值，$\gamma = d_j/b_j$；

　　　t_{fc}——箱形柱或圆管柱壁板的厚度（mm）；

　　　f_{yc}——柱钢材屈服强度（N/mm²）；

　　　t_{fb}——梁翼缘厚度（mm）；

　　　t_{wb}——梁腹板厚度（mm）；

f_{ub}——梁翼缘钢材抗拉强度最小值（N/mm^2）。

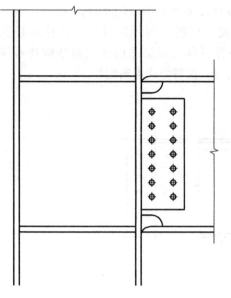

图 5.3-3 柱连接板与梁腹板的螺栓连接

3. 梁腹板与 H 形柱（绕强轴）、箱形柱或圆管柱的连接，应符合下列规定：

连接板应采用与梁腹板相同强度等级的钢材制作，其厚度应比梁腹板大 2mm。连接板与柱的焊接，应采用双面角焊缝，在强震区焊缝端部应围焊，对焊缝的厚度要求与梁腹板与柱的焊缝要求相同。

采用高强度螺栓连接时，承受弯矩区和承受剪力区的螺栓数应按弯矩在受弯区引起的水平力和剪力作用在受剪区分别进行计算，计算时应考虑连接的不同破坏模式取较小值。柱连接板与梁腹板的螺栓连接见图 5.3-3。式（5.3-25）和式（5.3-26）及其字母解释，引自《高层民用建筑钢结构技术规程》JGJ 99—2015 式（8.2.5-1）和式（8.2.5-2），仅将公式重新编号。

对承受弯矩区：

$$\alpha V_{um}^j \leqslant N_u^b = \min\{n_1 N_{vu}^b, n_1 N_{cu1}^b, N_{cu2}^b, N_{cu3}^b, N_{cu4}^b\} \quad (5.3-25)$$

对承受剪力区：

$$V_u^j \leqslant n_2 \cdot \min\{N_{vu}^b, N_{cu1}^b\} \quad (5.3-26)$$

式中：n_1、n_2——分别为承受弯矩区（一侧）和承受剪力区需要的螺栓数；

V_{um}^j——为弯矩 M_{uw}^j 引起的承受弯矩区的水平剪力（kN）；

α——连接系数，按规定采用；

N_{vu}^b、N_{cu1}^b、N_{cu2}^b、N_{cu3}^b、N_{cu4}^b——按《高层民用建筑钢结构技术规程》JGJ 99—2015 附录中的第 F.1.1 条、第 F.1.4 条的规定取值。

梁腹板与柱连接时高强度螺栓连接的内力分担见图 5.3-4。

柱连接板与梁腹板的焊接连接（图 5.3-5），应设置定位螺栓。腹板承受弯矩区内应验算弯应力与剪应力组合的复合应力，承受剪力区可仅按所承受的剪力进行受剪承载力验算。

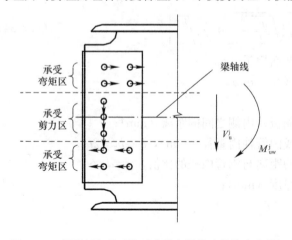

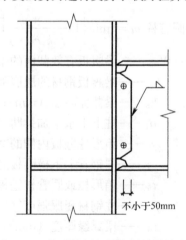

图 5.3-4 梁腹板与柱连接时高强度螺栓连接的内力分担　图 5.3-5 柱连接板与梁腹板的焊接连接

4. 连接的形式和构造要求

框架梁与柱连接宜采用柱贯通型。在互相垂直的两个方向都与梁刚性连接时，宜采用箱形柱。箱形柱壁板厚度小于16mm，不宜采用电渣焊焊接隔板。

冷成型箱形柱应在梁对应位置设置隔板，并应采用隔板贯通式连接。柱段与隔板的连接应采用全熔透对接焊缝（图5.3-6）。其外伸部分长度 e 宜为25～30mm，以便将相邻焊缝热影响分隔。

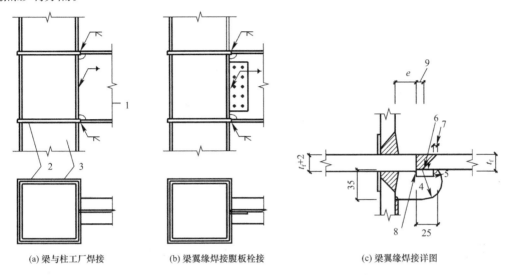

(a) 梁与柱工厂焊接　　　　(b) 梁翼缘焊接腹板栓接　　　　(c) 梁翼缘焊接详图

图5.3-6　框架梁与冷成型箱形柱隔板的连接

1—H形钢梁；2—横隔板；3—箱形柱；4—大圆弧半径≈35mm；5—小圆弧半径≈10mm；
6—衬板厚度8mm以上；7—圆弧端点至衬板边缘5mm；8—隔板外侧衬板边缘采用连续焊缝；
9—焊根宽度为7mm，坡口角度为35°；t_f—翼缘板厚，mm

当梁与柱在现场焊接时，梁与柱连接的过焊孔，可采用常规式（图5.3-7）和改进式（图5.3-8）。采用改进式时，梁翼缘与柱的连接焊缝应采用气体保护焊。

梁翼缘与柱翼缘间应采用全熔透坡口焊缝，抗震等级为一、二级时，应检验焊缝的V形切口冲击韧性，其夏比冲击韧性在−20℃时不低于27J。

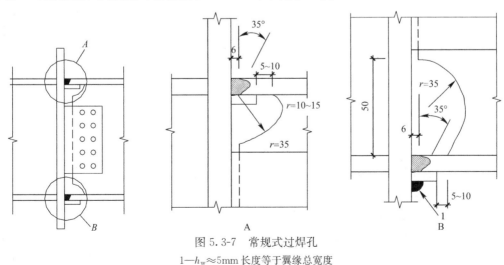

图5.3-7　常规式过焊孔

1—h_w≈5mm 长度等于翼缘总宽度

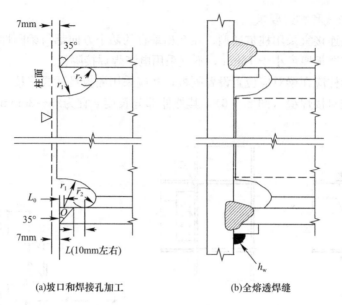

(a)坡口和焊接孔加工   (b)全熔透焊缝

图 5.3-8　改进型过焊孔

$r_1 = 35\text{mm}$ 左右；$r_2 = 10\text{mm}$ 以上；O 点位置：$t_f < 22\text{mm}$；$L_0(\text{mm}) = 0$

$t_f \geqslant 22\text{mm}$；$L_0(\text{mm}) = 0.75t_f - 15$，$t_f$ 为下翼缘板厚；$h_w \approx 5\text{mm}$ 长度等于翼缘总宽度

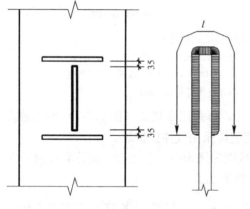

图 5.3-9　围焊的施焊要求

梁腹板（连接板）与柱的连接焊缝，当板厚小于 16mm 时，可采用双面角焊缝，焊缝的有效截面高度应符合受力要求，且不得小于 5mm。当腹板厚度等于或大于 16mm 时，应采用 K 形坡口焊缝。设防烈度 7 度（0.15g）及以上时，梁腹板与柱的连接焊缝应采用围焊，围焊在竖向部分的长度 l 应大于 400mm，且连续施焊（图 5.3-9）。

梁翼缘扩翼式连接（图 5.3-10），图中尺寸应按式（5.3-27）~式（5.3-30）确定，式（5.3-27）~式（5.3-30）及其字母解释完全引自《高层民用建筑钢结构技术规程》JGJ 99—2015 P78 相关内容。

$$l_a = (0.50 \sim 0.75)b_f \tag{5.3-27}$$

$$l_b = (0.30 \sim 0.45)h_b \tag{5.3-28}$$

$$b_{wf} = (0.15 \sim 0.25)b_f \tag{5.3-29}$$

$$R = \frac{l_b^2 + b_{wf}^2}{2b_{wf}} \tag{5.3-30}$$

式中：h_b——梁的高度（mm）；

b_f——梁翼缘的宽度（mm）；

R——梁翼缘扩翼半径（mm）。

梁翼缘局部加宽式连接（图 5.3-11），图中尺寸应按式（5.3-31）~式（5.3-34）确定，式（5.3-31）~式（5.3-34）及其字母解释，完全引自《高层民用建筑钢结构技术规程》

JGJ 99—2015 式 (8.3.4-5)～式 (8.3.4-8) 的内容。

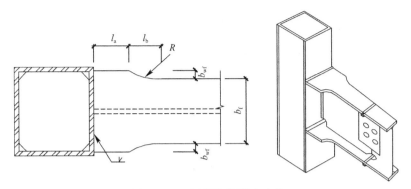

图 5.3-10 梁翼缘扩翼式连接

$$l_a = (0.50 \sim 0.75)h_b \qquad (5.3\text{-}31)$$

$$b_s = (1/4 \sim 1/3)b_f \qquad (5.3\text{-}32)$$

$$b_s' = 2t_f + 6 \qquad (5.3\text{-}33)$$

$$t_s = t_f \qquad (5.3\text{-}34)$$

式中：t_f——梁翼缘厚度（mm）；

$\quad\quad t_s$——局部加宽板厚度（mm）。

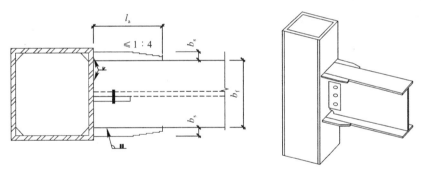

图 5.3-11 梁翼缘局部加宽式连接

梁翼缘盖板式连接（图 5.3-12），式 (5.3-35)～式 (5.3-38) 及其字母解释，完全引自《高层民用建筑钢结构技术规程》JGJ 99—2015 式 (8.3.4-9)～式 (8.3.4-12) 的内容。

$$l_{cp} = (0.50 \sim 0.75)h_b \qquad (5.3\text{-}35)$$

$$b_{cp1} = b_f - 3t_{cp} \qquad (5.3\text{-}36)$$

$$b_{cp2} = b_f + 3t_{cp} \qquad (5.3\text{-}37)$$

$$t_{cp} \geqslant t_f \qquad (5.3\text{-}38)$$

式中：t_{cp}——楔形盖板厚度（mm）。

梁翼缘板式连接（图 5.3-13），式 (5.3-39)～式 (5.3-41) 及其字母解释，完全引自《高层民用建筑钢结构技术规程》JGJ 99—2015 式 (8.3.4-13)～式 (8.3.4-15) 的内容。

$$l_{tp} = (0.50 \sim 0.75)h_b \qquad (5.3\text{-}39)$$

$$b_{tp} = b_f + 4t_f \qquad (5.3\text{-}40)$$

$$t_{tp} = (1.2 \sim 1.4)t_f \qquad (5.3\text{-}41)$$

式中：t_{tp}——梁翼缘板厚度（mm）。

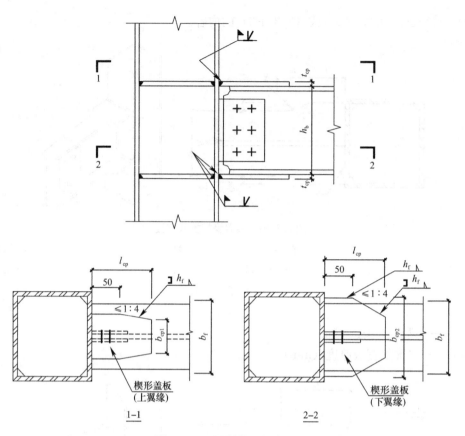

图 5.3-12　梁翼缘盖板式连接

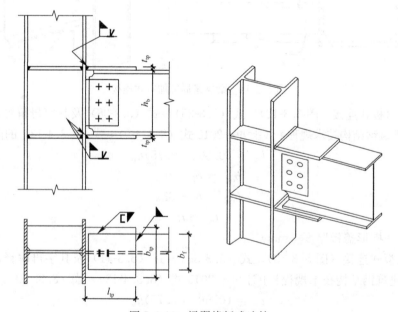

图 5.3-13　梁翼缘板式连接

　　梁骨式连接（图 5.3-14），切割面应采用铣刀加工。图中尺寸应按式（5.3-42）～式（5.3-45）确定，式（5.3-42）～式（5.3-45）及其字母解释，完全引自《高层民用建筑钢

120

结构技术规程》JGJ 99—2015 式（8.3.4-16）～
式（8.3.4-19）内容，仅将公式重新编号。

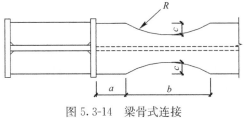

$$a = (0.50 \sim 0.75)b_f \qquad (5.3\text{-}42)$$
$$b = (0.65 \sim 0.85)h_b \qquad (5.3\text{-}43)$$
$$c = 0.25b_b \qquad (5.3\text{-}44)$$
$$R = (4c^2 + b^2)/8c \qquad (5.3\text{-}45)$$

图 5.3-14　梁骨式连接

梁与 H 形柱（绕弱轴）刚性连接时，加劲肋应伸至柱翼缘以外 75mm，并以变宽度形式伸至梁翼缘，与后者用全熔透对接焊缝连接。加劲肋应两面设置（无梁外侧加劲肋厚度不应小于梁翼缘厚度之半）。翼缘加劲肋应大于梁翼缘厚度，以协调翼缘的允许偏差。梁腹板与柱连接板用高强度螺栓连接。梁与 H 形柱弱轴刚性连接见图 5.3-15。

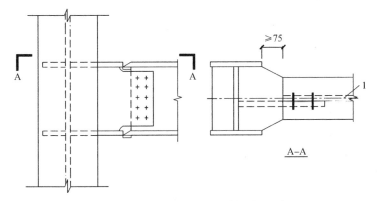

图 5.3-15　梁与 H 形柱弱轴刚性连接
1—梁柱轴线

框架梁与柱刚性连接时，应在梁翼缘的对应位置设置水平加劲肋（隔板）。对抗震设计的结构，水平加劲肋（隔板）厚度不得小于梁翼缘厚度加 2mm。其钢材强度不得低于梁翼缘的钢材强度，其外侧应与梁翼缘外侧对齐（图 5.3-16）。对非抗震设计的结构，水平加劲肋（隔板）应能传递梁翼缘的集中力，厚度应由计算确定，当内力较小时，其厚度不得小于梁翼缘厚度的 1/2，并应符合板件宽厚比限值。水平加劲肋宽度应从柱边后退 10mm。

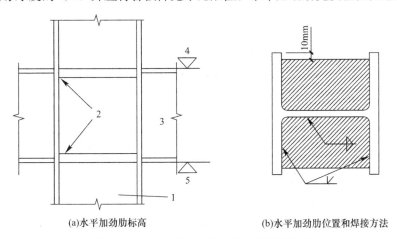

(a)水平加劲肋标高　　　　　　(b)水平加劲肋位置和焊接方法

图 5.3-16　柱水平加劲肋与梁翼缘外侧对齐
1—柱；2—水平加劲肋；3—梁；4—强轴方向梁上端；5—强轴方向梁下端

当柱两侧的梁高不等时，每个梁翼缘对应位置均应设置柱的水平加劲肋。加劲肋的间距不应小于150mm，且不应小于水平加劲肋的宽度（图5.3-17a），当不能满足此要求时，应调整梁的端部高度，可将截面高度较小的梁腹板高度局部加大，腋部翼缘的坡度不得大于1：3（图5.3-17b），当与柱相连的梁在柱的两个相互垂直方向高度不等时，应分别设置柱的水平加劲肋（图5.3-17c）。

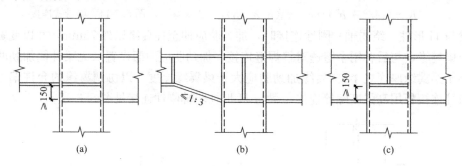

图 5.3-17　柱两侧梁高不等时的水平加劲肋

6. 节点域抗剪能力

式（5.3-46）及其字母解释引自《高层民用建筑钢结构技术规程》JGJ 99—2015式（7.3.5）内容，仅将公式重新编号。

节点域的抗剪承载力应满足下式要求：

$$(M_{\text{b1}} + M_{\text{b2}})/V_{\text{p}} \leqslant (4/3)f_{\text{v}} \qquad (5.3\text{-}46)$$

式中：M_{b1}、M_{b2}——分别为节点域左、右梁端作用的弯矩设计值（N·mm）；

V_{p}——节点域的有效体积（mm³），按式（5.3-47）~式（5.3-51）计算。

工字形截面柱（绕强轴）　　　　$V_{\text{p}} = h_{\text{b1}} h_{\text{c1}} t_{\text{p}}$ 　　　　　　　（5.3-47）

工字形截面柱（绕弱轴）　　　　$V_{\text{p}} = 2h_{\text{b1}} b t_{\text{f}}$ 　　　　　　　（5.3-48）

箱形截面柱　　　　　　　　　　$V_{\text{p}} = (16/9)h_{\text{b1}} h_{\text{c1}} t_{\text{p}}$ 　　　　（5.3-49）

圆管截面柱　　　　　　　　　　$V_{\text{p}} = (\pi/2)h_{\text{b1}} h_{\text{c1}} t_{\text{p}}$ 　　　　（5.3-50）

式中：h_{b1}——梁翼缘中心间距离（mm）；

h_{c1}——工字形截面柱翼缘中心间的距离、箱形截面壁板中心间的距离和圆管截面柱管壁中线的直径（mm）。

t_{p}——柱腹板和节点域补强板厚度之和，或局部加厚时的节点域厚度（mm），箱形柱为一块腹板的厚度（mm），圆管柱为壁厚（mm）；

t_{f}——柱的翼缘厚度（mm）；

b——柱的翼缘宽度（mm）。

注：式（5.3-47）~式（5.3-50）及其字母解释引自《高层民用建筑钢结构技术规程》JGJ 99—2015式（7.3.6-1）~式（7.3.6-4）内容，仅将公式重新编号。

十字形柱的节点域体积见图5.3-18。

$$V_{\text{p}} = \varphi h_{\text{b1}}(h_{\text{c1}} t_{\text{p}} + 2b t_{\text{f}}) \qquad (5.3\text{-}51)$$

$$\varphi = \frac{\alpha^2 + 2.6(1 + 2\beta)}{\alpha^2 + 2.6} \qquad (5.3\text{-}52)$$

$$\alpha = h_{\text{b1}}/b \qquad (5.3\text{-}53)$$

$$\beta = A_{\mathrm{f}}/A_{\mathrm{w}} \tag{5.3-54}$$

$$A_{\mathrm{f}} = bt_{\mathrm{f}} \tag{5.3-55}$$

$$A_{\mathrm{w}} = h_{\mathrm{c1}}t_{\mathrm{p}} \tag{5.3-56}$$

注：式（5.3-51）～式（5.3-56）及其字母解释引自《高层民用建筑钢结构技术规程》JGJ 99—2015 式（7.3.6-5）～式（7.3.6-10）内容，仅将公式重新编号。

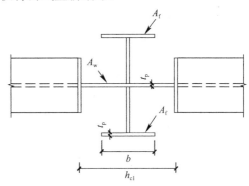

梁与柱连接处，在梁上下翼缘对应位置设置柱的水平加劲肋或隔板。加劲肋（隔板）与柱翼缘所包围的节点域的稳定性，应满足式（5.3-57）要求：

$$t_{\mathrm{p}} \geqslant (h_{\mathrm{0b}} + h_{\mathrm{0c}})/90 \tag{5.3-57}$$

式中：t_{p}——柱节点域的腹板厚度（mm），箱形柱时为一块腹板的厚度；

h_{0b}、h_{0c}——分别为梁腹板、柱腹板的高度（mm）。

图 5.3-18　十字形柱的节点域体积

抗震设计时，节点域的屈服承载力应满足下式要求，当不满足时，应进行补强或局部改用较厚柱腹板。式（5.3-58）及其字母解释引自《高层民用建筑钢结构技术规程》JGJ 99—2015 式（7.3.8）内容，仅将公式重新编号。

$$\psi(M_{\mathrm{pb1}} + M_{\mathrm{pb2}})/V_{\mathrm{p}} \leqslant (4/3)f_{\mathrm{yv}} \tag{5.3-58}$$

式中：　ψ——折减系数，三、四级时取 0.75，一、二级时取 0.85；

M_{pb1}、M_{pb2}——分别为节点域两侧梁段截面的全塑性受弯承载力（N·mm）；

f_{yv}——钢材屈服抗剪强度，取钢材屈服强度的 0.58 倍。

当节点域厚度不满足以上要求时，对焊接组合柱宜将腹板在节点域加厚（图 5.3-19），腹板加厚范围应伸出梁上下翼缘外不小于 150mm；对轧制 H 形钢柱可贴焊补强板加强（图 5.3-20）。

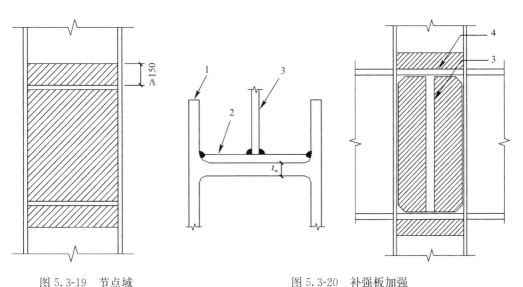

图 5.3-19　节点域
加厚

图 5.3-20　补强板加强
1—翼缘；2—补强板；3—弱轴方向梁腹板；4—水平加劲肋；t_{w}—构件厚度

5.3.2 钢柱与钢梁连接的其他形式

1. 半刚接

判别一个节点属于刚性、半刚性或铰接连接主要是看其转动刚度,刚性连接应不会产生明显的连接夹角变形,即连接夹角变形对结构抗力的降低应不超过5%。半刚性连接则介于刚接和铰接二者之间,一般可以采用在梁端焊上端板,用高强度螺栓连接,或是用连于翼缘的上、下角钢和高强度螺栓。

2. 铰接

梁与柱铰接时(图5.3-21),与梁腹板相连的高强度螺栓,除应承受梁端剪力外,尚应承受偏心弯矩的作用。当采用现浇混凝土楼板将主梁和次梁连接成整体时,可不计算偏心弯矩的影响。

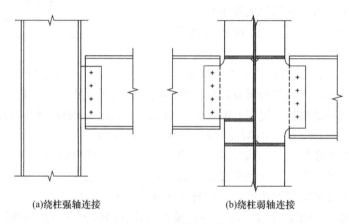

(a)绕柱强轴连接   (b)绕柱弱轴连接

图 5.3-21 梁与柱铰接

5.4 型钢混凝土框架梁柱节点的连接

5.4.1 型钢混凝土梁柱受力特性

型钢混凝土结构充分发挥了钢与混凝土两种材料的优良特性。型钢混凝土结构和混凝土结构相比承载力高,型钢不受含钢率的限制,所以型钢混凝土构件的承载力远远高于同样外形尺寸的钢筋混凝土构件。对于高层建筑,构件截面减少,可增加使用面积和净高,经济性较好。

设置了型钢的框架梁柱,抗震性能更好,延性比钢筋混凝土结构有明显提高。由于型钢包裹在混凝土内部,具有良好的耐久性和耐火性。型钢构件也克服了钢结构构件受压失稳的弱点。

型钢梁柱节点连接,受力较复杂,通常处于压弯剪复合应力状态。因此,使节点设计得传力明确、计算可靠、构造合理非常重要。

5.4.2 型钢混凝土梁柱节点形式

型钢混凝土框架梁柱节点的连接构造应做到构造简单,传力明确,便于混凝土浇捣和配筋。梁柱连接有几种形式：型钢混凝土柱与钢梁的连接，型钢混凝土柱与型钢混凝土梁的连接，型钢混凝土柱与钢筋混凝土梁的连接。

在各种结构体系中，型钢混凝土柱与钢梁、型钢混凝土梁或钢筋混凝土梁的连接，其柱内型钢宜采用贯通型，柱内型钢的拼接构造应符合钢结构的连接规定。当钢梁采用箱形等空腔截面时，钢梁与柱型钢连接所形成的节点区混凝土不连续部位，宜采用同等强度等级的自密实低收缩混凝土填充。

型钢混凝土梁柱节点及水平加劲肋见图5.4-1。

型钢混凝土柱与钢梁或型钢混凝土梁采用刚性连接时，其柱内型钢与钢梁或型钢混凝土梁内型钢的连接应采用刚性连接。当钢梁直接与钢柱连接时，钢梁翼缘与柱内型钢翼缘应采用全熔透焊缝连接；梁腹板与柱宜采用摩擦型高强度螺栓连接；当采用

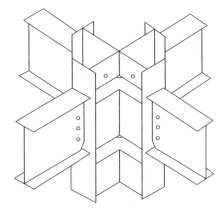

图 5.4-1 型钢混凝土梁柱节点及水平加劲肋

柱边伸出钢悬臂梁段时，悬臂梁段与柱应采用全熔透焊缝连接。具体连接构造应符合国家标准《钢结构设计标准》GB 50017—2017、《高层民用建筑钢结构技术规程》JGJ 99—2015 的规定。

型钢混凝土柱与钢梁或型钢混凝土梁内型钢的连接构造见图5.4-2。

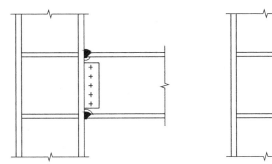
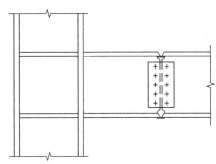

图 5.4-2 型钢混凝土柱与钢梁或型钢混凝土梁内型钢的连接构造

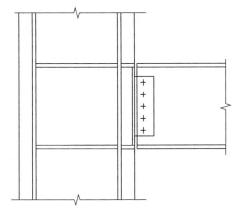

图 5.4-3 型钢混凝土柱与钢梁采用铰接

型钢混凝土柱与钢梁采用铰接（图 5.4-3）时，可在型钢柱上焊接短牛腿，牛腿端部宜焊接与柱边平齐的封口板，钢梁腹板与封口板宜采用高强度螺栓连接；钢梁翼缘与牛腿翼缘不应焊接。

型钢混凝土柱与钢筋混凝土梁的梁柱节点宜采用刚性连接，梁的纵向钢筋应伸入柱节点，且应符合国家标准《混凝土结构设计规范》GB 50010—2010（2015 年版）对钢筋的锚固规定。柱内型钢的截面形式和纵向钢筋的配置，宜减少梁纵向钢筋穿过柱内型钢柱的数

量，且不宜穿过型钢翼缘，也不应与柱内型钢直接焊接连接。梁柱连接节点可采用下列连接方式：

1）梁的纵向钢筋可采取双排钢筋等措施，尽可能多地贯通节点，其余纵向钢筋可在柱内型钢腹板上预留贯穿孔，型钢腹板截面损失率宜小于腹板面积的20%。梁柱节点穿筋构造见图5.4-4。

2）当梁纵向钢筋伸入柱节点与柱内型钢翼缘相碰时，可在柱型钢翼缘上设置可焊接机械连接套筒与梁纵筋连接，并应在连接套筒位置的柱型钢内设置水平加劲肋，加劲肋形式应便于混凝土浇灌，可焊接连接器连接见图5.4-5。

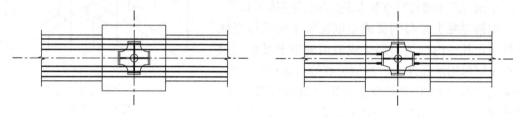

图5.4-4　梁柱节点穿筋构造　　　　　图5.4-5　可焊接连接器连接

3）梁纵向钢筋可与型钢柱上设置的钢牛腿焊接（图5.4-6），且宜有不少于1/2梁纵筋面积穿过型钢混凝土柱连续配置。钢牛腿的高度不宜小于0.7倍混凝土梁高，长度不宜小于混凝土梁的截面高度的1.5倍。钢牛腿的上、下翼缘应设置栓钉，直径不宜小于19mm，间距不宜大于200mm，且栓钉至钢牛腿翼缘边缘距离不应小于50mm。梁端至牛腿端部以外1.5倍梁高范围内，箍筋设置应符合国家标准《混凝土结构设计规范》

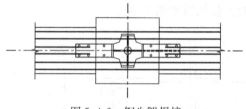

图5.4-6　钢牛腿焊接

GB 50010—2010（2015年版）梁端箍筋加密区的规定。

型钢混凝土柱与钢梁、钢斜撑连接的复杂梁柱节点，其节点核心区除在纵筋外围设置间距为200mm的构造箍筋外，可设置外包钢板。外包钢板宜与柱表面平齐，其高度宜与梁型钢高度相同，厚度可取柱截面宽度的1/100，钢板与钢梁的翼缘和腹板可靠焊接。梁型钢上、下部可设置条形小钢板箍，条形小钢板箍尺寸应符合式（5.4-1）～式（5.4-3）的规定。型钢混凝土柱与钢梁连接节点见图5.4-7。

$$t_{wl}/h_b \geqslant 1/30 \qquad (5.4\text{-}1)$$
$$t_{wl}/b_c \geqslant 1/30 \qquad (5.4\text{-}2)$$
$$h_{wl}/h_b \geqslant 1/5 \qquad (5.4\text{-}3)$$

式中：t_{wl}——小钢板箍厚度（mm）；

h_{wl}——小钢板箍高度（mm）；

h_b——钢梁高度（mm）；

b_c——柱截面宽度（mm）。

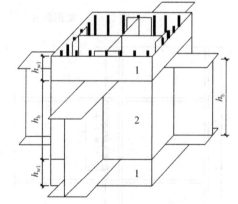

图5.4-7　型钢混凝土柱与钢梁连接节点

1—小钢板箍；2—大钢板箍

5.4.3 型钢混凝土梁柱构造措施

考虑地震作用组合的型钢混凝土框架柱应设置箍筋加密区，柱箍筋加密区的构造要求应符合表 5.4-1 的规定。

对一、二、三级抗震等级的框架节点核心区，其箍筋最小体积配筋率分别不宜小于 0.6%、0.5%、0.4%；且箍筋间距不宜大于柱端加密区间距的 1.5 倍，箍筋直径不宜小于柱端箍筋加密区的箍筋直径；柱纵向受力钢筋不应在各层节点中切断。

柱箍筋加密区的构造要求　　　　　　　　　　表 5.4-1

抗震等级	加密区箍筋间距（mm）	箍筋最小直径（mm）
一级	100	12
二级	100	10
三、四级	150（柱根 100）	8

注：1. 底层柱的柱根指地下室的顶面或无地下室情况的基础顶面；
　　2. 二级抗震等级框架柱的箍筋直径大于 10mm，且箍筋采用封闭复合箍、螺旋箍时，除柱根外加密区箍筋最大间距应允许采用 150mm。

型钢柱的翼缘与竖向腹板间连接焊缝宜采用坡口全熔透焊缝或部分熔透焊缝。在节点区及梁翼缘上下各 500mm 范围内，应采用坡口全熔透焊缝；在高层建筑底部加强区，应采用坡口全熔透焊缝；焊缝质量等级应为一级。

型钢柱沿高度方向，对应钢梁或型钢混凝土梁内型钢的上下翼缘处或钢筋混凝土梁的上下边缘处，应设置水平加劲肋，加劲肋形式宜便于混凝土浇筑。对钢梁或型钢混凝土梁，水平加劲肋厚度不宜小于梁端型钢翼缘厚度，且不宜小于 12mm。对于钢筋混凝土梁，水平加劲肋厚度不宜小于型钢柱腹板厚度。加劲肋与型钢翼缘的连接宜采用坡口全熔透焊缝，与型钢腹板可采用角焊缝，焊缝高度不宜小于加劲肋厚度。

5.5 矩形钢管混凝土柱与钢梁的连接

5.5.1 矩形钢管混凝土柱与钢梁承载力计算

抗震设计时，钢梁与矩形钢管柱的连接应按地震组合内力进行强度验算。带内隔板的矩形钢管混凝土柱与钢梁的刚性焊接节点，除应验算连接焊缝和高强度螺栓的强度外，尚应按下列规定验算节点的强度。

（1）节点的抗剪承载力应符合式（5.5-1）~式（5.5-7）的要求，式（5.5-1）~式（5.5-7）及其字母解释引自《矩形钢管混凝土结构技术规程》CECS 159：2004 式（7.1.5-1）~式（7.1.5-7）内容，仅将公式重新编号。

$$\beta_v V \leqslant \frac{1}{\gamma} V_u^j \tag{5.5-1}$$

$$V_u^j = \frac{2N_y h_c + 4M_{uw} + 4M_{uj} + 0.5N_{cv}h_c}{h_b} \tag{5.5-2}$$

$$N_y = \min\left(\frac{a_c h_b f_w}{\sqrt{3}}, \frac{t h_b f}{\sqrt{3}}\right) \tag{5.5-3}$$

$$M_{uw} = \frac{h_b^2 t \left[1 - \cos(\sqrt{3} h_c / h_b) \right] f_w}{6} \qquad (5.5-4)$$

$$M_{uj} = \frac{1}{4} b_c t_j^2 f_j \qquad (5.5-5)$$

$$N_{cv} = \frac{2 b_c h_c f_c}{4 + \left(\dfrac{h_c}{h_b} \right)^2} \qquad (5.5-6)$$

$$V = \frac{2 M_c - V_b h_c}{h_b} \qquad (5.5-7)$$

式中：V——节点所承受的剪力设计值；

β_v——剪力放大系数，抗震设计时取 1.3，非抗震设计时取 1.0；

V_u^j——节点受剪承载力；

M_c——节点上、下柱弯矩设计值的平均值，弯矩对节点顺时针作用时为正；

N_{cv}——核心混凝土受剪承载力；

V_b——节点左、右梁端剪力设计值的平均值，剪力对节点中心逆时针作用时为正；

t、t_j——柱钢管壁、内隔板厚度；

f_w、f、f_j——焊缝、柱钢管壁、内隔板钢材的抗拉强度设计值；

b_c、h_c——管内混凝土截面的宽度和高度；

h_b——钢梁截面的高度；

a_c——钢管角部的有效焊缝厚度。

带内隔板的刚接节点见图 5.5-1。

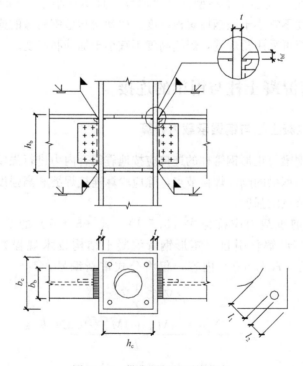

图 5.5-1　带内隔板的刚接节点

（2）节点的抗弯承载力应符合式（5.5-8）～式（5.5-12）的要求，式（5.5-8）～式（5.5-12）及其字母解释引自《矩形钢管混凝土结构技术规程》CECS 159：2004式（7.1.5-8）～式（7.1.5-12）内容，仅将公式重新编号。

$$\beta_{\mathrm{m}} M \leqslant \frac{1}{\gamma} M_{\mathrm{u}}^{\mathrm{j}} \tag{5.5-8}$$

$$M_{\mathrm{u}}^{\mathrm{j}} = \left[\frac{(4x + 2t_{\mathrm{bf}})(M_{\mathrm{u}} + M_{\mathrm{a}})}{0.5(b - b_{\mathrm{b}})} + \frac{4bM_{\mathrm{u}}}{x} + \sqrt{2} t_{\mathrm{j}} f_{\mathrm{j}} (l_2 + 0.5 l_1) \right] (h_{\mathrm{b}} - t_{\mathrm{bf}}) \tag{5.5-9}$$

$$M_{\mathrm{u}} = \frac{1}{4} f_{\mathrm{t}} t^2 \tag{5.5-10}$$

$$M_{\mathrm{a}} = \min(M_{\mathrm{u}}, 0.25 f_{\mathrm{w}} a_{\mathrm{c}}^2) \tag{5.5-11}$$

$$x = \sqrt{0.25(b - b_{\mathrm{b}})b} \tag{5.5-12}$$

式中：M——节点处梁端弯矩设计值（N·mm）；

β_{m}——弯矩放大系数，抗震设计时取 1.2，非抗震设计时取 1.0；

$M_{\mathrm{u}}^{\mathrm{j}}$——节点的受弯承载力；

x——由 $\partial M_{\mathrm{u}}^{\mathrm{j}} / \partial x = 0$ 确定的值；

b、b_{b}——柱宽、梁宽；

t_{bf}——梁翼缘厚度；

l_1、l_2——内隔板上气孔到边缘的距离（图 5.5-1）。

5.5.2 矩形钢管混凝土柱与钢梁节点形式

矩形钢管混凝土柱与钢梁的连接可采用下列形式：

1. 带牛腿内隔板式刚性连接

矩形钢管内设横隔板，钢管外焊接钢牛腿，钢梁翼缘应与牛腿翼缘焊接，钢梁腹板与牛腿腹板宜采用摩擦型高强度螺栓连接，带牛腿内隔板式梁柱连接示意图见图 5.5-2。

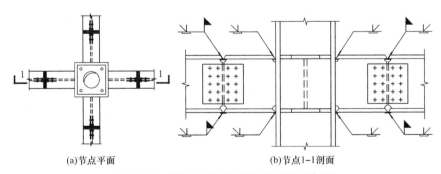

(a)节点平面　　　　　　　　　　(b)节点1-1剖面

图 5.5-2　带牛腿内隔板式梁柱连接示意图

2. 内隔板式刚性连接

矩形钢管内设横隔板，钢梁翼缘应与钢管壁焊接，钢梁腹板与钢管壁采用摩擦型高强度螺栓连接。内隔板式梁柱连接示意图见图 5.5-3。

3. 外隔板式刚性连接

钢管外焊接环形牛腿，钢梁翼缘应与隔板焊接，钢梁腹板与牛腿腹板宜采用摩擦型高强度螺栓连接，隔板挑出宽度 c 应符合下列规定。外隔板式梁柱连接示意图见图 5.5-4。

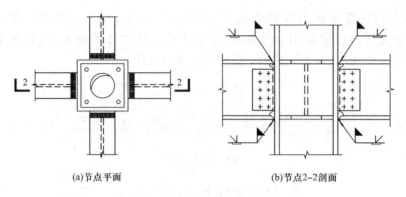

(a)节点平面   (b)节点2-2剖面

图 5.5-3　内隔板式梁柱连接示意图

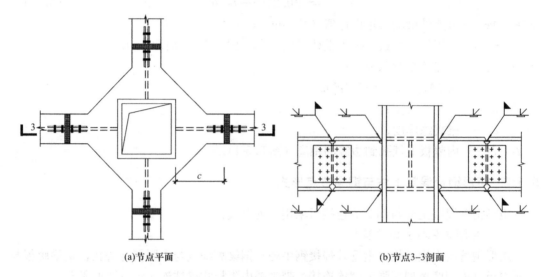

(a)节点平面   (b)节点3-3剖面

图 5.5-4　外隔板式梁柱连接示意图

$$100\text{mm} \leqslant c \leqslant 15t_{\text{j}} \sqrt{235/f_{\text{ak}}} \tag{5.5-13}$$

式中：t_{j}——外隔板厚度（mm）；

f_{ak}——外隔板钢材的屈服强度标准值（N/mm²）。

4. 外伸内隔板式刚性连接

矩形钢管内设贯通钢管壁的横隔板，钢管与隔板焊接，钢梁翼缘应与外伸内隔板焊接，钢梁腹板与钢管壁宜采用摩擦型高强度螺栓连接。外伸内隔板式梁柱连接示意图见图 5.5-5。

矩形钢管混凝土柱与型钢混凝土梁的连接节点（图 5.5-6）可采用焊接牛腿式。梁内型钢可通过变截面牛腿与柱焊接，梁纵向钢筋应与钢牛腿可靠焊接，钢管柱内对应牛腿翼缘位置应设置横隔板，其厚度应与牛腿翼缘等厚。

矩形钢管混凝土柱与钢筋混凝土梁焊接牛腿式连接节点见图 5.5-7，其钢牛腿高度不宜小于 0.7 倍混凝土梁高，长度不宜小于混凝土梁的截面高度的 1.5 倍。钢牛腿的上、下翼缘和腹板两侧应设置栓钉，间距不宜大于 200mm，梁纵筋与钢牛腿应可靠焊接。钢管柱内对应牛腿翼缘位置应设置横隔板，其厚度应与牛腿翼缘等厚。梁端应设置箍筋加密区，箍筋加密区范围除钢牛腿长度以外，尚应从钢牛腿外端点处为起

130

点，并符合箍筋加密区长度的规定。加密区箍筋构造应符合国家标准《建筑抗震设计规范》GB 50011—2010（2016 年版）和《混凝土结构设计规范》GB 50010（2015 年版）的规定。

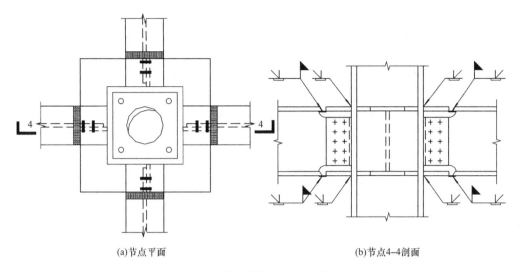

(a)节点平面   (b)节点4-4剖面

图 5.5-5　外伸内隔板式梁柱连接示意图

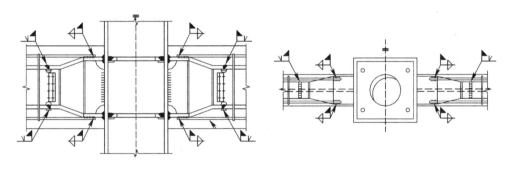

图 5.5-6　矩形钢管混凝土柱与型钢混凝土梁的连接节点

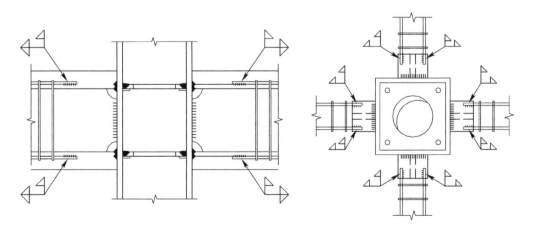

图 5.5-7　矩形钢管混凝土柱与钢筋混凝土梁焊接牛腿式连接节点

矩形钢管混凝土柱与钢筋混凝土梁采用钢牛腿连接时，其梁端抗剪及抗弯均应由牛腿承担。

5.5.3 矩形钢管混凝土柱与钢梁节点构造措施

当矩形钢管混凝土柱与梁刚接，且钢管为四块钢板焊接时，钢管角部的拼接焊缝在节点区以及框架梁上、下不小于 600mm，以及底层柱根以上 1/3 柱净高范围内，应采用全熔透焊缝，其余部位可采用部分熔透焊缝。钢梁的上、下翼缘与牛腿、隔板或柱焊接时，应采用全熔透焊缝，且应在梁上、下翼缘的底面设置焊接衬板。抗震设计时，对采用与柱面直接连接的刚接节点，梁下翼缘焊接用的衬板在翼缘施焊完毕后，应在底面与柱相连处用角焊缝沿衬板全长焊接，或将衬板割除再补焊焊根。当柱钢管壁较薄时，在节点处应有加强措施以利于与钢梁焊接。

矩形钢管混凝土柱短边尺寸不小于 1500mm 时，钢管角部拼接焊缝应沿柱全高采用全熔透焊缝。

当设防烈度为 8 度、场地为 Ⅲ、Ⅳ 类或设防烈度为 9 度时，柱与钢梁的刚性连接宜采用能将梁塑性铰外移的连接方式。

当钢梁与柱为铰接连接时，钢梁翼缘与钢管可不焊接。腹板连接宜采用内隔板式连接。

矩形钢管混凝土柱内隔板厚度应符合板件宽厚比限值，且不应小于钢梁翼缘厚度。钢管外隔板厚度不应小于钢梁翼缘厚度。

矩形钢管混凝土柱内竖向隔板与柱的焊接，在节点区和框架梁上、下 600mm 范围，应采用坡口全熔透焊。

5.6 钢管混凝土柱与钢梁的连接

5.6.1 钢管混凝土柱与钢梁承载力计算

钢管混凝土柱与钢梁的连接应做到构造简单、传力明确、整体性好、安全可靠、经济合理、施工方便；抗震设计时，连接破坏不应先于被连接构件破坏。

采用钢筋混凝土楼盖时，钢管混凝土柱与钢梁连接的受剪承载力应符合下列规定：

持久、短暂设计状况：

$$V_b \leqslant V_u \tag{5.6-1}$$

地震设计状况：

$$V_b \leqslant V_u / \gamma_{RE} \tag{5.6-2}$$

式中：V_b——梁端截面组合的剪力设计值（kN）；

V_u——连接的受剪承载力（kN）；

γ_{RE}——承载力抗震调整系数。

钢梁与钢管混凝土柱连接的受弯承载力应符合下列规定：

持久、短暂设计状况：

$$M_b \leqslant M_u \tag{5.6-3}$$

地震设计状况：

$$M_b \leqslant M_u/\gamma_{RE} \tag{5.6-4}$$

式中：M_b——梁端截面组合的弯矩设计值（kN·m）；

M_u——连接的极限受弯承载力（kN·m）；

γ_{RE}——承载力抗震调整系数。

钢梁与钢管混凝土柱的刚接连接的受弯承载力设计值和受剪承载力设计值，分别不应小于相连构件的受弯承载力设计值和受剪承载力设计值；高强度螺栓连接不得滑移。

连接的受弯承载力应由钢梁翼缘与柱的连接提供，连接的受剪承载力应由梁腹板与柱的连接提供。

地震设计状况时，应按式（5.6-5）和式（5.6-6）验算连接的极限承载力：

$$M_u \geqslant \eta_j M_p \tag{5.6-5}$$

$$V_u \geqslant 1.2 \left(\frac{2M_p}{l_n} \right) + V_{Gb} \tag{5.6-6}$$

式中：M_u——连接的极限受弯承载力（kN·m）；

V_u——连接的极限受剪承载力（kN）；

M_p——梁端截面的塑性受弯承载力（kN·m）；

V_{Gb}——梁在重力荷载代表值（9度时还应包含竖向地震作用标准值）作用下，按简支梁分析的梁端截面剪力设计值（kN）；

l_n——梁的净跨（m）；

η_j——连接系数，按表5.6-1采用。

钢梁与钢管混凝土柱刚接连接抗震设计的连接系数   表5.6-1

母材牌号	焊接	螺栓连接
Q235	1.40	1.45
Q345	1.30	1.35
Q345GJ	1.25	1.30

5.6.2 钢管混凝土柱与钢梁节点形式及构造

钢管混凝土柱与框架梁或转换梁连接的梁柱节点，其框架梁或转换梁宜采用钢梁、型钢混凝土梁，也可采用钢筋混凝土梁。

钢管混凝土柱与钢梁的连接可采用外加强环或内加强环形式，并应符合下列规定：

① 钢管混凝土柱的直径较小时，可采用外加强环。外加强环应是环绕柱的封闭满环，外加强环与钢管外壁应采用全熔透焊缝连接，外加强环与钢梁应采用栓焊连接。环板厚度不应小于钢梁翼缘厚度，宽度 c 不应小于钢梁翼缘宽度的0.7倍。钢梁与钢管混凝土柱外加强环连接构造见图5.6-1。

② 钢管混凝土的直径较大时，可采用内加强环。内加强环与钢管外壁应采用全熔透焊缝连接。梁与柱可采用现场焊缝连接，也可在柱上设置悬臂梁段现场拼接，型钢翼缘应采用全熔透焊，腹板宜采用摩擦型高强度螺栓连接。钢梁与钢管混凝土柱设置内加强环连接构造见图5.6-2。

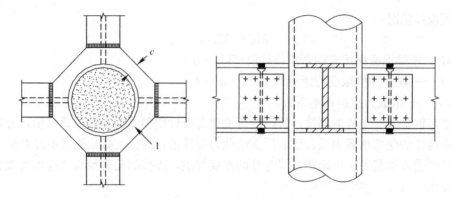

图 5.6-1 钢梁与钢管混凝土柱外加强环连接构造
1—外加强环

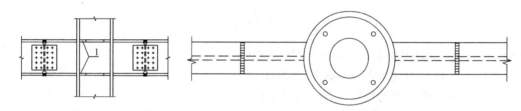

图 5.6-2 钢梁与钢管混凝土柱设置内加强环连接构造
1—内加强环

5.7 钢管混凝土柱与混凝土梁的连接

5.7.1 钢管混凝土柱与钢筋混凝土梁连接

钢管混凝土柱与钢筋混凝土梁连接时，钢管外剪力传递可采用环形牛腿或承重销。钢管混凝土柱与钢筋混凝土无梁楼板或井式密肋楼板连接时，钢管外剪力传递可采用台锥式环形深牛腿。其构造应符合下列规定：

1）环形牛腿或台锥式环形深牛腿由均匀分布的肋板和上、下加强环组成，肋板与钢管壁、加强环与钢管壁及肋板与加强环均可采用角焊缝连接；牛腿下加强环应预留直径不小于 50mm 的排气孔。

其受剪承载力按式（5.7-1）～式（5.7-6）计算，式（5.7-1）～式（5.7-6）及其字母解释引自《组合结构设计规范》JGJ 138—2016 式（8.5.3-1）～式（8.5.3-6）内容，仅将公式重新编号。

$$V_{\mathrm{u}} = \min\{V_{\mathrm{u}1}, V_{\mathrm{u}2}, V_{\mathrm{u}3}, V_{\mathrm{u}4}, V_{\mathrm{u}5}\} \tag{5.7-1}$$

$$V_{\mathrm{u}1} = \pi(D+b)b\beta_2 f_{\mathrm{c}} \tag{5.7-2}$$

$$V_{\mathrm{u}2} = nh_{\mathrm{w}}t_{\mathrm{w}}f_{\mathrm{v}} \tag{5.7-3}$$

$$V_{\mathrm{u}3} = \sum l_{\mathrm{w}}h_{\mathrm{e}}f_{\mathrm{v}}^{\mathrm{w}} \tag{5.7-4}$$

$$V_{\mathrm{u}4} = \pi(D+2b)l \cdot 2f_{\mathrm{t}} \tag{5.7-5}$$

$$V_{\mathrm{u}5} = 4\pi t(h_{\mathrm{w}}+t)f_{\mathrm{a}} \tag{5.7-6}$$

式中：$V_{\mathrm{u}1}$——由环形牛腿支承面上的混凝土局部承压强度决定的受剪承载力；

V_{u2}——由肋板抗剪强度决定的受剪承载力；

V_{u3}——由肋板与管壁的焊接强度决定的受剪承载力；

V_{u4}——由环形牛腿上部混凝土的直剪（或冲切）强度决定的受剪承载力；

V_{u5}——由环形牛腿上、下环板决定的受剪承载力；

β_2——混凝土局部承压强度提高系数，β_2 可取为1；

D——钢管的外径；

b——环板的宽度；

l——直剪面的高度；

t——环板的厚度；

n——肋板的数量；

h_w——肋板的高度；

t_w——肋板的厚度；

f_v——钢材的抗剪强度设计值；

f_a——钢材的抗拉（压）强度设计值；

$\sum l_w$——肋板与钢管壁连接角焊缝的计算总长度；

h_e——角焊缝有效高度；

f_v^w——角焊缝抗剪强度设计值。

2）钢管混凝土柱外径不小于600mm时，可采用承重销传递剪力。承重销（图5.7-1）的腹板和部分翼缘应深入柱内，其截面高度宜取梁截面高度的0.5倍，翼缘板穿过钢管壁不少于50mm，可逐渐变窄。钢管与翼缘板、钢管与穿心腹板应采用全熔透坡口焊缝连接，穿心腹板与对面的钢管壁之间或与另一方向的穿心腹板之间可采用角焊缝焊接。

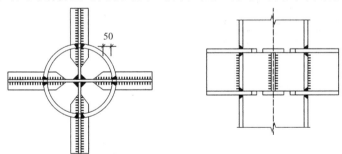

图5.7-1 承重销构造示意图

钢筋混凝土梁与钢管混凝土柱的弯矩传递可设置钢筋混凝土环梁或纵向钢筋直接穿入梁柱节点。

3）钢筋混凝土环梁的构造（图5.7-2）应符合下列要求：

① 环梁截面高度宜比框架梁高50mm。

② 环梁的截面宽度不宜小于框架梁宽度。

③ 钢筋混凝土梁的纵向钢筋应伸入环梁，在环梁内的锚固长度应符合现行相关国家标准的规定。

④ 环梁上、下环筋的截面面积，分别不应小于梁上、下纵筋截面面积的0.7倍。

⑤ 环梁内、外侧应设置环向腰筋，其直径不宜小于16mm，间距不宜大于150mm。

135

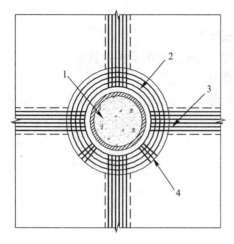

图 5.7-2　钢筋混凝土环梁构造示意图
1—钢管混凝土柱；2—主梁环筋；
3—框架梁纵筋；4—环梁箍筋

⑥ 环梁按构造设置的箍筋直径不宜小于 10mm，外侧间距不宜大于 150mm。

钢筋直接穿入梁柱节点时，宜采用双筋并股穿孔，钢管开孔的区段应采用内衬管段或外套管段与钢管壁紧贴焊接，衬（套）管的壁厚不应小于钢管的壁厚，穿筋孔的环向净距 s 不应小于孔的长径 b，衬（套）管端面至孔边的净距 W 不应小于 b 的 2.5 倍（图 5.7-3）。

5.7.2　矩形钢管混凝土柱与钢筋混凝土梁连接

节点的形式应构造简单、整体性好、传力明确、安全可靠、节约材料、施工方便。节点设计应做到构造合理，使节点具有必要的延性，能保证焊接质量，并避免有应力集中和过大约束应力。

矩形钢管混凝土柱与现浇钢筋混凝土梁可采用下列连接：

1. 环梁—钢承重销式连接

在钢管外壁焊接半穿心钢牛腿，柱外设八角形钢筋混凝土环梁；梁端纵筋锚入钢筋混凝土环梁传递弯矩，环梁—钢承重销式连接节点见图 5.7-4。

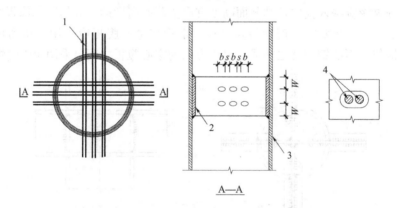

图 5.7-3　钢筋直接穿入梁柱节点构造示意图
1—双钢筋；2—内衬管段；3—柱钢管；4—双钢筋并股穿孔

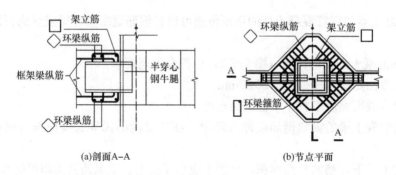

(a)剖面A-A　　　　　　(b)节点平面

图 5.7-4　环梁—钢承重销式连接节点

2. 穿筋式连接

柱外设矩形钢筋混凝土环梁，在钢管外壁焊水平肋钢筋（或水平肋板），通过环梁和肋钢筋（或肋板）传递梁端剪力；框架梁纵筋通过预留孔穿越钢管传递弯矩，穿筋式节点见图 5.7-5。

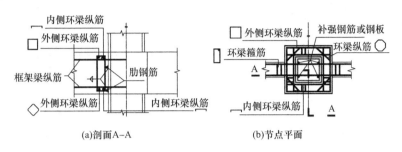

图 5.7-5　穿筋式节点

5.8　梁柱节点深化设计与施工

5.8.1　型钢混凝土柱与混凝土梁深化设计

型钢混凝土柱与混凝土梁的深化设计难点在于混凝土梁上下钢筋在遇到箱形或 H 形钢柱时如何穿过或如何进行连接，以使结构传力形式不发生改变（部分钢筋可 1：6 弯折绕过），一般分为如下几种情况及处理方式：

1）梁钢筋与 H 形钢骨腹板连接时，当腹板厚度较薄时（厚度小于 40mm），一般采取 H 形钢骨腹板开孔使梁钢筋穿过，并根据计算对腹板进行补强；当 H 形钢骨腹板较厚（厚度不小于 40mm）时，一般采取钢筋机械连接或搭接板焊接的方式，此时需要钢骨腹板具有 Z 向性能。

2）梁钢筋与 H 形钢骨翼缘连接时，一般采取钢筋与钢柱翼缘搭板焊接或钢筋连接器机械连接，并在翼缘对应位置增设加劲板传力。

3）梁钢筋与箱形钢骨连接时，一般采取钢筋与钢柱翼缘搭板焊接或钢筋连接器机械连接，并在对应位置增设加劲板传力。

4）柱纵筋与梁钢筋搭接板冲突时，可在搭接板上做开槽处理，以便柱纵筋通过。

需要注意的是：当混凝土梁两侧均为 SRC 柱时，混凝土梁同一排钢筋与两端钢骨连接时不能均设置钢筋机械连接。此外，当搭板焊接遇同层多排钢筋时，下排钢筋搭接板需伸出上排钢筋搭接板一定长度，以保证钢筋与搭接板的焊接长度至少达到 5d（d 为钢筋直径）。图 5.8-1 为型钢混凝土柱与混凝土梁典型连接节点图。

5.8.2　型钢混凝土柱与钢筋混凝土梁节点施工

1. 型钢混凝土柱与钢筋混凝土梁节点施工步骤

型钢混凝土柱与混凝土梁节点施工步骤为：安装钢柱→安装型钢柱内钢筋及箍筋→支柱模板、浇筑混凝土→支梁板模板、安装梁下部钢筋→将下部钢筋与钢柱连接或穿过→安装梁箍筋及上部钢筋→将上部钢筋与钢柱连接或穿过→浇筑梁板混凝土。

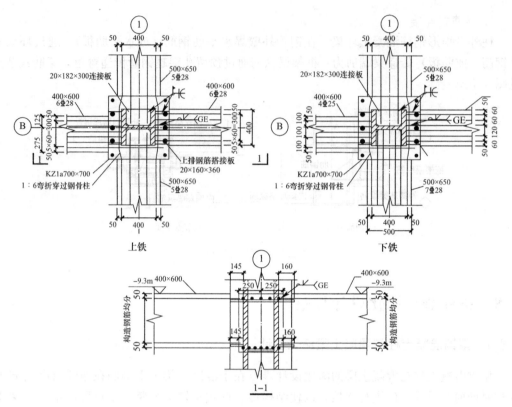

图 5.8-1　型钢混凝土柱与混凝土梁典型连接节点图

2．型钢混凝土柱与钢筋混凝土梁节点施工注意事项

1）由于型钢混凝土柱中的钢骨一般是分段制作，其分段长度取决于现场起重设备的工作能力，太长会导致吊重不够，太短又会增加现场施工量。此外，需要注意焊接接口要避开楼层节点区域 600mm 以上。

2）由于施工时需先进行梁下部钢筋与钢骨相连，故各专业施工工序要求协同配合，以确保节点处施工质量。

3）型钢混凝土柱节点部位钢筋及钢构件比较密集，高抛混凝土施工时会使混凝土产生离析，因此，在保证混凝土坍落度的前提下，要有具体的疏通振捣措施。

4）H 形钢柱腹板开孔不能采用现场火焰开孔，必须在构件加工厂采用机械式开孔。

5）钢筋接头错开，锚固长度等构造要与普通钢筋混凝土梁柱一致。

某工程型钢混凝土柱与钢筋混凝土梁施工现场照片见图 5.8-2。

5.8.3　型钢混凝土柱与型钢混凝土梁节点深化设计

型钢混凝土柱与型钢混凝土梁的节点深化设计除考虑型钢混凝土柱与钢筋混凝土梁连接难点以外，另需对下述几个问题进行深化：

1）型钢混凝土梁内钢梁与型钢混凝土柱内钢柱连接时，钢柱端要设置 600mm 长钢牛腿（截面同钢梁），并采用栓焊连接的可靠连接形式，在钢柱内钢梁翼缘对应位置设置加劲板。

2）型钢混凝土柱纵筋与型钢混凝土梁内钢梁上、下翼缘位置，可采用钢梁下翼缘设

图 5.8-2　某工程型钢混凝土柱与钢筋混凝土梁施工现场照片

置连接板焊接连接。钢梁上翼缘设置搭板焊接或钢筋连接器连接，上、下翼缘范围内设置传力加劲板解决柱纵筋与钢梁冲突的问题。

3）型钢混凝土柱箍筋与型钢混凝土内钢梁腹板冲突部位，可用箍筋弯折焊接至钢梁腹板。

5.8.4　型钢混凝土柱与型钢混凝土梁节点施工

1. 型钢混凝土柱与型钢混凝土梁节点施工步骤

型钢混凝土柱与型钢混凝土梁节点施工步骤为：安装钢柱→安装钢梁→安装型钢混凝土柱内的钢筋及箍筋→连接柱纵筋与钢梁上下翼缘→钢梁范围内箍筋与钢梁腹板弯折焊接→支柱模板、浇筑混凝土→支梁板模板、安装梁下铁钢筋→将下铁钢筋与钢柱连接或穿过→安装梁箍筋及上铁钢筋→将上铁钢筋与钢柱连接或穿过→浇筑梁板混凝土。

2. 型钢混凝土柱与型钢混凝土梁节点施工注意事项

型钢混凝土柱与型钢混凝土梁在施工时除要考虑本书 5.7.2 节中的注意事项外，另要注意在现场施工时钢梁与钢柱牛腿的刚性连接焊缝为一级焊缝。

5.8.5　矩形钢管混凝土柱与混凝土梁节点深化设计

矩形钢管混凝土柱与混凝土梁节点深化设计过程中主要的难点在于：如何在混凝土不连续的条件下，实现仅靠梁钢筋与钢柱连接来形成较为牢靠的"强节点"。常规做法为采用钢筋连接器连接、搭板焊接、钢柱柱壁开孔梁钢筋贯通穿过三种方式，并在钢柱节点区设置抗剪牛腿，牛腿上设栓钉增强牛腿与混凝土间的握裹力。图 5.8-3 为某型钢混凝土柱与型钢混凝土梁连接典型节点图。但我们仍需注意如下几个问题：

1）在钢管柱内抗剪牛腿上下翼缘、采用钢筋连接器连接或搭板焊接对应位置需设置横隔板，横隔板上开孔以便混凝土施工。

2）楼板钢筋与钢柱连接处设置搭板焊接连接。

3）钢管柱壁如采用开孔穿过钢筋时，需局部钢板补强，以使局部钢管截面面积不小于原设计截面面积。

4）采用钢柱柱壁开孔梁钢筋贯通穿过的方式时，与钢柱连接的互相垂直的两个方向的混凝土梁内钢筋孔应在竖向错开一定距离（但要满足钢筋图集构造要求），避免在柱壁内穿过时发生冲突，引起施工不便及混凝土不密实。

5）方管柱内需设置栓钉，以增加方管柱内混凝土的握裹力。

5.8.6 矩形钢管混凝土柱与钢筋混凝土梁节点的施工

采用梁钢筋穿过钢管柱壁的施工方案，减少了大量的施工工序交叉，施工速度快于搭板焊接或连接器连接，提高施工效率。

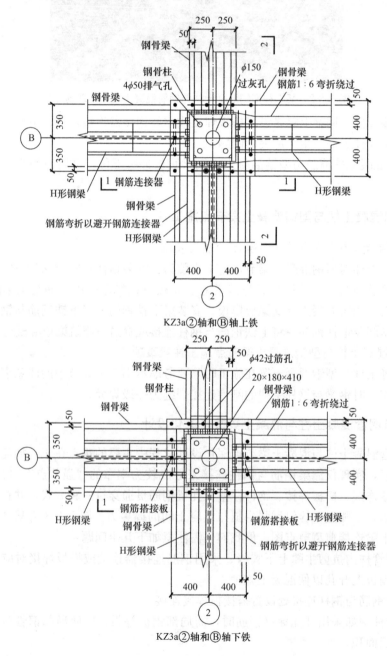

图 5.8-3 某型钢混凝土柱与型钢混凝土梁的连接节点图（一）

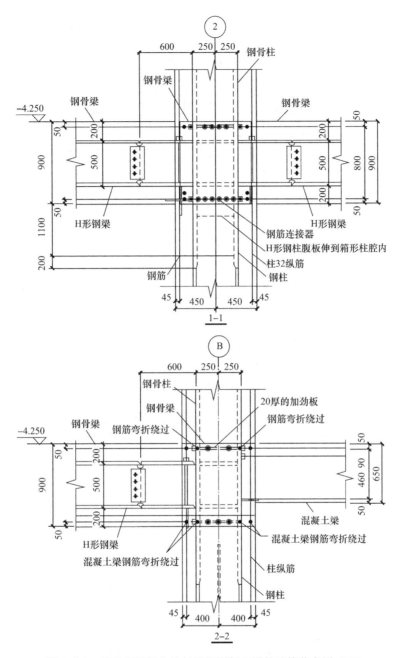

图 5.8-3 某型钢混凝土柱与型钢混凝土梁的连接节点图（二）

（1）矩形钢管混凝土柱与混凝土梁节点施工步骤

矩形钢管混凝土柱与混凝土梁节点施工步骤为：安装钢柱→安装梁板钢筋模板→浇筑梁板混凝土→矩形钢管混凝土柱内混凝土施工。

图 5.8-4 为矩形钢管混凝土柱与钢筋混凝土梁的连接节点。

（2）矩形钢管混凝土柱与混凝土梁节点施工注意事项

1）矩形钢管混凝土柱在受到混凝土侧壁压力时，角部会产生应力集中现象，故要求钢结构工厂加工时，必须是一级全熔透焊缝，以保证焊接质量。

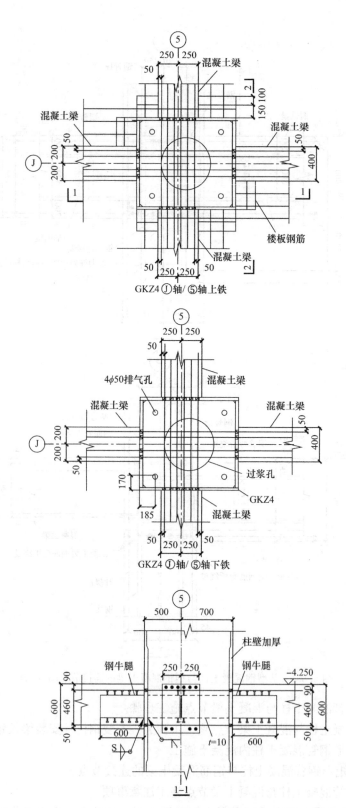

图 5.8-4 矩形钢管混凝土柱与钢筋混凝土梁的连接节点（一）

142

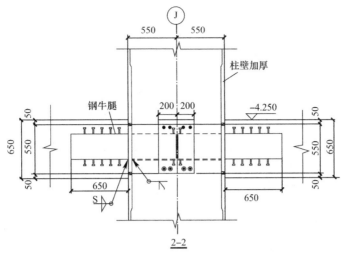

图 5.8-4　矩形钢管混凝土柱与钢筋混凝土梁的连接节点（二）

2）矩形钢管混凝土施工时由于层高一般都在 3m 以上，高抛混凝土可能会产生离析，导致混凝土不密实，故建议采用自密实混凝土顶升施工工艺。采用顶升施工时，方管柱壁与柱内横隔板均设置排气孔，防止混凝土由于气压而出现不密实的情况。此外，方管柱壁要设置观察孔，方便控制混凝土顶升高度。

5.8.7　矩形钢管混凝土柱与型钢混凝土梁节点深化设计

矩形钢管混凝土柱与型钢混凝土梁节点深化设计时，除考虑本书 5.8.2 节内容中涉及难点外，仍要考虑以下几个问题：

1）一般型钢混凝土梁内钢骨截面面积较大，且各方向梁高不一，如在钢柱柱壁开孔可能会引起钢筋与横隔板位置冲突，并且节点区柱内有钢筋和较多横隔板会严重影响混凝土密实度，故一般采用钢筋连接器连接或搭板焊接连接型钢混凝土梁内钢筋。

2）矩形钢管柱内四个方向内钢梁翼缘对应位置均要设置不低于翼缘同厚度的横隔板，为了混凝土的密实，相距较近的横隔板要合并设置。

3）矩形钢管混凝土柱与型钢混凝土梁连接处一般为结构强度要求较高的部位，故钢梁上下翼缘与钢柱柱内壁均要设置栓钉，增强与混凝土握裹力。

矩形钢管混凝土柱与型钢混凝土梁连接节点见图 5.8-5。

5.8.8　矩形钢管混凝土柱与混凝土梁节点施工

1. 矩形钢管混凝土柱与混凝土梁节点施工步骤

矩形钢管混凝土柱与混凝土梁节点施工步骤为：安装钢柱→安装梁板模板及梁下铁钢筋→安装钢梁→安装梁上铁及固定箍筋→浇筑梁板混凝土→矩形钢管混凝土柱内混凝土施工。

2. 矩形钢管混凝土柱与混凝土梁节点施工注意事项

矩形钢管混凝土柱与混凝土梁在施工时除需考虑本书第 5.8.3 节 2 的注意事项外，要注意由于钢梁安装后箍筋施工较困难，可在梁下铁安装完成后，立即将型钢混凝土梁全长范围内的箍筋安装，并将其集中于柱端牛腿处，待钢梁焊接完成及梁上铁钢筋安装完成后，固定箍筋。北京 CBD 核心区 Z13 项目梁柱节点施工现场照片见图 5.8-6。

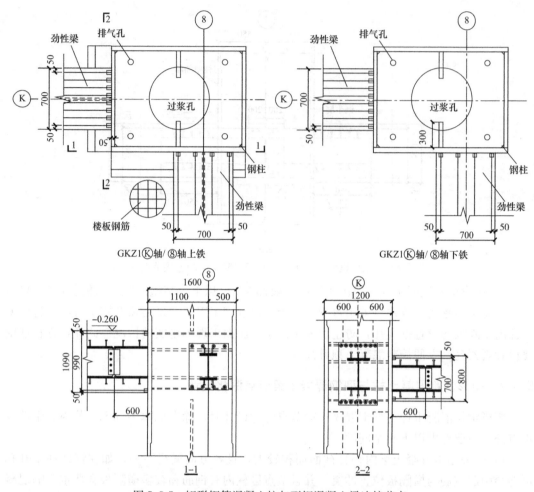

GKZ1Ⓚ轴/⑧轴上铁   GKZ1Ⓚ轴/⑧轴下铁

图 5.8-5　矩形钢管混凝土柱与型钢混凝土梁连接节点

图 5.8-6　北京 CBD 核心区 Z13 项目梁柱节点施工现场照片

6 加强层的设计与施工

6.1 带加强层的高层建筑结构体系

6.1.1 体系的构成

近年来，带加强层的高层、超高层建筑结构越来越多，超高层建筑结构往往采用框架-核心筒或筒中筒结构，随着高度的增加，高宽比较大的结构，侧向刚度往往不能满足要求。为增加超高层结构的侧向刚度，沿建筑高度每隔 20 层设置由内筒伸出的伸臂桁架，也可在相应位置沿周边框架设置刚性梁或桁架形成加强层。图 6.1-1 是北京中冶大厦示意图，该大厦沿高度设置了 2 道伸臂桁架加强层。中建一局发展有限公司施工的 600m 高的深圳平安大厦则设置了 7 道加强层。

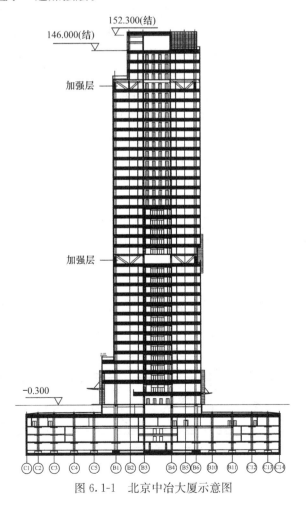

图 6.1-1 北京中冶大厦示意图

加强层的设置对于提高结构的侧向刚度，控制结构层间位移是一种很有效的方法。当框架—核心筒、筒中筒结构的侧向刚度不能满足要求时，可利用建筑避难层、设备层空间，设置适宜刚度的水平伸臂构件，形成带加强层的高层建筑结构。必要时，加强层也可同时设置周边水平环带构件。水平伸臂构件、周边环带构件可采用斜腹杆桁架、实体梁、箱形梁、空腹桁架等形式。结构可根据具体情况，仅设置一种或者同时设置以上两种构件。

带加强层的结构以往多用于非地震区的抗风设计中，近年来，随着研究的深入，很多抗震建筑也采用加强层来提高结构的侧向刚度，只是该类建筑还没有经过强震的考验。

6.1.2 常见的几种加强层结构形式

超高层办公建筑，一般采用集中布置的服务核心与周边布置的使用空间组成，结构布置利用服务核心设置核心筒，周边布置框架，形成框架—核心筒结构。核心筒承受较大的水平剪力，外框架承受一部分较少的水平剪力。特别是超高层建筑高宽比较大，而核心筒的高宽比更大，比如北京 CBD 核心区 Z13 地块项目的核心筒短边的高宽比达到 13.5 以上。如果仅靠混凝土核心筒和外框架组成的抗侧力体系抵抗水平作用，其侧向刚度太小，要满足超高层建筑的侧向刚度要求，满足水平作用下的侧向位移限值和舒适度要求，势必加大竖向构件的截面，形成巨大的外框柱和厚墙核心筒。仅加大截面解决侧向刚度不足，既增加了结构的材料用量，也会减小楼层的使用面积，显然是不经济的。加强层的作用就是通过将外框柱与核心筒连成一体，以整体结构抵抗水平作用。核心筒两侧外框柱之间的距离大大超过核心筒的宽度，通过加强层增加外框柱的拉压力产生的力偶抵抗倾覆力矩，大大提高了整体结构的侧向刚度。在减小结构侧移的同时，竖向构件的尺度没有较大增加。

加强层的构件可以采用斜腹杆桁架、实体梁、箱形梁、空腹桁架等多种形式，考虑到加强层构件会对建筑使用功能产生不利影响，同时，从超高层钢与混凝土组成的混合结构施工方便上考虑，大多数超高层混合结构的加强层构件都是采用带斜腹杆的桁架。

1. 伸臂桁架

伸臂桁架是贯穿建筑全宽的桁架，将核心筒和外框柱连接起来，其本身刚度较大，如同刚性伸臂，增加了外框柱在水平作用下的拉压力，大大提高了结构整体抗侧刚度。图 6.1-2是北京某项目的伸臂桁架设置情况。

2. 环桁架或带状桁架

环桁架是指在建筑外框架之间设置的桁架，将外框柱连接起来，由其自身较大的刚度

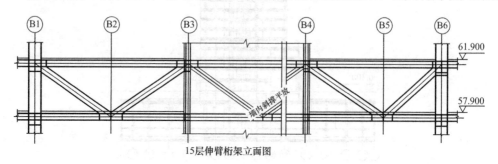

15层伸臂桁架立面图

图 6.1-2　北京某项目伸臂桁架设置情况（一）

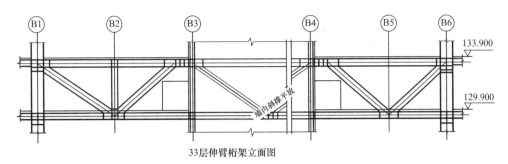

33层伸臂桁架立面图

图 6.1-2　北京某项目伸臂桁架设置情况（二）

协调周边框架柱的受力和变形，减小外框架的剪力滞后效应。外框架之间设置的加强层桁架可以是封闭的环状布置，也有的仅在两侧布置。北京 CBD 核心区 Z13 项目带状桁架，如图 6.1-3 所示。

图 6.1-3　北京 CBD 核心区 Z13 项目带状桁架

3. 帽桁架

帽桁架（图 6.1-4）是指超高层建筑设置在屋顶的加强层。超高层结构设置加强层时，往往会引起整个结构在竖向产生刚度突变。如果只在屋顶加一道伸臂桁架或者环桁架与伸臂桁架组成的加强层，会避免刚度突变问题的出现。

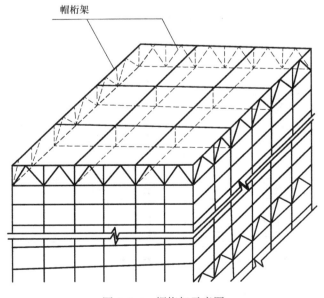

图 6.1-4　帽桁架示意图

147

6.2 带加强层结构的受力机理

6.2.1 协调核心筒和外框架共同受力

伸臂桁架是布置在结构的内部，横跨整个结构，将外框柱与核心筒连接起来的刚性构件。利用外框柱能够承受较大轴力的特点，由于外框架柱距结构平面上中和轴的距离相对较远，有足够大的力臂，采用刚度较大的伸臂桁架将外框与核心筒相连，提高了结构的整体抗侧刚度。带伸臂桁架的外框柱受力示意图见图 6.2-1，水平荷载作用下结构受力状态见图 6.2-2。

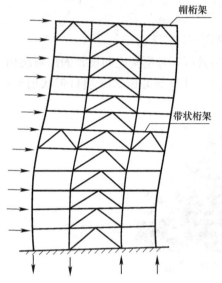

图 6.2-1 带伸臂桁架的外框柱受力示意图

6.2.2 减小剪力滞后效应

环桁架、带状桁架是指沿结构周边布置，将外框架柱连接起来的刚性构件，它们的作用是：加强结构外圈的竖向构件的连接，协调外框柱的竖向变形，从而加强结构的整体性。由于环桁架和带状桁架的刚度很大，以协调周圈竖向构件的变形，减小竖向变形差，使竖向构件受力均匀。在框筒结构中，环向构件起到了深梁的作用，可减少剪力滞后（图6.2-3）。在框架—核心筒结构中，它加强了外圈柱的连接，由于环桁架或带状桁架刚度较大，使得未与伸臂桁架相连的柱也产生大小相近的轴向变形，可以将伸臂桁架作用在少数柱子上产生的轴力分散到其他柱子，使相邻柱所受轴力均匀化。北京 CBD 核心区 Z13 项目就采用了伸臂桁架加腰桁架的加强层结构形式。

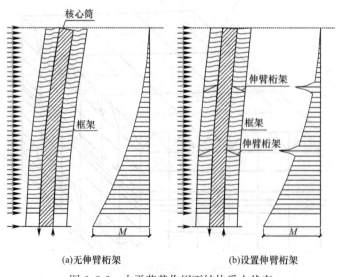

(a)无伸臂桁架　　　　(b)设置伸臂桁架

图 6.2-2 水平荷载作用下结构受力状态

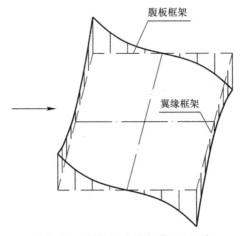

腹板框架

翼缘框架

图 6.2-3 框筒的"剪力滞后"现象

6.3 带加强层结构要注意的问题

设置加强层会造成结构沿竖向方向刚度不均匀，带来内力突变，容易形成薄弱层或软弱层，对结构抗震极为不利。加强层的伸臂桁架强化了内筒与周边框架的关联，改变了结构原有的受力模式，内筒与周边框架的竖向变形差，将在伸臂桁架及其相关构件内产生很大的次应力，能不设置时，尽量不要设置；需要设置时，优化伸臂和环桁架的截面，避免出现过大的刚度突变。加强层的抗风作用明显，但已建成带加强层的建筑结构还未经过强震检验。加强层的主要作用是在风荷载和多遇地震作用下，控制结构水平侧移，性能目标一般定为中震不屈服，不宜比其他构件的性能目标高很多。

6.3.1 加强层布置原则

1. 加强层的伸臂桁架布置应横贯建筑全宽度

伸臂桁架应贯穿建筑全宽，内部与核心筒刚接，外侧与外框柱铰接，伸臂桁架的上下弦杆件在核心筒的墙体内穿过。

2. 利用避难层、设备层设置加强层

伸臂桁架贯穿建筑的全宽，对建筑使用功能有一定的妨碍，因此，一般加强层都是结合超高层建筑的避难层和设备层布置。

结合避难层和设备层设置加强层时，应注意其上下层的层高和建筑净高度。加强层的上下层的伸臂桁架、环桁架或带状桁架的上下弦杆较标注层的楼面梁尺度大，并且加强层楼板较标准层楼板厚，为保证建筑使用高度，加强层及其相邻的上下层层高要留有一定余地。

3. 伸臂桁架宜对称布置

为避免结构产生较大的扭转，加强层伸臂桁架在平面布置上宜对称布置。

4. 沿高度宜均匀布置

加强层沿建筑高度宜均匀布置，一般 20 层左右布置一道加强层。加强层设置在顶层的效果较为明显，对建筑使用影响较小，并且能避免结构竖向刚度的突变。

5. 加强层上下楼板应加强

在水平作用下，加强层上下楼板产生较大的拉应力，由于超高层建筑的楼板一般采用混凝土楼板，混凝土结构在较大的拉应力下会产生裂缝，混凝土楼板的整体性很难保证。在加强混凝土楼板厚度及配筋的同时，加强层上下层楼盖宜设水平支撑，以保证水平力在楼盖中的有效传递。

6.3.2 考虑施工过程对加强层受力影响

带加强层的超高层建筑在设计时就应该考虑施工措施的影响。超高层混合结构一般楼层核心筒到边框架之间的楼面梁两端均采用铰接连接，铰接连接能更好地释放由于内筒与外框之间压缩变形差异产生的附加弯矩。但是，在带加强层的超高层结构中，加强层中的伸臂桁架就相当于从核心筒中伸出的悬臂构件，伸臂桁架的高度至少是一层高，有些超高层建筑结构中的伸臂桁架高度是标准层高度的两倍或更高。伸臂桁架较高的高度能带来较强的刚度，其工作效率更高，但也带来一定的问题。设计上希望伸臂桁架在侧向力作用下发挥作用，不希望在重力荷载作用下起作用。这样就要求施工时先期施工完成的伸臂桁架不能与外框柱连接形成竖向刚度，否则在上部结构施工时，外框架柱传来的重力荷载将压在如同悬挑梁的伸臂桁架上，上部传来的重力荷载将由伸臂桁架承担而不能传至基础。另外，外框架柱与内部的核心筒在竖向荷载作用下的压缩变形有差异，也会对加强层的伸臂桁架产生较大的附加弯矩。对于带加强层的超高层建筑结构应该做到以下几点：

1. 施工模拟分析

超高层结构的施工方法和施工顺序对结构内力分析影响较大，特别是钢构件的施工方法和安装顺序的不同，结构的内力分布会有较大的变化。在结构整体分析计算中必须要考虑对施工状态进行模拟分析，以便指导施工作业。

2. 竖向变形分析

超高层建筑钢与混凝土组成的混合结构，内筒为钢筋混凝土结构，外框架一般采用组合结构，组合结构中的钢构件是在工厂加工，现场吊装安装的。混凝土结构施工中每浇筑一层后，都会调整到设计标高，但是钢构件是在工厂加工的，就要预估竖向弹性压缩量，再加上混凝土的徐变、收缩等，而混凝土的弹性压缩模量、徐变、收缩与水泥材料类型、环境条件、施工进度、养护条件、施工顺序等因素有关，并且随时间不断发生变化，同时超高层建筑结构的结构布置与荷载分布会随高度变化而发生改变。这样就必须在施工前做超高层结构的竖向变形分析，为合理的施工方案提供依据。

3. 施工措施

超高层建筑结构的施工，对于上部结构是由下至上逐层施工完成的。施工到下层的伸臂桁架时，要考虑上部荷载不应直接由加强层承受，这样就必须在加强层伸臂桁架与外框架柱之间，留有延迟连接段，在重力荷载达到一定程度时，再进行加强层的整体连接，保证上部荷载不落在加强层的伸臂桁架上，起码重力荷载要传至基础。具体的施工措施要设计与施工配合做好计算分析，在计算分析的基础上采取相应措施。措施包括延迟连接的方式、延迟连接位置、最终连接时间等。

6.4 加强层设计的一般规定

6.4.1 设计规定

合理设计加强层的数量、刚度和设置位置。当布置 1 个加强层时，可设置在 0.6 倍房屋高度附近；当布置 2 个加强层时，可分别设置在顶层和 0.5 倍房屋高度附近；当布置多个加强层时，宜沿竖向从顶层向下均匀布置。超高层建筑的水平位移角最大值一般出现在房屋高度的中上部，按上述要求设置能更好地控制结构变形。

加强层水平伸臂构件宜贯通核心筒，其平面布置宜位于核心筒的转角、T 字节点处；水平伸臂构件与周边框架的连接宜采用铰接或半刚性连接。

加强层及其相邻层的框架柱、核心筒应加强配筋构造。高层建筑由于设置了加强层，结构刚度突变，伴随着结构内力的突变以及整体结构传力途径的改变，从而使结构在地震作用下，其破坏和侧移容易集中在加强层附近，形成软弱层，因此，规定了加强层及相邻层的竖向构件需要被加强。

加强层上下楼面结构，承担着协调内筒和外框架的作用，楼板平面内存在着很大的应力。在结构内力和位移计算中，楼板按弹性板计算，考虑楼板平面内的变形。同时加强构造措施，如增加板厚、增大楼板配筋率，加强与各构件的连接锚固，设置板下斜撑等。

加强层及其相邻层的框架柱、核心筒剪力墙的抗震等级应提高一级，由一级提高至特一级，但抗震等级已为特一级的不再提高。加强层及其相邻层的框架柱，应全柱段加密配置箍筋，轴压比限值应按其他楼层框架柱的数值减小 0.05。加强层及其相邻层核心筒剪力墙应设置约束边缘构件。

6.4.2 施工中应注意的问题

在施工程序及连接构造上应采取减小结构竖向温度变形及轴向压缩差的措施，结构分析模型应能反应施工措施的影响。

6.5 北京 CBD 核心区 Z13 地块项目加强层的设计

6.5.1 伸臂桁架设置楼层分析

1. 伸臂桁架的不同设置对塔楼的影响

北京 CBD 核心区 Z13 地块项目平面长宽比较大，长边刚度明显大于短边刚度，导致塔楼东西向的刚度及整体扭转刚度较弱，为适当提高塔楼东西向的刚度，提高水平荷载作用下外框柱的轴力，增加框架承担的倾覆力矩，同时减小核心筒的倾覆力矩，于 5.4m 层高的设备层设置伸臂桁架。V 字形和人字形伸臂桁架的抗侧刚度效率较高，但人字形斜撑影响核心筒外周圈走廊通行，无法采用。V 字形斜撑虽不影响走廊通行，但由于有两个斜杆，对机电用房地面设备放置及顶板下管线通过的影响较大，通过比较，Z13 项目的伸臂桁架采用了从核心筒到周边柱对角线单斜撑的方式，能更好地满足机电专业对空间使用的要求，同时可得到更高的走廊净高。通过层间位移角分析，两个设备层均需要设置伸臂桁架，伸臂桁架立面布置如图 6.5-1 所示。

伸臂桁架设置数量不同，对刚度的影响有很大差别，根据结构的平面布置，选择了 4 种伸臂桁架布置方案来进行比较，4 种伸臂桁架布置方案见图 6.5-2～图 6.5-5。

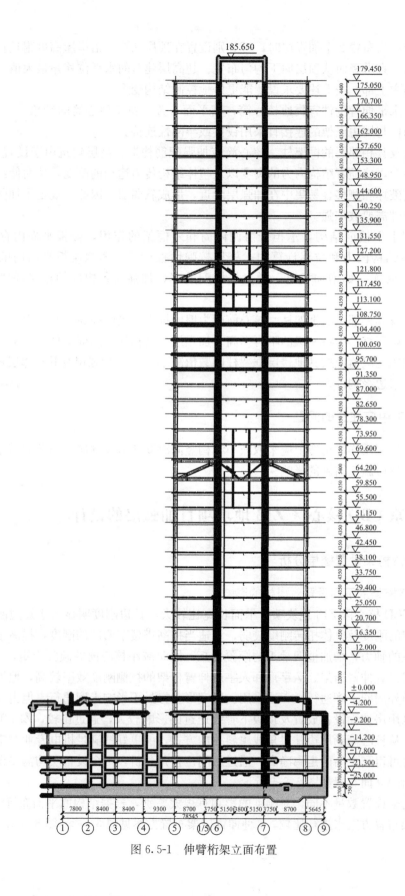

图 6.5-1　伸臂桁架立面布置

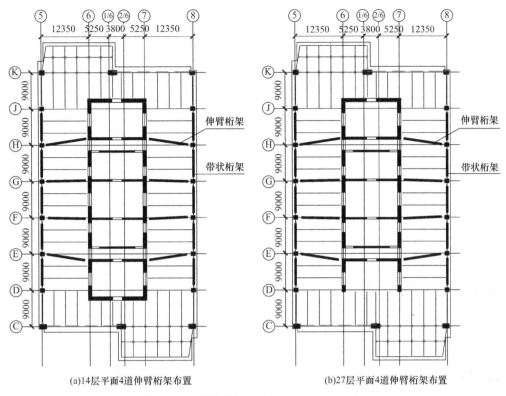

(a)14层平面4道伸臂桁架布置　　　　　　(b)27层平面4道伸臂桁架布置

图 6.5-2　伸臂桁架布置方案 1（4＋4 组合）

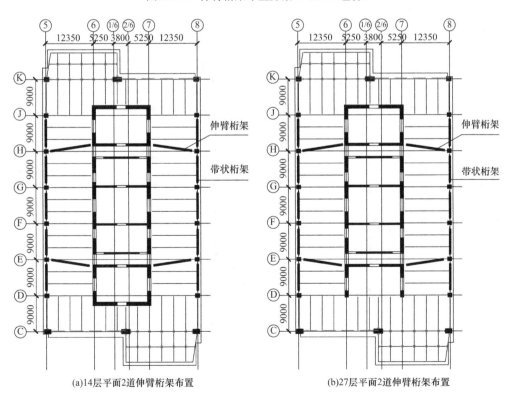

(a)14层平面2道伸臂桁架布置　　　　　　(b)27层平面2道伸臂桁架布置

图 6.5-3　伸臂桁架布置方案 2（2＋2 组合）

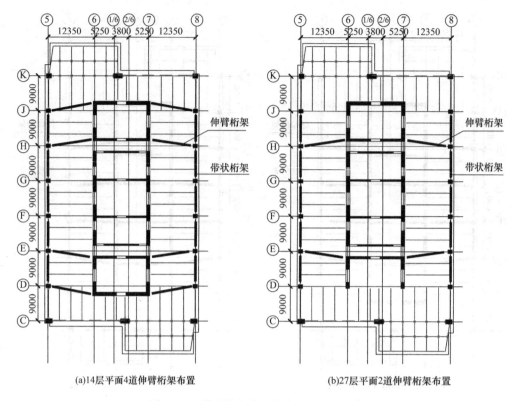

(a)14层平面4道伸臂桁架布置　　　　　　(b)27层平面2道伸臂桁架布置

图 6.5-4　伸臂桁架布置方案 3（4＋2 组合）

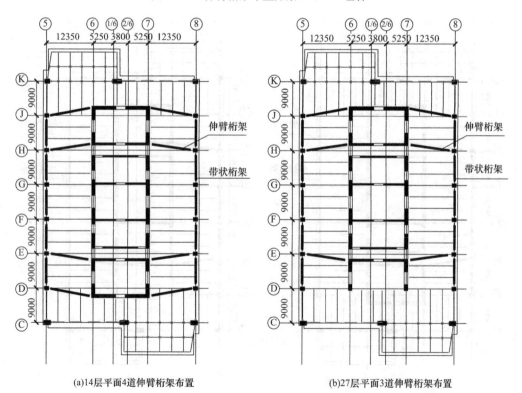

(a)14层平面4道伸臂桁架布置　　　　　　(b)27层平面3道伸臂桁架布置

图 6.5-5　伸臂桁架布置方案 4（4＋3 组合）

方案 1 位于中部的伸臂桁架几乎和剪力墙在同一直线上，对比其他位置的桁架便于施工。方案 2、方案 3、方案 4 则把伸臂桁架集中在外围，以便于增加结构的抗扭刚度。表 6.5-1 是 4 种伸臂桁架布置方案计算结果。

4 种伸臂桁架布置方案计算结果 表 6.5-1

方案	伸臂桁架个数	周期比	X 方向层间位移角	Y 方向层间位移角
1	4+4	0.85	1/765	1/1114
2	2+2	0.81	1/732	1/1113
3	4+2	0.80	1/739	1/1109
4	4+3	0.81	1/721	1/1108

可以看到，4 种方案对结构的位移角控制都是有效的，均小于规范限值 1/677。本塔楼突出的问题是出现了墙肢拉应力，还必须结合优化墙肢拉应力的各种措施来确定伸臂桁架的最终布置方式。

2. 墙肢拉应力的控制

这种窄长的平面形式在中震不屈服荷载组合下，由于墙肢承受的竖向荷载作用下的压力，无法平衡往复的水平荷载引起的倾覆力矩产生的拉力，很容易造成结构下部核心筒部分墙肢拉应力极高，从而降低墙肢的抗剪承载力。图 6.5-6 为低层核心筒墙肢索引图，L3、L4 存在于 1~14 层，L1、L2 存在于 1~27 层。计算结果表明 1~10 层存在墙肢拉应力，L1、L2、L3、L4 墙肢拉应力最大，甚至达到 $3.5f_{tk}$ 以上，远远大于墙肢拉应力小于 $2.0f_{tk}$ 的要求。主要原因是这几个墙肢位于核心筒的两端，并且这几个墙肢在中高层不存在，他们在重力荷载作用下的墙肢压应力比中间部位墙肢压应力小，并采取不同措施对墙肢拉应力的影响。

不同伸臂桁架的布置，也作为优化墙肢拉应力的措施之一，采用此措施，4 种伸臂桁架布置方案墙肢拉应力比见表 6.5-2。

控制墙肢拉应力的核心本质是内外受力协调，一是要增强外框架，二是要减弱核心筒墙体，三是两者相结合。控制墙肢拉应力措施见表 6.5-3。

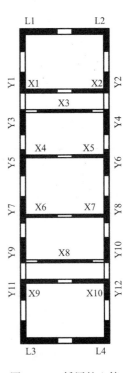

图 6.5-6 低层核心筒墙肢索引图

4 种伸臂桁架布置方案墙肢拉应力比 表 6.5-2

方案	外伸桁架个数	L1	L2	L3	L4
1	4+4	3.382	3.556	3.373	3.305
2	2+2	3.530	3.704	3.497	3.436
3	4+2	3.313	3.502	3.300	3.213
4	4+3	3.186	3.390	3.317	3.233

控制墙肢拉应力措施   表 6.5-3

增强外框架	措施 1	下部 5 层东西向楼面梁刚接，梁高由 500mm 增加到 850mm
	措施 2	南北面跃层支撑截面高度从 350mm 增大到 600mm
	措施 3	增加所有楼层外框柱尺寸，两侧均增大 200mm
减弱核心筒墙体	措施 4	所有层连梁高度由 1000mm 减小到 600mm
	措施 5	在 1~13 层端部墙肢，取消中部的一个洞口，改为靠近端部的两个洞口，连梁高度为 300mm
增大墙面积	措施 6	下部 5 层墙肢厚度从 1000mm 逐步增加到 1300mm

采用单项措施计算比较，其中措施 5、措施 6 对减小墙肢拉应力最有效，措施 2 对墙肢拉应力的改善有限，需斟酌是否采用，其余措施对墙肢拉应力的改善收效甚微，甚至增大，不考虑采用。

以方案 3 和方案 4 的伸臂桁架布置方式，综合措施 2、措施 5、措施 6，来计算墙肢拉应力，结果见表 6.5-4。

方案 3、方案 4 拉应力比值   表 6.5-4

方案	措施	L1	L2	L3	L4	周期比	X 向层间位移角	Y 向层间位移角
3	2+5+6	1.633	1.767	1.500	1.465	0.805	1/740	1/933
4	2+5+6	1.581	1.737	1.350	1.345	0.823	1/689	1/769

通过计算分析，最终确定 4+2 的伸臂桁架布置方式，带状桁架由 5 跨增加为 7 跨，如图 6.5-7 所示。综合措施 2、措施 5、措施 6 将墙肢拉应力比控制在 2.0 以下，其他各项指标均在规范允许范围内。

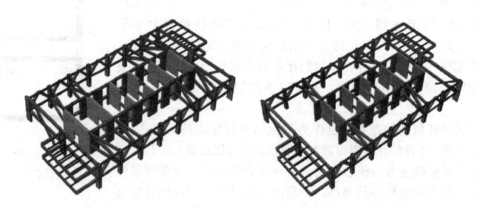

图 6.5-7 4+2 的伸臂桁架布置方式（14 层和 27 层伸臂桁架三维图）

6.5.2 伸臂桁架受力分析与截面选择

伸臂桁架的受力分析采用国内流行的计算程序 PKPM-SATWE、ETABS、PERFPRM-3D 进行。分析过程中不考虑楼板的影响，即在计算时采用 0 楼板假设，主要分析加强层伸臂桁架和带状桁架上下弦杆的拉压力。

加强层伸臂桁架和带状桁架的性能目标达到中震不屈服。

6.6 北京 CBD 核心区 Z13 地块项目带状桁架的设计

北京 CBD 核心区 Z13 地块项目由于南北存在大悬挑,设置封闭环桁架影响建筑功能,故于东西两侧设置带状桁架。

6.6.1 带状桁架设置跨数分析

Z13 项目的 14 层和 27 层设置伸臂桁架,关于带状桁架的设置方案,综合考虑建筑等各专业的影响,低层桁架为 5 跨或 7 跨,高层桁架设置 3、5、7 跨,考虑 3 种组合,5+3 跨、5+5 跨、7+7 跨,见图 6.6-1~图 6.6-3。

根据对 3 种方案的带状桁架布置对比分析可以得出如下结论:

1) 3 种方案的结构整体指标都较为接近,在结构周期、楼层位移角、楼层荷载对比中可发现,方案 3 对结构的刚度加强稍明显。

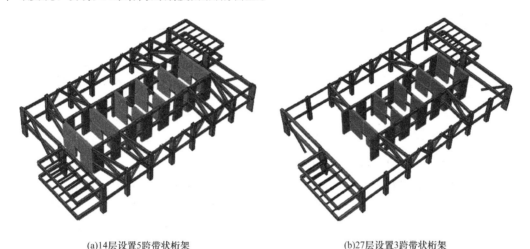

(a)14层设置5跨带状桁架　　　　　　(b)27层设置3跨带状桁架

图 6.6-1　带状桁架设置方案 1（5+3 跨）

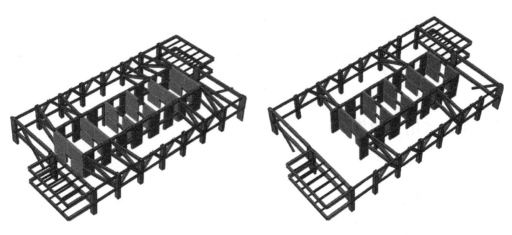

(a)14层设置5跨带状桁架　　　　　　(b)27层设置5跨带状桁架

图 6.6-2　带状桁架设置方案 2（5+5 跨）

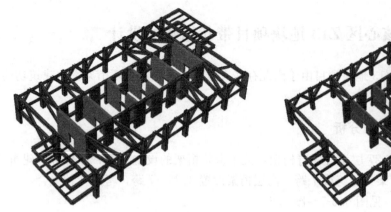

| (a)14层设置7跨带状桁架 | (b)27层设置7跨带状桁架 |

图 6.6-3　带状桁架设置方案 3（7＋7 跨）

2）3 种方案的周期比对比见表 6.6-1。

表 6.6-1

3 种方案的周期比对比

方案	方案 1（5＋3 跨）	方案 2（5＋5 跨）	方案 3（7＋7 跨）
周期比	0.825	0.824	0.805

表 6.6-1 可以看出，方案 3 对改善结构扭转效应，减小周期比，效果非常明显。最终采用方案 3 布置带状桁架。

6.6.2　带状桁架受力分析与截面选择

与伸臂相连的框架柱所提供的轴向抗压（拉）刚度和承载力较小，无法平衡核心筒的弯曲变形，并且与伸臂桁架连接的钢柱和没有连接的钢柱轴压（拉）力的差值较大，从而产生竖向变形差。为了减小框架柱之间沉降差异，设置周边带状桁架，形成一个均匀的外框架，与伸臂桁架相连和不相连的外框柱均参与结构的整体抗弯，增大了伸臂桁架的功效。同时，充分协调外框架柱的附加轴力和变形，做到受力均匀，变形一致，并简化框架柱的截面设计和连接构造。带状桁架立面图见图 6.6-4。

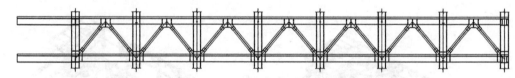

图 6.6-4　带状桁架立面图

6.7　加强层桁架的施工

6.7.1　概述

加强层桁架是由许多单个构件组成的实腹式梁的静定结构，也可以是由单个桁架组成的格构式桁架。桁架的截面和样式复杂多变，组成桁架的单个构件截面则简单多样。桁架具有自重轻、承重能力强、抗弯能力大、挠度小的特点，比实腹钢梁更适用于大跨或转换结构中。目前超高层建筑普遍采用设置桁架作为水平荷载传递或竖向荷载转换的途径。桁架层一般设置在避难层或者设备层区域，主要有带状桁架（腰桁架）、转换桁架、伸臂桁架。带状桁架或腰桁架加强外框结构整体性，更好地将伸臂桁架的力均匀传递到外框柱上。

转换桁架主要作用是将上部多点集中荷载或均布荷载传递给下部竖向柱子。

伸臂桁架贯穿核心筒与外框，将外框与核心筒有机地连接在一起，有效地减小结构在风载或地震作用下的侧向位移。

6.7.2 带状桁架的深化设计

桁架施工前，要对桁架进行深化设计与施工状态下荷载分析。一般情况下，通过结构力学计算给出桁架的线条图及连接节点的形式，并没有详细的桁架结构构造图纸及具体的节点连接。如何让桁架在满足结构受力要求的前提下，能够在实际工程中得以顺利实施，是钢结构深化设计必须考虑的问题。深化设计过程中，必须结合现场施工方案、制作、运输要求及结构受力等，对桁架分段、节点设计及施工措施进行综合考虑，达到深化设计经济合理、施工安全、最终对结构安全及建筑效果影响最小的目的。以 H 型钢组成的钢桁架为例，主要的深化设计方向为桁架自身结构形式和钢桁架的腹杆截面深化。主要深化方法如下：

1. H 型钢截面深化

H 型钢组成的钢桁架的斜腹杆和直腹杆与上下弦杆相交的节点处，一般都是在工厂直接焊接，但是往往会出现斜腹杆的翼缘比竖腹杆或者上下弦翼缘宽，导致腹杆翼缘不能完全与之相连接，腹杆的轴力不能完全作用到节点处。为了使结构受力更明确合理，通常情况下采用等强代换原则将腹杆的翼缘宽度减小，厚度增加，或者将弦杆翼缘加宽。具体采用何种代换方式，需要根据桁架自身的结构情况及两端相连接柱子的情况而定。H 型钢截面原设计图节点图见图 6.7-1，H 型钢截面深化后的节点图见图 6.7-2。

图 6.7-1 H 型钢截面原设计图节点图

图 6.7-2 H 型钢截面深化后的节点图

2. 钢桁架内部节点板厚深化

钢桁架节点处，当斜腹杆比直腹杆的板厚大很多时，会出现厚板焊薄板的不合理情况。为了使桁架的节点受力更合理，满足基本的焊接要求。深化设计时，一般将直腹杆节点侧端部预留一段牛腿，牛腿的截面同斜腹杆的截面，长度至少满足斜腹杆对接需要，直腹杆与牛腿采用变截面过渡对接连接形式。钢桁架内部节点，板厚原设计节点图见图 6.7-3，钢桁架内部节点板厚深化节点图见图 6.7-4。

图 6.7-3　板厚原设计节点图　　　　　图 6.7-4　钢桁架内部节点板厚深化节点图

3. 钢桁架分段深化

从结构受力分析考虑桁架的分段点，必须满足两点基本要求：

1）分段点不宜设置在跨中和剪力最大处。

2）上下弦分段点，不宜设置在同一直线上。

4. 利用结构设计荷载信息深化

深化设计中，若发现原结构设计桁架的截面或者杆件的布置形式不合理，可以通过合理的深化计算重新设置桁架截面及杆件的布置，最终达到的效果是：

1）桁架弦杆及腹杆受力均匀，所有杆件基本都能充分利用，达到最省料状态。

2）桁架的杆件布置形式更合理，传力明确，同时也能满足加工制作等工艺要求。利用软件进行桁架结构深化计算的大致步骤如下：按照原结构图提供的桁架相关信息搭建模型，利用有限元进行各工况下的桁架结构力学分析、荷载组合、强度及稳定验算，查看桁架所有构件的受力状态、整体受力状态及挠度问题，初步确定桁架的深化方向。根据实际荷载效应，各种约束条件，采用满应力截面深化方法重新深化选择桁架结构各杆件截面尺寸。

3）验算桁架各杆件及各节点的变形是否满足有关规范的要求，如不满足有关规范的要求，则按一定的比例参数参照截面满应力深化方法深化调整截面尺寸，再重复前面步骤循环深化，直到桁架结构所有构件的各点变形满足规定要求。无论如何深化，深化后的图纸必须得到原设计的认可后方可用于实施。

对于大跨度桁架来说，不同的安装方法对桁架自身的变形和次生应力产生的影响也是不同的。深化设计过程中，利用有限元分析软件分析桁架在几种不同安装方法和工况下，桁架自身变形和次应力大小变化情况。通过计算机辅助计算，选择桁架变形和次应力较小的施工工况。如果结合现场实际情况及最终优选的安装方案，桁架自身变形和产生次应力不是最理想的状态，可通过工厂预起拱及改变桁架部分截面面积等方法进行深化。大的原则是在不增加加工制作难度和用钢量，以及满足结构受力的前提下，尽可能地对桁架深化，满足现场无额外施工措施的安装方法。

5. 延迟节点的深化设计

延迟节点又称为后焊接节点，其作用为了规避连接桁架的两个端部作用点沉降不均引起的次生应力，确保桁架杆件强度预留的安全系数满足设计要求。带状桁架和腰桁架设置在外框柱之间，其桁架两端相对沉降位移小，一般不需要设计延迟节点。核心筒结构与外框结构的材料特性和自身荷载差异较大，沉降步调不一致，所以伸臂桁架的一端或两端需要设置延迟节点。延迟节点的深化要既能承受桁架构件自身重量，又能保证节点两边能够在桁架平面内 X、Y 方向自由活动，释放内外筒沉降差异。内外筒沉降主要由结构自身沉降、材料压缩等原因造成，结构设计通过计算，确定内外筒沉降差值稳定或为零的状态为延迟节点的封闭时间。通常情况下，设计要求结构封顶后方可对延迟节点进行封闭处理。超高层建筑施工周期长，在结构施工未完成时，其他专业施工即将插入，要求延迟节点需要提前封闭。为了配合项目能够顺利施工，这种情况下结构设计师通常有两种方法判断延迟节点是否可以提前封闭：观测沉降数据分析法和杆件位移监测法。观测沉降数据分析法是比较常用的一种实际推理方法，根据项目初始在建筑底部选定位置埋设的沉降观测点，按照一定周期有规律地进行沉降数据的收集与整理，绘制沉降值与加载的线性关系图，最终形成沉降观测报告。设计师通过对沉降观测报告的分析，判断结构沉降是否稳定，判断内外筒沉降步调是否一致，结合结构设计参数的要求，确定延迟节点是否可以提前封闭。观测沉降数据分析法适用范围较广，分析对象相对广泛，不能延伸到具体某个构件，灵敏度较低。对于 300m 以上的超高层，一般设置 3 道以上的桁架层，靠近结构底部的桁架不应与上部同步封闭，在上部结构继续施工时，通过观测沉降数据分析法无法精准判断底部结构提前封闭条件，此时可采用杆件位移监测法。杆件位移监测法是为了评估该延迟节点提前焊接对结构安全性影响，在一段时间内，对伸臂桁架断口处微小位移进行监测，绘制位移变化曲线，分析延迟节点断口处位移随结构施工进度（上部荷载变化）的变化规律的方法。根据应变计算公式和应力应变换算公式。

由于本工程幕墙工程随主体结构穿插进行施工，延迟节点在未焊接前，幕墙结构已经施工完成。在主体结构施工完成后，箱形巨撑延迟节点的外侧没有施焊空间，无法完成焊接。为了评估该延迟节点在幕墙结构施工前焊接对结构安全性的影响，项目采用了杆件位移检测法，对巨撑进行监测。本着技术先进、性能可靠、在施工条件下仪器能够长期保持稳定工作的前提下，延迟节点监测设备选用 BGK-4420 型位移计，其内部结构图和实物图分别如图 6.7-5 和图 6.7-6 所示，主要技术参数如表 6.7-1 所示。

6. 监测点布置

根据塔楼的结构形式，选择东南和西北对称两个面的箱形跃层斜撑作为研究的对象，在箱形斜撑延迟节点的每个面的中心位置设置一个振弦式位移计。

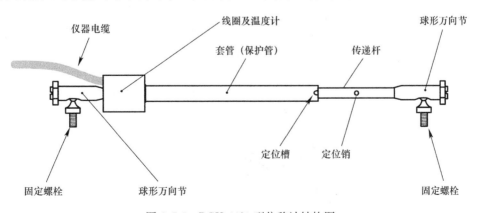

图 6.7-5　BGK-4420 型位移计结构图

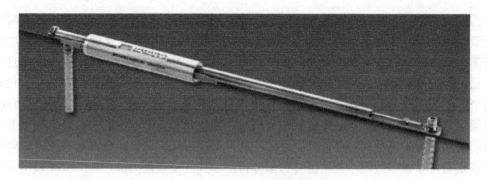

图 6.7-6　BGK-4420 型位移计实物图

BGK-4420 型位移计主要技术参数　　　　　　　　表 6.7-1

主要技术指标	
标距/量程	250/12.5(mm)
精度	±1.0%FS
非线性度	直线≤0.5%FS；多项式≤0.1%FS
灵敏度	0.025%FS
温度范围	−20～+80℃
耐水压	按客户要求定制耐 0.5～2MPa 或其他水压
外形尺寸	250mm×φ26mm
安装方式	表面安装

斜撑的立面示意图及延迟节点大样图如图 6.7-7 和图 6.7-8 所示。

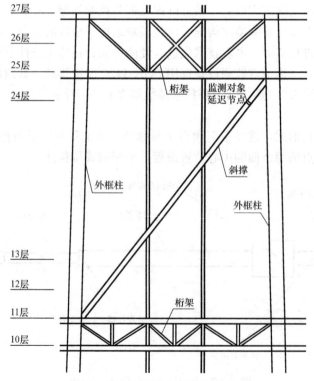

图 6.7-7　斜撑的立面示意图

162

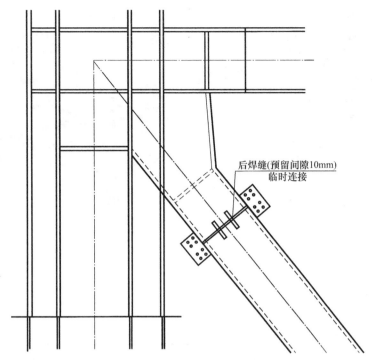

图 6.7-8　延迟节点大样图

各监测点具体位移计布置及编号如图 6.7-9～图 6.7-14 所示。

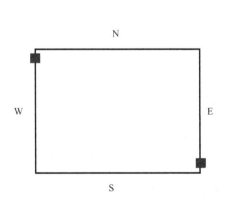

图 6.7-9　斜撑延迟节点位置示意图

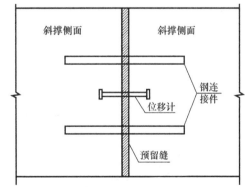

图 6.7-10　斜撑延迟节点位移计布置详图

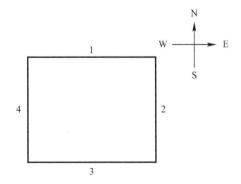

图 6.7-11　东南斜撑位移计布置与编号

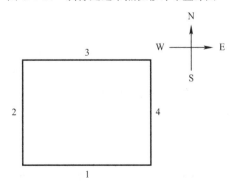

图 6.7-12　西北斜撑位移计布置与编号

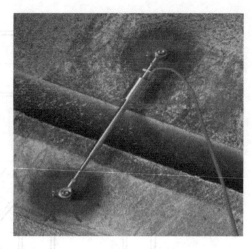

图 6.7-13   位移计初始数据归零   图 6.7-14   安装好的位移计及数据线

监测的数据采集系统采用振弦式传感器读数仪，振弦式传感器读数仪示意图如图 6.7-15 及图 6.7-16 所示。

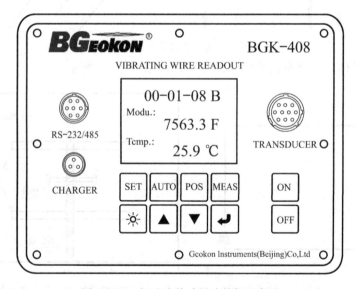

图 6.7-15   振弦式传感器读数仪示意图

7. 温度影响分析

考虑箱形斜撑的伸缩可能受到温度的影响，利用振弦式位移计能够直接读出温度的特点，对上述选定的监测对象进行连续两次全天监测，两次时间间隔为 1 个月，目的是通过动态收集的监测数据来进行分析温度对巨撑延迟节点处的位移影响情况。第一次监测数据见表 6.7-2。

根据表 6.7-2 所收集数据，绘制位移—温度动态变化图，见图 6.7-17 和图 6.7-18。

从表 6.7-2 和图 6.7-17 可知，气温增加 3℃，预留缝闭合量约为 0.04mm；从图 6.7-18 可知，气温增加 4.5℃，预留缝闭合量约为 0.04mm，位移变化与温度变化不完全一致，其中有升温膨胀滞后的因素。西北斜撑和东南斜撑延迟节点随时间的动态变化略有不同。

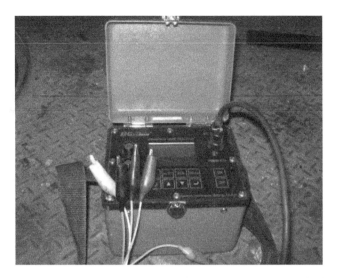

图 6.7-16 振弦式传感器读数仪实物图

第一次监测数据

表 6.7-2

监测时间	测点位置	东南斜撑					西北斜撑				
		1号	2号	3号	4号	平均	1号	2号	3号	4号	平均
初始值	温度(℃)	28.4	29.2	27.3	26.9	28.0	26.4	27.4	25.9	25.9	26.4
	位移(mm)	0	0	0	0	0	0	0	0	0	0
9:00	温度(℃)	29.1	29.6	28.5	28.5	28.9	28.2	28.3	28.1	28	28.2
	位移(mm)	−0.749	−0.574	−0.656	−0.667	−0.662	−0.522	−0.829	−0.620	−0.659	−0.657
10:00	温度(℃)	30.5	30.9	29.6	29.4	30.1	29	29.6	29.2	28.8	29.2
	位移(mm)	−0.753	−0.579	−0.660	−0.670	−0.666	−0.525	−0.833	−0.622	−0.662	−0.661
11:00	温度(℃)	31.6	31.8	30.5	30.1	31.0	29.8	30.6	29.7	29.5	29.9
	位移(mm)	−0.758	−0.599	−0.664	−0.673	−0.673	−0.529	−0.838	−0.622	−0.664	−0.663
12:00	温度(℃)	32.4	32.4	31	30.8	31.7	30.4	31.4	30.4	29.8	30.5
	位移(mm)	−0.761	−0.617	−0.667	−0.676	−0.680	−0.531	−0.840	−0.624	−0.665	−0.665

间隔1h收集记录

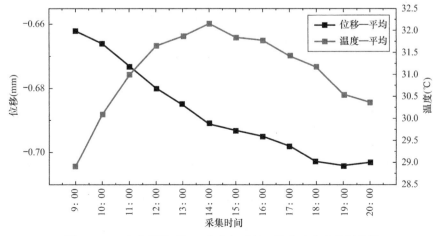

图 6.7-17 东南斜撑时间—位移与时间—温度动态变化折线图

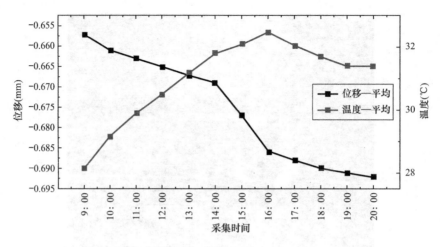

图 6.7-18　西北斜撑时间—位移与时间—温度动态变化折线图

据第二次收集监测数据绘制的东南斜撑延迟节点全天测量位移及温度的动态变化折线如图 6.7-19 所示。

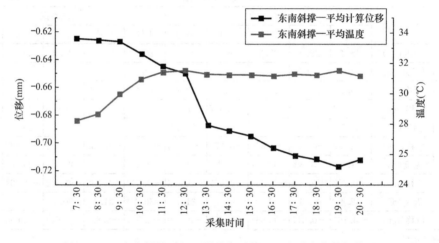

图 6.7-19　东南斜撑时间—位移与时间—温度动态变化折线图

从图 6.7-19 可知，气温增加 4.6℃，预留缝闭合值在 0.08mm，位移变化与温度变化不完全一致，其中有升温膨胀滞后的因素。

两次监测温差较大，从监测的结果来看，可以判定气温与辐射对监测结果有影响，但是影响的量值不大。

8. 荷载影响分析

通过对施工荷载的增加与斜撑位移变化的对应记录，绘制斜撑平均位移动态变化折线图见图 6.7-20 及图 6.7-21。

斜撑预留缝在监测过程中，预留缝总体呈闭合趋势。东南斜撑和西北斜撑预留缝的闭合位移分别为 0.705mm 和 0.658mm，均不到 1mm。

至监测结束，外筒结构荷载累计增加 17454t，东南斜撑和西北斜撑监测期间曾经出现最大张开或闭合位移绝对值分别为 0.723mm 和 0.757mm，焊接前释放应变为 14.4 微应变和 15.1 微应变，换算成释放应力为 3.02MPa 和 3.18MPa。

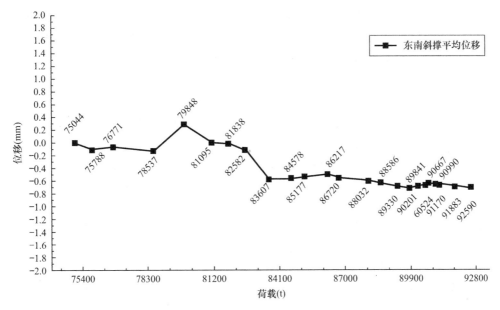

图 6.7-20　东南斜撑位移变化折线图

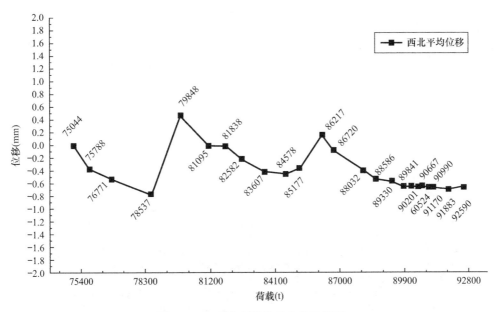

图 6.7-21　西北斜撑位移变化折线图

从斜撑监测结束日至结构封顶剩余外筒结构总重 88061t，是监测期间增加荷载的 5.05 倍，按照线性累积规律考虑，主体结构封顶时东南斜撑位移变化为 3.56mm，西北斜撑位移变化为 3.82mm。延迟节点焊接后，斜撑中产生的附加应力为 15.25MPa 和 16.06MPa 附加应力。本工程中斜撑使用的钢板为 80mm 的 Q390GJ，其屈服强度为 330MPa，提前焊接造成斜撑的最大额外应力仅为其设计强度的 5%左右，远小于巨撑设计的安全度 20%（约为 60MPa），满足结构设计要求。

根据对延迟节点监测收集到的动态数据结果及分析，了解巨撑延迟节点处的位移随现场实际施工变化情况，通过科学推算得到斜撑的应力变化的情况及规律，合理评价巨撑的结构安全性及提前焊接的合理性、可行性，优化施工组织设计，满足现场各工序的有效衔接，同时根据监测的结果与分析判断对延迟节点的处理方式，有科学依据地指导现场施工，确保结构施工的安全与质量和项目的实际经济效益。

6.7.3　带状桁架的制作

带状桁架是受弯构件，由多个杆件组成的空腹梁，其制作过程与常规的梁柱并无不同之处。桁架与其他构件不同之处在于出厂之前进行预拼装，以检验其大跨大截面的尺寸是否在规范允许范围内，是否符合现场实际情况要求。目前主要预拼装形式有：模拟预拼装、实体预拼装、3D扫描复核。其中模拟预拼装与3D扫描复核均为实体转数字化复核，预拼装需要的场地小，动用的施工机械要求低。实体预拼装要求在无外力作用下，按照现场实际情况进行整榀桁架的模拟安装，可以为平面拼装，也可以是立面拼装，时间相对较长，能真实反映桁架单元体的制作精度。

3D扫描复核是精度较高、速度较快的一种三维数字复核，能精确地反映构件的某个部位偏差及整体与现场实际的偏差。三维扫描是集光、机、电和计算机技术于一体的高新技术，主要用于对物体空间外形、结构、色彩扫描，以获得物体表面的空间坐标。它的重要意义在于能够将实物的立体信息转换为计算机能直接处理的数字信号，为实物数字化提供了相当方便快捷的手段。如某个项目借助三维扫描的点云模型，对桁架进行虚拟拼接，并完成各个钢柱牛腿之间距离的测定。扫描工作完成后，对扫描仪的点云数据进行分割整理，完成扫描各杆件的模型虚拟拼接及牛腿间距离的测量。现场三维扫描见图6.7-22。

图 6.7-22　现场三维扫描

本次三维扫描为验证工厂加工精度及现场巨柱安装精度，主要测量处各构件的长度、宽度、高度数据，以及同一构件中杆件的间距。测量对象为桁架层（桁架上下弦均分为两端，靠近西侧的上下弦分别是西侧上弦杆和西侧下弦杆；靠近东侧的上下弦分别是东侧上弦杆和东侧下弦杆）。测量及理论长度数据如表6.7-3所示。

杆件名称	工厂加工实际值（点云测量）		工厂上弦总长（mm）	现场实测牛腿间距（mm）	3D模型中理论值			
	D1（mm）	D2（mm）			L1（mm）	L2（mm）	上弦总长（mm）	牛腿间距（mm）
上弦	12511	14102	26613	26609	12306	14308	26614	26620
下弦	14103	12514	26617	26637	14306	12308	26614	26620
腹杆	9647	9646			9646	9646		

本项目中上下弦杆均由东西两部分组成，在构件加工场，三维扫描仪测出的上下弦长度与模型理论值相差 200mm，这是加工制作图纸与 TEKLA 模型在分段点处取位不一致，并非加工制作问题。工厂制作总长度与 TEKLA 模型理论总长度相比，上弦仅相差 1mm，下弦仅相差 3mm。

模型对比生成的误差柱形图更直观地表明了两个模型之间的差异，从图 6.7-23 我们可以看出：偏差在 ±0.05mm 的占到了整个构件的 95% 以上，表明钢结构加工厂的加工精度已经非常高。

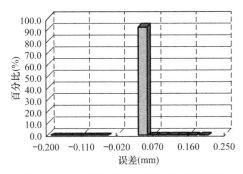

图 6.7-23　模型对比生成的误差柱形图

同时，从对比的立面图（图 6.7-24）可以看出，加工的偏差主要集中在加劲肋上，两排工字钢基本没有偏差，均处在 ±0.05mm 之内。

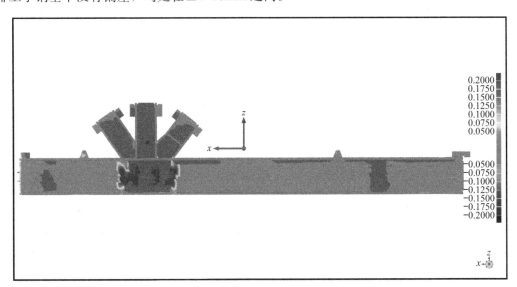

图 6.7-24　西侧下弦杆点云模型与 TEKLA 模型对比生成的误差图（立面图）

通过扫描结果看，此次桁架的加工精度相当高，与 TEKLA 模型进行对比后偏差极小，而且这一偏差多集中在加劲肋，对于现场的安装不存在重大影响。

6.7.4 北京 CDB 核心区 Z13 项目工程实践

本项目地上 39 层，地下 5 层，檐口高度为 179.98m，建筑高度为 189.45m，总建筑面积为 162369.4m²，主要建筑功能为办公及配套设施。主塔楼结构形式为混凝土核心筒—钢梁钢管混凝土柱外框—单向伸臂和腰桁架—端部支撑框架组成的混合结构体系。设有两道伸臂桁架加强层，南北各设一榀带跃层支撑的框架；外围框架柱为矩形钢管混凝土柱，核心筒墙为设有钢骨的钢筋混凝土墙。项目共设置 6 道伸臂桁架，2 道，地上 14 层桁架平面布置图见图 6.7-25，地上 27 层桁架平面布置图见图 6.7-26，桁架三维效果图见图 6.7-27。

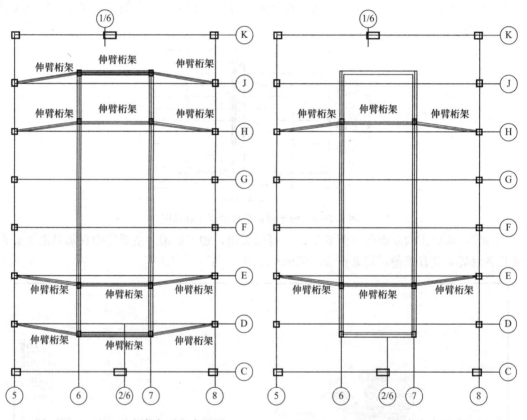

图 6.7-25　地上 14 层桁架平面布置图　　　图 6.7-26　地上 27 层桁架平面布置图

1. 伸臂桁架深化要点

1）伸臂桁架弦杆外框柱柱壁厚为 30mm，与 95mm 厚的弦杆连接质量无法保证，故将伸臂桁架层外框柱的柱壁厚加厚到 95mm，桁架层外框柱 95mm 厚钢板与相邻楼层外框柱 30mm 厚钢板对接，两种不同厚度钢板之间增加 60mm 过渡钢板，竖向构件刚度沿高度方向均匀过渡，减小内力突变，避免薄弱层效应。薄厚板过渡对接见图 6.7-28。深化后连续柱壁厚见图 6.7-29。

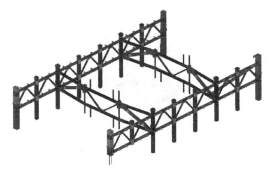

图 6.7-27　桁架三维效果图

图 6.7-28　薄厚板过渡对接

2）斜腹杆与伸臂桁架下弦杆相交于外框柱，在外框柱上设置异形牛腿，分别与斜腹杆和下弦杆相连，避免下弦杆与箱形斜腹杆分别与箱形柱焊接的情况。伸臂桁架异形牛腿见图 6.7-30。

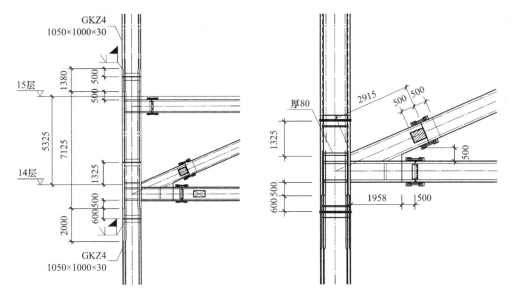

图 6.7-29　深化后连续柱壁厚　　　　　　　图 6.7-30　伸臂桁架异形牛腿

3）伸臂箱形斜撑与钢框柱牛腿现场焊接避免仰焊做法：在牛腿一侧开过手孔，待斜腹杆与牛腿焊接完毕之后，封堵过手孔（图 6.7-31）。

4）由于爬模距离核心筒墙体最大距离为 30cm，故外伸臂与核心筒柱采取无牛腿设计，保证爬模能够顺利通过，避免现场拆改爬模。取消外伸臂牛腿见图 6.7-32。

2. 伸臂桁架的加工制作控制

为检验制作的精度，验证制作工艺和验收方案，以便及时调整、消除误差，并确保构件现场顺利安装，减少现场特别是高处安装过程中对构件的安装调整时间，有力保障工程的顺利实施，对制作完成桁架部分的结构件进行工厂预拼装。

前提：无外力的自然状态下拼装。

分类：实体预拼装和模拟预拼装。

实体预拼装——在加工厂对复杂或超复杂构件的现场实景再现。

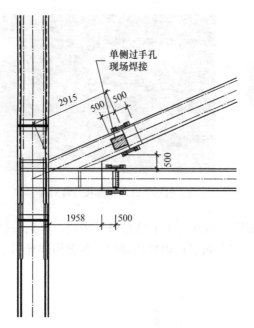

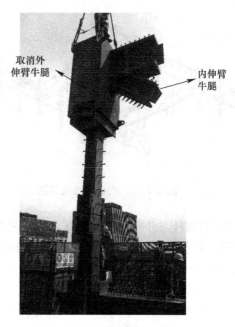

图 6.7-31　异形牛腿过手孔　　　　　　　　图 6.7-32　取消外伸臂牛腿

模拟预拼装——工厂对复杂或较复杂构件的组合元件进行实体测量,利用测量得到的数据进行理论拼装,与理论模型校核制作偏差。

目的:在出厂前,将已制作完成的各构件依据图纸进行实际或理论复核,对设计、加工的精度进行规模性验证,检验构件加工的精度是否能满足相关规范要求,以及能否保证现场拼装、安装的质量要求,力求保证现场吊装一次就位,避免由于构件的整改,而影响工程的外观及实体质量。

1)伸臂桁架模拟预拼装

伸臂桁架组成:外伸臂桁架+筒内伸臂桁架

外伸臂桁架模拟预拼装:

本项目在地上 14、15 层设置四道伸臂桁架,在地上 27、28 层设置两道伸臂桁架,每道伸臂桁架由两榀外伸臂小桁架和一榀钢骨桁架组成。由外伸臂桁架组合示意图 6.7-33 可知:每一榀小桁架包含 5 个单元构件。其中①、②单元为桁架竖向组合单元——箱形钢柱,③、④单元为桁架水平组合单元——上下弦杆,⑤单元为桁架施工过程中的调节单元——斜腹杆。需要注意的是:外伸臂与①、②竖向组合单元有一定的角度,需要严格把控外伸臂桁架的角度——竖向组合单元的牛腿角度是绝对的控制要素(牛腿端口与钢柱两边线的三向位移确定角度——校核方法)。

外伸臂桁架模拟预拼装见图 6.7-34。

由图 6.7-35 筒内钢骨桁架组合示意图可知:每一榀小桁架包含 6 个单元构件。其中①、②为桁架竖向组合单元——箱形钢柱,③、④为桁架水平组合单元——上下弦杆,⑤、⑥为桁架施工过程中的调节单元——斜腹杆。筒内钢骨桁架独特的设置位置、头重脚轻的大头柱、密集的栓钉设置、120mm 超厚钢板焊接、密集的钢筋通道,及连接要求其加工制作精度大大提高,必须百分百确保桁架的加工准确度。

筒内钢骨桁架组合示意图见图 6.7-36。

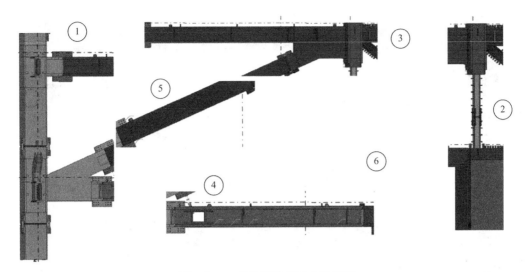

图 6.7-33　外伸臂桁架组合示意图

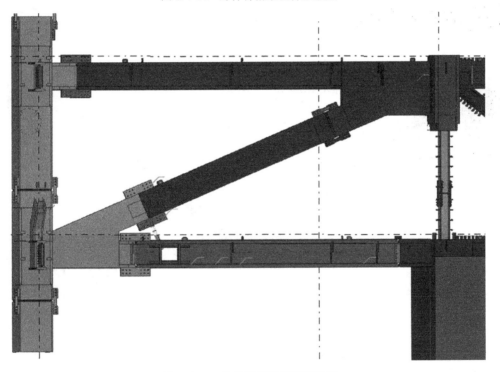

图 6.7-34　外伸臂桁架模拟预拼装

2）伸臂桁架实体预拼装

①预拼前需完成的工作。参与预拼装的构件首先必须满足单根构件的制作精度要求。单根构件制作时，为保证现场的顺利安装，所有嵌补腹杆等构件制作负公差均为 0～－2mm。

构件的安装中心线、定位控制线、构件号等关键点要标注完整，便于预拼装核对、施工。

②地样设置。以轴线交叉位置柱的高度、宽度、厚度三个方向为地样基准，以构件高度、宽度、厚度方向中心线设置标记，检测和测量地样控制线。与桁架预拼的大头柱，在整体模型中转化其外形尺寸坐标点（转化到桁架预拼平面内），进行外形尺寸预拼装。

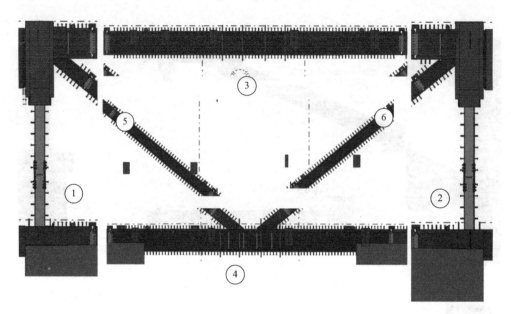

图 6.7-35　筒内钢骨桁架组合示意图

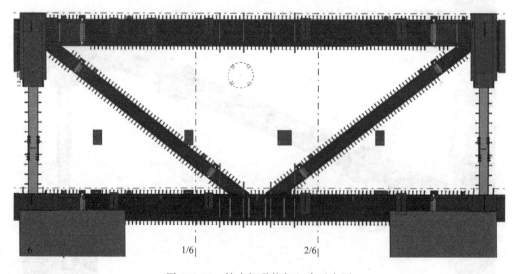

图 6.7-36　筒内钢骨桁架组合示意图

③预拼地样的检测。按布置图在预拼装场地划设地样线，划出桁架高度、宽度、厚度三个方向中心线、大头柱中心线及端口测量值等，同时划出胎架设置的位置线。

④预拼胎架的检查。胎架设计应考虑到结构的稳定性和安全性，采用地样法或水平仪测定胎架的模板标高，调整其至设计要求值，确保胎架的水平误差不大于 1.0mm，并准备必要的调整垫片，以备调节因承载引起的胎架变形。

⑤预拼装。

A. 拼装胎架面的确定。为了便于拼装，拼装时采用卧拼的方法进行预拼，以利控制拼装的精度及质量。

B. 地面基准线的划线。设置胎架时，同时考虑现场的焊接收缩，上下弦杆之间适当加放收缩余量间隙，进行拼装划线，如图 6.7-37 所示。

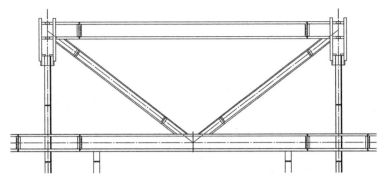

图 6.7-37　预拼装

⑥检测。桁架预拼组装完成后，对桁架的相对尺寸（上下弦间距、对角线、角度等）一一测量，得到的数据与图纸尺寸相比对。检测合格后，必须对构件现场接头位置进行对合线的标记。

实体预拼装照片见图 6.7-38。

图 6.7-38　实体预拼装照片

3. 伸臂桁架施工

1）伸臂桁架安装流程

考虑到核心筒内伸臂桁架配合土建爬模体系和浇筑混凝土的需要，伸臂桁架安装顺序如下：

筒内下柱头→筒内下弦杆→筒内上柱头→筒内斜腹杆→筒内上弦杆→核心筒钢筋混凝土墙体浇筑→待外框柱到位，安装外伸臂下弦杆（延迟节点）→外伸臂上弦杆（延迟节点）→外伸臂斜腹杆（延迟节点）→待核心筒与外框沉降完成后，对延迟节点临时连接处进行焊接。

2）安装前施工分析

在伸臂桁架安装时，需考虑施工过程中桁架构件由于自身重力和施工活荷载产生的挠度及应力，其中施工活荷载为 300kg/m^2。由于构件自重荷载在此计算中起控制作用，且为对结构有利，故恒荷载系数为 1.0，活荷载系数为 1.4。按照安装流程复核计算如图 6.7-39～图 6.7-48 所示。

图 6.7-39　下柱头安装完成应力图

图 6.7-40　下柱头安装完成位移图

图 6.7-41　下弦杆安装完成应力图

图 6.7-42　下弦杆安装完成位移图

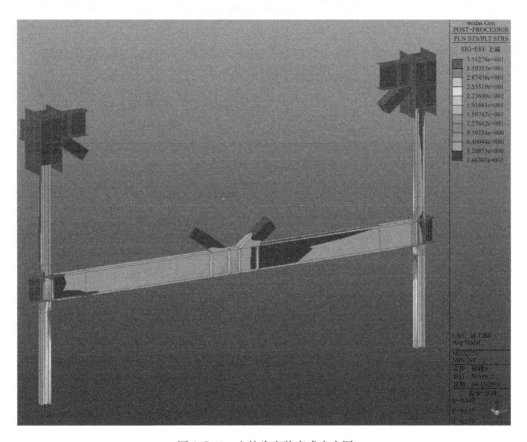

图 6.7-43　上柱头安装完成应力图

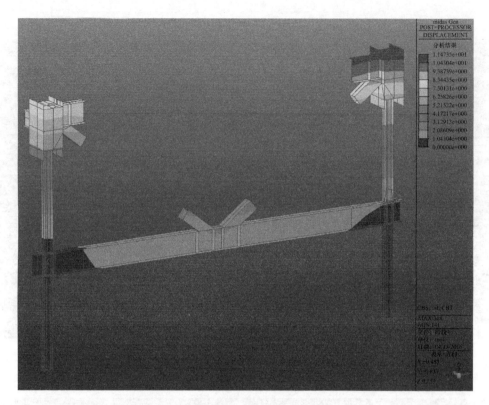

图 6.7-44　上柱头安装完成位移图

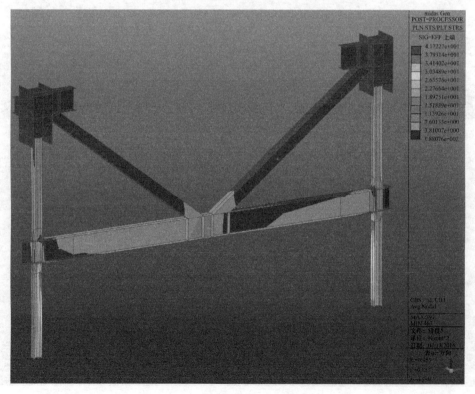

图 6.7-45　斜腹杆安装完成应力图

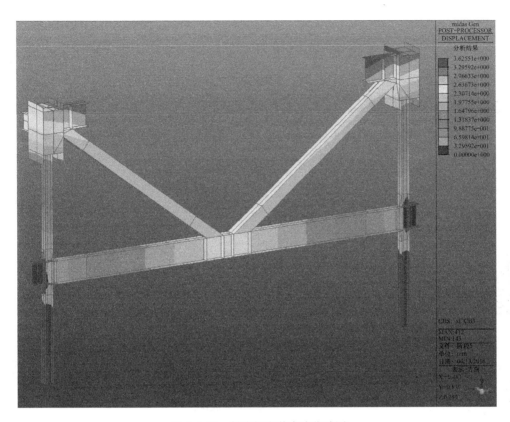

图 6.7-46 斜腹杆安装完成位移图

图 6.7-47 桁架安装完成应力图

图 6.7-48　桁架安装完成位移图

3）现场实际施工

根据施工前对桁架安装顺序的分析，对现场严格按照仿真分析顺序进行施工，将次应力的产生机会降到最小，最大限度地保证结构施工安全。现场实际施工见图 6.7-49～图 6.7-52。

图 6.7-49　筒内下柱头安装

图 6.7-50　筒内下弦杆安装

图 6.7-51　筒内斜腹杆安装

4. 延迟连接节点设置

在施工阶段，如果提前将内、外筒之间起协调变形作用的伸臂桁架焊接固定，会使伸臂桁架上部楼层的竖向荷载大部分被伸臂桁架承受，而无法通过外框柱向下传递，导致原来设计用来主要承受竖向荷载的外框柱严重浪费。相反，平时作为储备，一旦遇到大风、地震等特殊情况才发挥主要抗侧力作用的伸臂桁架提前"服役"。提前"服役"的直接影响是在伸臂桁架构件内部产生不必要的"施工阶段残余应力"，伸臂桁架节点处的焊缝可能被撕裂或因受拉而变形，间接影响是在结构建成后，在还未达到极限荷载状态的情况下就可能失效。所以伸臂桁架在安装外伸臂桁架时，其与钢框柱连接方式为延迟节点连接。待主楼区域与核心筒区域整体沉降结束后，经设计单位同意，可进行焊接。延迟连接做法见图 6.7-53。

图 6.7-52　筒内上弦杆安装

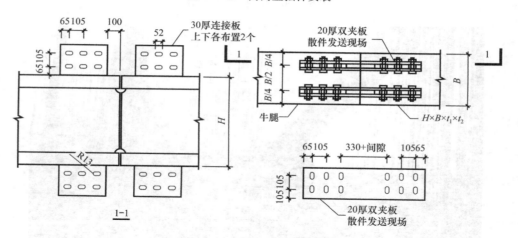

图 6.7-53　延迟连接做法

5. 焊接应力应变控制措施

伸臂桁架延迟节点应力控制措施：由于每一道伸臂桁架靠近外框柱侧有 3 个延迟节点（上下弦及斜腹杆），且伸臂桁架与核心筒侧的连接为超厚板 T 形接头，为了避免延迟节点焊接产生的强大内应力对筒内大头柱本体造成的层状撕裂风险，伸臂桁架延迟节点焊接必须严格按照以下原则进行：

每条焊缝每次焊接深度为 1/3 板厚，每次焊接的 1/3 厚度需严格按照上述相关要求执行。

同一个伸臂桁架 3 个延迟节点的焊接顺序为下弦、斜腹杆、上弦。对每一个节点处，如果节点处的构件本体截面为工字形，焊接顺序为腹板、下翼缘、上翼缘。截面为口字形，先采用两人同时对称焊接侧面竖向焊缝，焊接至 1/3 时，再焊接下翼缘至 1/3，之后焊接上翼缘至 1/3，如此循环焊接完成。

为了减小焊接过早的对核心筒侧的影响，尽可能地直接或间接减小剖口的大小。直接方法就是工厂减小剖口角度，当前现场状态只能是间接地减小剖口状态——通过改变焊接方法实现。具体如图 6.7-54、图 6.7-55 所示。

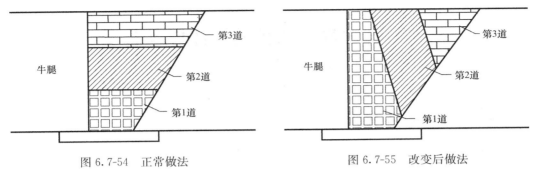

图 6.7-54　正常做法　　　　　　　　图 6.7-55　改变后做法

收缩量大的先焊接：

在焊缝较多的组装条件下焊接时，先焊收缩量较大的焊缝，后焊收缩量小的焊缝；先焊拘束度大而不能自由收缩的焊缝，后焊拘束度小而能自由收缩的焊缝。

7 大型跃层支撑的设计与施工

7.1 跃层支撑的受力特点

7.1.1 跃层支撑的受力特点

超高层建筑高度高、层数多、重心较高，即使平面采用对称的布置形式，在偶然偏心水平作用情况下也会产生较大的扭转效应。在结构边框架中，采用支撑结构可以大大提高框架的侧向刚度，起到很好的抗扭作用，而跨越多个楼层的大型跃层支撑的采用会更加有效。

这里所述的大型跃层支撑是中心支撑的一种，与普通的中心支撑不同，它要穿过数个楼层，与楼层结构的连接方式大致分为两类：一类是支撑杆件与各层的楼层梁连接，支撑杆件既要承受拉压力，也承受楼面竖向荷载，支撑杆件实际上是压弯或拉弯构件；另一种是跃层支撑，其杆件穿过楼面板而不与楼层水平构件连接，仅支撑的两端在框架梁柱节点处与框架梁柱节点连接，楼板竖向荷载不传到支撑杆件上，支撑杆件仅承受水平作用下的拉压力，成为轴心受力构件。跃层支撑与楼面梁连接时节点和杆件受力复杂，但支撑斜杆与楼面梁相连的连接节点构造简单容易实现。当跃层支撑仅为拉、压杆时，要保证支撑斜杆穿过楼层时楼面的竖向荷载不传至支撑斜杆上，节点构造上比较复杂，施工上也有一定难度。

本章重点介绍北京 CBD 核心区 Z13 地块项目的大型跃层支撑的设计和施工。着重介绍带跃层支撑结构的整体计算分析、支撑的承载力和稳定分析、连接节点的应力分析和穿楼层节点的设计与构造，同时介绍大型跃层支撑构件的加工和安装过程。

7.1.2 北京 CBD 核心区 Z13 项目跃层支撑的设计

北京 CBD 核心区 Z13 项目南北的边框架采用了跃层的大型跃层支撑，从建筑南侧透过双层幕墙依然能看到明显的跃层支撑，见图 7.1-1。由于该建筑南北方向存在长悬臂结构，引起结构的扭转较大，在结构地上 1～40 层南北两面设置跃层支撑以减小结构扭转。跃层支撑杆件仅受拉、压力，支撑穿过楼层，但不承受楼面的竖向荷载，支撑在穿越楼层处限制平面外变形。图 7.1-2、图 7.1-3 分别为支撑平面位置和立面形式。

1. 设计难点

1）本项目的大型跃层支撑跃过 4 层空间，每一根斜杆要穿过 3 个楼面结构层，上下端部与梁柱节点相连。为保证斜杆仅为承受轴向力的拉、压杆，在穿过楼层时支撑斜杆不与楼面结构连接，仅在平面外施加约束。楼面竖向变形产生的竖向荷载不传至支撑件，整体计算分析容易实现，但实际工程应用需设计较复杂的节点，特别是支撑外侧有封闭的玻璃幕墙。

2）跃层支撑杆件长度大，按压杆计算时的长度系数选取，以及支撑的稳定分析方法等需要研究。同时大型支撑还要满足中震弹性的性能目标要求。

3）支撑与框架的连接节点受力复杂，需要做精细的应力分析。

4）大型支撑的传力节点的设计构造需要结合施工过程和施工方法专门研究。

图 7.1-1　北京 CBD 核心区 Z13 项目照片

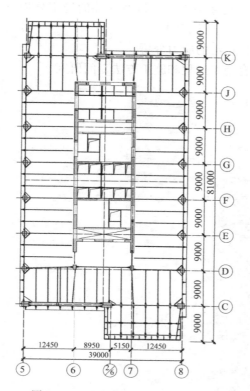

图 7.1-2　北京 CBD 核心区 Z13 项目
标准层平面图

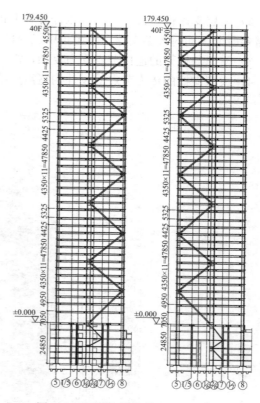

图 7.1-3　北京 CBD 核心区 Z13 项目
南北支撑立面图

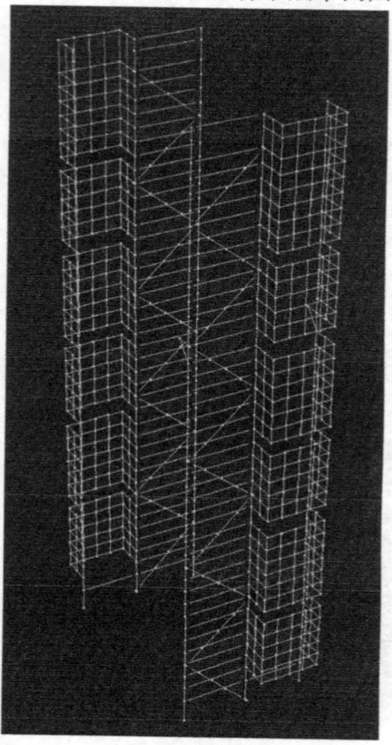

图 7.1-4　南北跃层支撑计算模型

2. 计算分析方法

结构分别采用了 ETABS 程序、PKPM-SATWE 程序进行了整体建模的对比计算分析，弹塑性分析采用了 PERFORM-3D 计算程序，采用 ABAQUS 有限元分析软件对跃层支撑的屈曲模态和有效计算长度系数进行特征值屈服分析研究。针对关键节点，采用 ABAQUS 建立 1∶1 实体模型，并将整体结构在多遇地震作用和罕遇地震作用下的节点内力转化为荷载边界条件输入实体模型中，分析节点内部的应力分布情况与塑性发展情况。

跃层支撑采用 Q390C 箱形截面，南北跃层支撑计算模型如图 7.1-4 所示。在整体分析结构模型中，斜撑与框架柱由刚性连杆连接，斜撑及边框架梁被分别加在双柱单元的不同竖向平面内，从而使楼面框架梁及斜撑交接处完全脱开，楼层处仅提供跃层支撑平面外的水平约束。支撑与框架梁的关系见图 7.1-5。

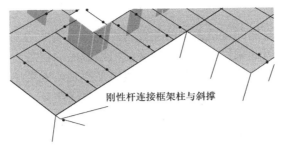

图 7.1-5　支撑与框架梁的关系

7.2　跃层支撑关键节点应力分析和屈曲分析

北京 CBD 核心区 Z13 项目为结构高度 180m 的复杂超限高层建筑，采用混凝土核心筒—钢梁矩形钢管混凝土柱外框—单向伸臂和腰桁架—端部跃层支撑框架组成的混合结构体系。对于整个结构来讲，支撑框架在结构中重要性仅次于核心筒。支撑框架中的跃层支撑抗震性能目标高于一般框架柱，要达到中震不屈服。对于构件的承载力和稳定分析是抗震安全的保证。

设计中，在结构整体弹性和弹塑性分析结果基础上，对结构受力较为复杂的跃层支撑节点进行地震模拟分析，分析节点在多遇地震和罕遇地震作用下的应力分布，以及塑性变形情况。此外，结构的南北支撑为 26.6m 长的跃层支撑，支撑与结构各层的框架梁的约束关系较为复杂。为了保证结构在地震作用下具有足够的安全度，在考虑支撑初始缺陷的直接分析基础上，又采用 ABAQUS 有限元分析结构南北方向跃层支撑的屈曲模态及有效长度系数。同时采用直接分析法和计算长度法进行跃层支撑的承载力和稳定分析。

7.2.1　节点选取与建模

1. 构件非线性参数定义及地震波选取

为了评估结构在地震作用下的响应，考虑结构及其构件的非线性行为，弹塑性分析采用了 PERFORM-3D 5.0 弹塑性分析软件。

1）材料的非线性定义

（1）钢筋混凝土连梁

核心筒中连接剪力墙之间的钢筋混凝土连梁采用 PERFORM-3D 中的纤维单元模拟，连梁弯矩与转动的非线性行为由材料本构关系进行模拟。每根连梁共使用了 11 条纤维，每条纤维的面积和高度根据实际的不同连梁截面尺寸以及配筋率计算得到。弱轴方向假设为弹性。纤维单元模型假定塑性铰位于单元中段，而实际连梁的塑性铰区域一般发生在距离梁两端半个梁高的长度范围内，因此每根梁由 3 段纤维单元组成，其中两端单元模拟连梁的端部塑性变形，长度为 1/2 梁高的一半。

（2）钢框架梁

抗弯框架钢梁采用 PERFORM-3D 中的 FEMA 梁单元模拟。根据框架梁弯矩—转动曲线的非线性行为采用弦杆转动方法模拟。此模型假定构件中部有一反弯点，而塑性铰产生在两个端部。

美国 FEMA356 规范提供了模拟抗弯框架钢梁非线性行为的参数，以及这些构件可以承受的塑性转角。

（3）剪力墙

钢筋混凝土核心筒是侧向抵抗系统的主要构件。剪力墙采用四点四边形单元模拟，这些单元采用纤维构成，因此采用一系列纤维来模拟墙截面的混凝土面积和钢筋。墙体的非线性行为通过它的材料（混凝土和钢筋）的非线性来实现，混凝土依据非约束混凝土本构关系，HRB400 钢筋依据材性试验结果的应力—应变曲线定义。

（4）矩形钢管混凝土柱

结构外框架均采用的是矩形钢管混凝土柱。矩形钢管采用 Q345 钢材，内芯为 C60 约束混凝土，采用 PERFORM-3D 中纤维单元。用纤维定义柱子截面时，使用了 36 条纤维，具体方法如图 7.2-1 所示。

此模型假定塑性铰位于单元中段，而实际构件的塑性铰区域位于距离梁两端半个柱子截面高的长度范围内，因此，每根梁在由三段纤维单元组成，其中两端单元长度为柱子截面高的一半，与连梁的组合形式基本相同。

（5）钢筋混凝土柱

结构中核心筒南部 16 层以上的角柱与北部 30 层以上的角柱为钢筋混凝土柱。根据钢筋混凝土柱的实际受力情况选用 PERFORM-3D 中的端部塑性铰的弦杆转动模型 FEMA 柱模型进行模拟。其中，钢筋混凝土柱截面的受力性能采用 XTRACT 截面计算软件进行分析，计算出截面的轴力—弯矩关系曲线，图 7.2-2 为钢筋混凝土柱的截面计算模型。

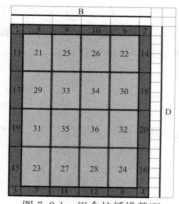

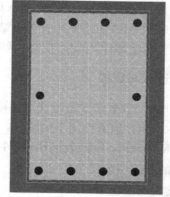

图 7.2-1　组合柱纤维截面　　　　图 7.2-2　钢筋混凝土柱的截面计算模型

（6）跃层支撑与加强层桁架

结构 1～40 层的南北面均设有巨型跃层支撑，采用 Q390 的箱形钢管，在整体分析结构模型中，斜撑与柱子连接处由刚性连杆连接。斜撑及边梁被分别加在双柱单元的不同竖向平面内，从而使梁及斜撑交接处完全脱开，使梁的竖向变形不影响斜撑。此外，结构在 14 层与 28 层加强层均设有腰桁架。这两处的跃层支撑体系均采用 PERFORM-3D 中的二力杆模型模拟，巨型支撑与腰桁架均只受到了结构传来的轴力的影响。

2）结构时程分析地震波的选取

根据《建筑抗震设计规范》GB 50011—2010，选取的地震动在弹性时程分析中，每一条地震动时程曲线计算得到的结构基底剪力，不小于振型分解反应谱法计算得出的基底剪力的 65%，7 条地震动时程曲线计算得出的结构基底剪力的平均值，不应小于反应谱法计算得出的基底剪力的 80%。表 7.2-1 与表 7.2-2 为结构 X 向、Y 向基底剪力数据，由表可知，选取的 7 条地震动满足抗震规范的要求。

结构 X 向基底剪力数据 表 7.2-1

地震荷载		峰值加速度 (mm/s²)	底部剪力绝对值 (kN)	反应谱百分比 >65%	平均百分比 >80%
63%规范反应谱	100% X 方向	—	48142	—	—
模拟地震波	RDX1	700	46861	97%	93%
	RDX2	700	53620	111%	
实测地震波	THX1	700	34759	72%	
	THX2	700	47412	98%	
	THX3	700	38789	81%	
	THX4	700	47053	98%	
	THX5	700	44792	93%	
平均值		700	44755	93%	—

结构 Y 向基底剪力数据 表 7.2-2

地震荷载		峰值加速度 (mm/s²)	底部剪力绝对值 (kN)	反应谱百分比 >65%	平均 >80%
63%规范反应谱	100%Y 方向	—	47563	—	—
模拟地震波	RHY1	700	49021	103%	89%
	RHY2	700	45125	95%	
实测地震波	THY1	700	34700	73%	
	THY2	700	53576	113%	
	THY3	700	34118	72%	
	THY4	700	36824	77%	
	THY5	700	44389	93%	
平均值		700	42536	89%	—

根据项目计算要求，委托中国建筑科学研究院结构咨询公司，按照场地特征与抗震设计规范最终选择了一条人工模拟地震波与 3 条天然地震波。计算采用了如表 7.2-3 所示的 3 条天然地震波。这些时程被单向施加在分析模型中。与修改后反应谱对比时，这些时程波的峰值加速度调整到 700mm/s²，图 7.2-3 为 3 条天然地震波加速度反应谱与规范谱的比较。

天然地震波的地震名称、发生时间和记录站台 表 7.2-3

地震波编号		地震名称	发生时间	记录台站
现	原			
THX1	H-E12140	MPERIAL VALLEY	10/15/79	EL CENTRO ARRAY
THY1	H-E12230			
THX2	IST090	KOCAELI	08/17/99	ISTANBUL
THY2	IST180			
THX3	24592090	HECTOR MINE	10/16/99	LOS ANGELES
THY3	24592-UP			

根据相关规范规定，截取地震动持续时间一般从第一次达到时程曲线最大值的 10% 那一刻开始算起，到最后一刻达到该最大值的 10% 时刻截止；无论是实际的强震记录还是人工模拟波形，有效持续时间一般为结构基本周期的 5~10 倍，即结构顶点的位移可按基本

周期往复 5～10 次。参考规范要求，结合 Z13 混合结构的前三阶自振周期值，分别截取 3
条天然地震波的 25s 进行时程分析，将最大峰值调整为单位 1。具体选取的地震波段如
图 7.2-4 所示。

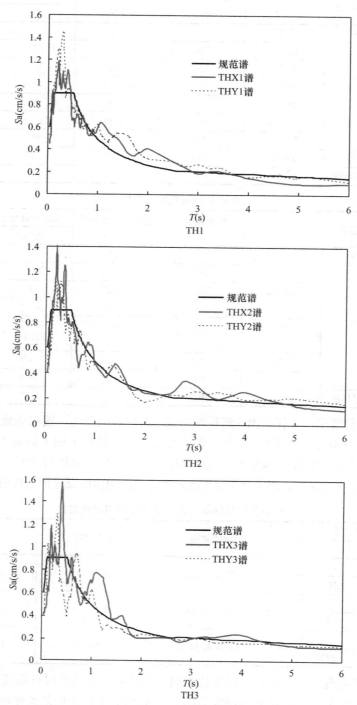

图 7.2-3　天然地震波加速度反应谱与规范谱的比较

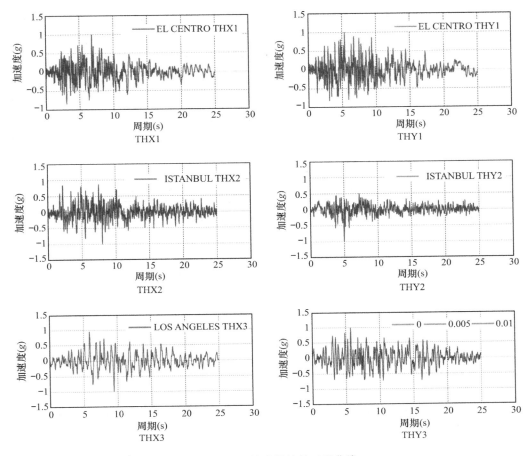

图 7.2-4　天然地震波的时程曲线

弹塑性分析时，分别对结构进行了 3 条双向地震动作用下的小震、中震与大震的计算分析。为考虑结构的最不利加载情况，参考结构的前三阶振型，对结构 X 方向（H1 方向）施加 100％的地震动，对结构 Y 方向（H2 方向）施加 85％的地震动作用。地震工况如表 7.2-4 所示。为了考虑结构的实际施工情况，避免南北框架跃层支撑与加强层的伸臂桁架承受结构自重，在 PERFORM-3D 计算重力荷载阶段不激活，仅在动力时程分析时参与抵抗水平地震的作用。

地震工况　　　　　　　　　　　　　　　　　　　　表 7.2-4

项目	方向	H1（结构 X 向）	H2（结构 Y 向）
第 1 组	H1 主方向	RHX1-100％	RHY1-85％
第 2 组	H1 主方向	THX2-100％	THY2-85％
第 3 组	H1 主方向	THX3-100％	THY3-85％

2. 节点的选取

为保证跃层支撑节点的连接不会在所连接的构件破坏之前发生破坏，提取结构跃层支撑在罕遇地震下各层的最大内力，如图 7.2-5 所示。由图可知，结构南面 4～8 层以及 8～

12层的两个支撑在水平地震作用下受力最大，选取两个支撑端部的连接节点作为研究节点进行分析，节点的具体位置如图7.2-6所示。

　　图7.2-7为节点设计详图。根据受力要求，跃层支撑应与柱中心对齐，与平面梁柱处于同一轴线上，钢框架梁、跃层支撑与节点均为栓焊连接。为研究节点的受力性能，因此省略了接头处的栓焊连接方式，采用全焊接形式计算分析。通过在PERFORM-3D中截取强度截面的方式，将罕遇地震时节点处的组合柱、框架梁、跃层支撑内的内力时程曲线提取出来，并加载在由ABAQUS建立的节点实体模型中，进行节点在罕遇地震下的应力应变分析。表7.2-5为节点处各构件的详细尺寸。

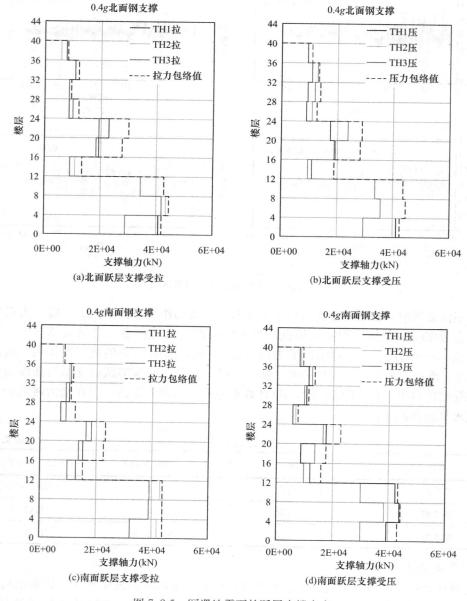

图 7.2-5　罕遇地震下的跃层支撑内力

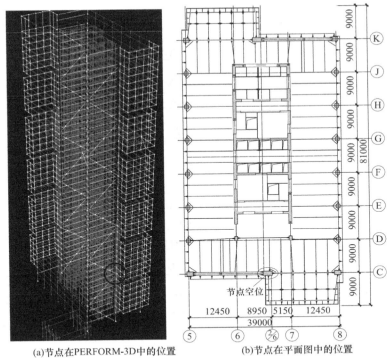

(a)节点在PERFORM-3D中的位置

(b)节点在平面图中的位置

图 7.2-6 节点的具体位置

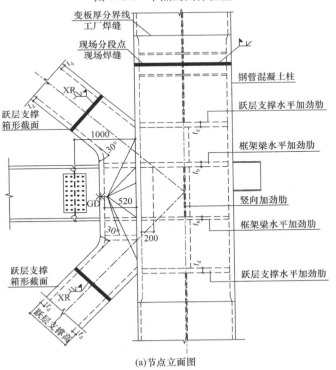

(a)节点立面图

图 7.2-7 节点设计详图（一）

t_{d}、t_{b}—构件厚度

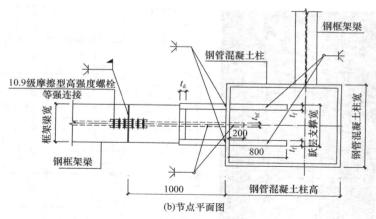

(b)节点平面图

图 7.2-7　节点设计详图（二）

t_d、t_{bf}、t_f—构件厚度

节点处各构件尺寸的详细尺寸

表 7.2-5

编号	构件	尺寸（mm）	材料	形状
1	矩形钢管混凝土组合柱	2400×1200×50×50	Q345、C60	矩形钢管混凝土
2	跃层支撑	800×600×80×80	Q390	焊接箱形截面
3	西侧框架梁	950×550×60×95	Q345	焊接 H 型钢
4	东侧框架梁	950×550×60×95	Q345	焊接 H 型钢
5	南侧悬挑梁	950×500×35×50	Q345	焊接 H 型钢

3. 节点的 ABAQUS 建模

采用 ABAQUS 有限元软件进行节点的实体单元模拟。Q345、Q390 钢材以及 C60 约束混凝土的非线性采用前述的参数定义，建立实体单元 C3D8R 八节点六面体线性缩减积分单元。有限元的网格划分基于结构图中构件的几何特性，定义的标准网格尺寸为200mm。图 7.2-8 为节点的计算模型单元与加工照片。

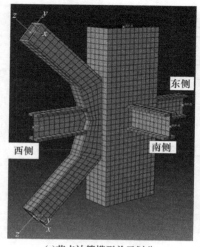

(a)节点计算模型单元划分

(b)节点加工现场照片

图 7.2-8　节点的计算模型单元与加工照片

194

4. 节点应力结果

图 7.2-9～图 7.2-11 为节点分别在 TH1、TH2、TH3 罕遇地震下的节点应力分布图，结果忽略了跃层支撑截面加载处的局部应力集中现象。由各地震动下的节点整体应力分布图可知，节点的最大应力一般分布在东侧框架梁的上下翼缘处，TH1 中最大应力为 368.4N/mm²，TH2 中最大应力为 262.6N/mm²，TH3 中最大应力位于南侧悬挑梁的上侧翼缘处，最大值为 145N/mm²。跃层支撑的最大应力均发生在与组合柱焊接的端部，但应力值不大，最大值为 TH1 中的 210.9N/mm²。组合柱的应力主要集中在节点下部区域，其中 TH1 集中在柱子下部西侧区域，TH2、TH3 集中在柱子下部的东侧区域，但最大应力值不超过 220.2N/mm²。以上钢结构部分应力均未达到材料的极限强度。

图 7.2-9(d) 为矩形钢管混凝土内部 C60 混凝土的应力分布，由图可知节点在不同的地震动下混凝土的应力分布较为复杂。TH1 地震动下，混凝土应力主要集中在靠近支撑下侧端部的焊接区域及底部，最大应力值为 21.1N/mm²，TH2 地震动下混凝土应力主要集中在节点上部以及节点的中央部位的混凝土应力值较大，最大值为 15N/mm²，TH3 地震动下混凝土应力较小，最大值为 6.7N/mm²。以上混凝土区域应力均未超出 C60 约束混凝土的极限强度。

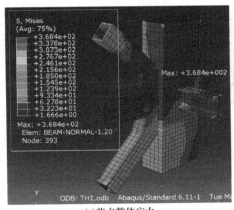

(a)节点整体应力

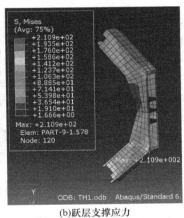

(b)跃层支撑应力

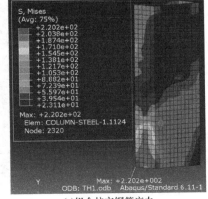

(c)组合柱方钢管应力

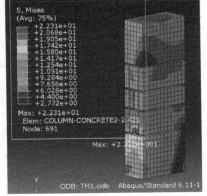

(d)组合柱内混凝土与隔板应力

图 7.2-9　TH1 罕遇地震节点应力分布

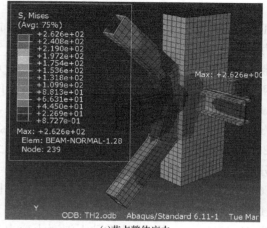
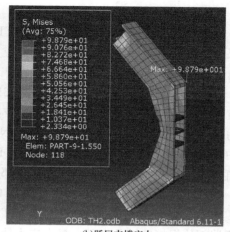

(a)节点整体应力　　　　　　　　　　　　(b)跃层支撑应力

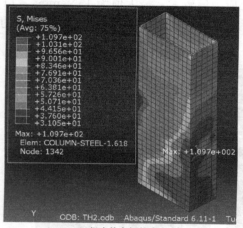
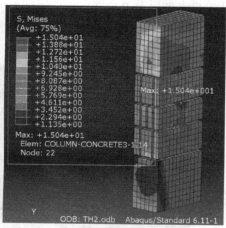

(c)组合柱方钢管应力　　　　　　　　　(d)组合柱内混凝土与隔板应力

图 7.2-10　TH2 罕遇地震节点应力分布

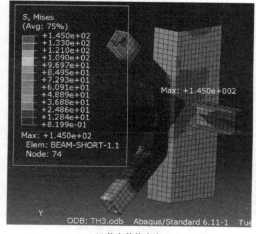
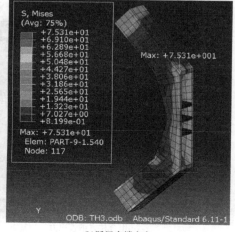

(a)节点整体应力　　　　　　　　　　　　(b)跃层支撑应力

图 7.2-11　TH3 罕遇地震节点应力分布（一）

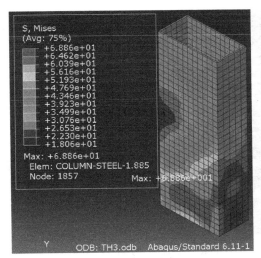

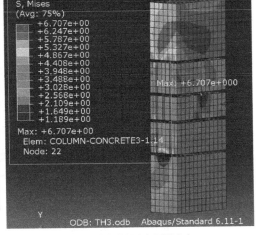

(c)组合柱方钢管应力   (d)组合柱内混凝土与隔板应力

图 7.2-11　TH3 罕遇地震节点应力分布（二）

5. 节点塑性应变结果

图 7.2-12～图 7.2-14 为节点分别在 TH1、TH2、TH3 罕遇地震下的节点塑性应变分布图，结果忽略了跃层支撑截面加载处局部应力集中造成的塑性变形。由图可知，对应于节点最大应力分布情况，TH1 与 TH2 地震动下节点的最大塑性应变也发生在节点东侧框架梁的上下翼缘端部。其中，TH1 地震动下的最大等效塑性应变值为 4.260×10^{-2}，TH2 地震动下的值为 2.078×10^{-1}，塑性应变值较大。TH3 地震动下的最大塑性应变发生在南侧框架梁翼缘端部，最大值为 9.291×10^{-3}。支撑的最大塑性应变发生在与组合柱焊接的端部，3 条地震波下的最大等效塑性应变为 2.951×10^{-3}。矩形钢管混凝土柱的外钢管基本未发生塑性变形。

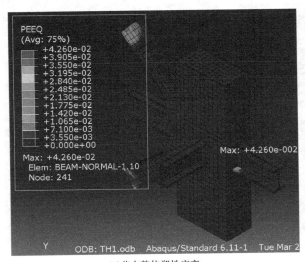

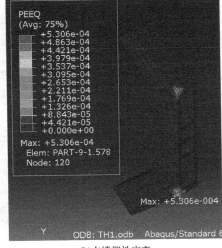

(a)节点整体塑性应变   (b)支撑塑性应变

图 7.2-12　TH1 罕遇地震节点塑性应变分布（一）

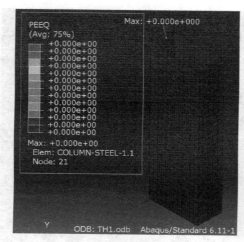

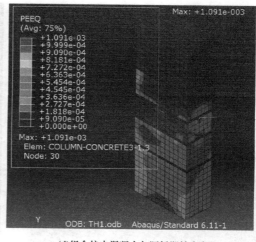

(c)组合柱方钢管塑性应变　　　　　　　　　　(d)组合柱内混凝土与隔板塑性应变

图 7.2-12　TH1 罕遇地震节点塑性应变分布（二）

矩形钢管混凝土柱内部的混凝土塑性应变如图 7.2-13（d）所示，由图中可以看出，3 条地震动下混凝土的最大塑性应变都集中在柱子东侧与框架梁翼缘的连接处，最大等效塑性应变值为 4.114×10^{-2}，塑性应变较大。

由分析结果可知，对支撑处的连接节点采用详细的有限元分析表明其地震下的性能是充足的。有一些地方出现小范围的应力集中，例如在东侧框架梁与柱连接的上下翼缘处，框架梁的翼缘以及组合柱内部的混凝土有局部较大的塑性应变，但受影响的区域较小，且由于此处钢管依然保持弹性，并且可以有效传递集中的荷载，这些小的应力集中是可以接受的，但为了使结构更安全起见，建议在东侧框架梁端部采用改进型梁柱节点，将梁端塑性铰转移至节点外，减少节点处的塑性损伤。

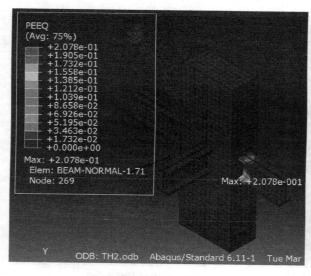

(a)节点整体塑性应变　　　　　　　　　　　(b)支撑塑性应变

图 7.2-13　TH2 罕遇地震节点塑性应变分布（一）

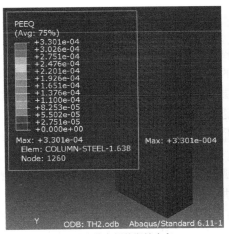

(c)组合柱方钢管塑性应变

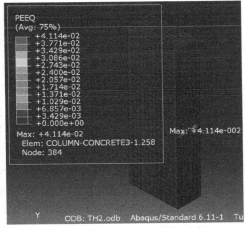

(d)组合柱内混凝土与隔板塑性应变

图 7.2-13　TH2 罕遇地震节点塑性应变分布（二）

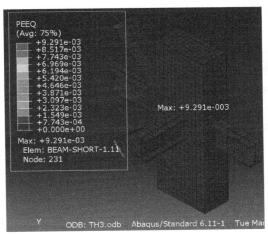

(a)节点整体塑性应变

(b)支撑塑性应变

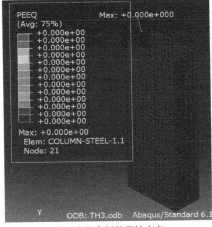

(c)组合柱方钢管塑性应变

(d)组合柱内混凝土与隔板塑性应变

图 7.2-14　TH3 罕遇地震节点塑性应变分布

7.2.2　跃层支撑的特征值屈曲分析

跃层支撑与结构每层的框架梁的约束关系较为复杂，为了保证结构在地震作用下具有足够的安全度，必须确定结构南北向跃层支撑的正常工作承载力范围，以及支撑发生失稳破坏时的破坏机制。为了研究结构南北方向跃层支撑在受力作用下的屈曲模态及有效长度系数，用 ABAQUS 建立了跃层支撑的杆件模型进行屈曲分析研究。

考虑工程中的常用做法，支撑的屈曲分析采用了线弹性特征值屈曲分析方法中的 Block Lanczos 分析法。支撑穿越框架梁部位，初步设计时设想的构造如图 7.2-15 所示。在施工图设计过程中，改为支撑两侧采用两个槽形（C 形）钢梁，支撑斜杆从两个槽钢之间穿过，图 7.2-16 为跃层支撑与框架梁相交的加工照片，图 7.2-17 为跃层支撑施工照片。由图中构造可知，跃层支撑在穿过框架处受到了框架梁的水平方向约束，支撑平面外不能变形，放开平面内的竖向和水平约束，使得支撑沿着轴线方向可以自由变形。因此，在 ABAQUS 建模过程中，对支撑中部穿楼层处，框架梁相交部位仅约束住了平面外方向，支撑两端与框架梁柱节点相交处，按铰接处理。跃层支撑的计算模型如图 7.2-18 所示。

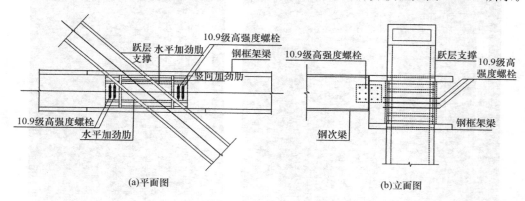

(a)平面图　　　　　　　　　　　　　(b)立面图

图 7.2-15　初步设计时设想的构造

图 7.2-16　跃层支撑与框架梁相交的加工照片

根据罕遇地震下跃层支撑所承受轴力计算结果，结构南侧5～8层区段的跃层支撑在罕遇地震下所承受的轴力是所有支撑中最大的，因此选取了5～8层支撑作为分析对象。支撑采用Q390箱形钢，截面尺寸为800mm×600mm×80mm×80mm，总长为26.6m。

图7.2-17　跃层支撑施工照片

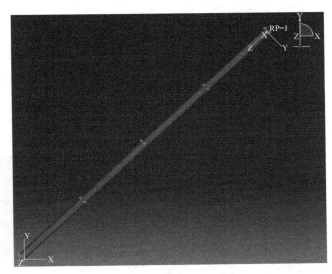

图7.2-18　跃层支撑的计算模型

根据《钢结构设计规范》GB 50017—2003（本工程施工时，该规范仍在实施）中考虑实际受压构件存在初弯曲变形，以及初偏心的缺陷，定义跃层支撑跨中一个$L/800$（33.2mm）的初弯曲。分析时，参考罕遇地震时跃层支撑轴力的弹塑性分析的结果，通过在支撑端部施加40000kN的轴力来计算支撑的前8阶屈曲模态及屈曲特征值。分析得出的支撑前8阶屈曲模态如图7.2-19所示。跃层支撑的前8阶屈曲特征值系数和临界屈曲力如表7.2-6所示。跃层支撑的一阶屈曲发生在支撑上侧与第一根框架梁交叉处，发生了平面内的失稳，临界屈曲荷载N_u为59168kN。根据实际轴心受压杆的整体稳定计算公式（7.2-1），计算出轴心受压杆的设计值，已知Q390钢材的抗力分项系数为1.111，得出跃层支撑的轴心受压设计值N为53257kN。图7.2-19为结构南侧5～8层跃层支撑在罕遇地震时的轴力时程曲线，由图可知支撑承受的最大轴力为40700kN，小于支撑的一阶屈曲荷载，因此，跃层支撑在罕遇地震作用下是安全的。

根据规范中规定的公式，计算轴心受压构件的稳定系数φ为0.904，跃层支撑截面宽厚比小于20，属于C类。查阅相关表格得出支撑的λ值为24.9，由此可计算出跃层支撑的有效计算长度系数μ为0.21。

跃层支撑的前8阶屈曲系数　　　　　　　　　　　　　　　　　表7.2-6

屈曲模态	1	2	3	4	5	6	7	8
特征值系数	1.4792	2.6506	10.362	15.711	18.644	23.717	28.286	31.474
临界屈曲力（kN）	59168	106024	414480	628440	745760	948680	1131440	1258960

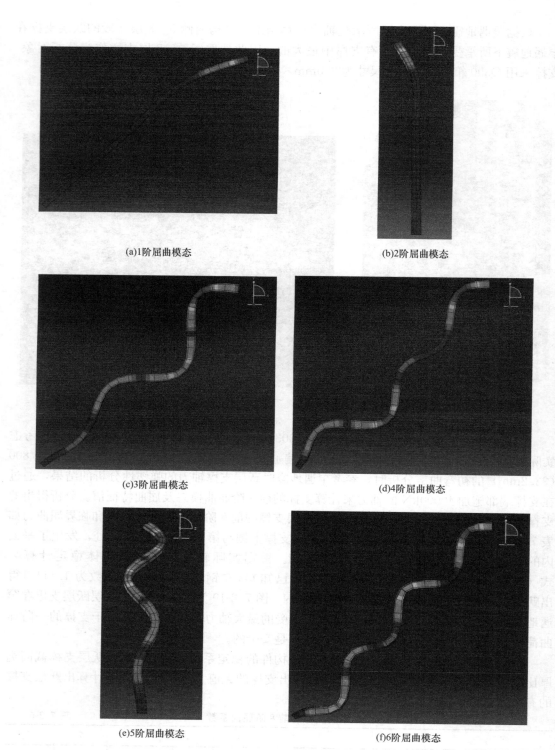

(a)1阶屈曲模态

(b)2阶屈曲模态

(c)3阶屈曲模态

(d)4阶屈曲模态

(e)5阶屈曲模态

(f)6阶屈曲模态

图 7.2-19　支撑前 8 阶屈曲模态（一）

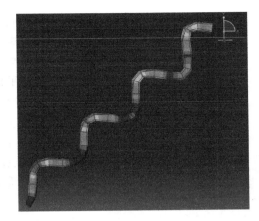

(g)7阶屈曲模态   (h)8阶屈曲模态

图 7.2-19 支撑前 8 阶屈曲模态（二）

7.2.3 跃层支撑计算分析结论

为保证跃层支撑安全性，对结构受力较为复杂的跃层支撑节点进行了地震模拟分析。此外，为确保结构在地震作用下具有足够的安全度，在考虑支撑的初始缺陷的基础上，采用 ABAQUS 有限元分析软件，研究了结构跃层支撑的屈曲模态和有效长度系数。得出以下结论：

（1）跃层支撑与框架梁柱的连接节点采用详细的有限元分析表明：其多遇及罕遇地震作用下的性能，可满足性能目标的要求。个别位置出现小范围的应力集中，例如在东侧框架梁与柱连接的上下翼缘处，框架梁的翼缘以及组合柱内部的混凝土有局部较大的塑性应变，但受影响的区域较小，且由于此处钢管依然保持弹性，并且可以有效传递集中荷载，这些小的应力集中是可被接受的，但为了使结构更安全，在东侧框架梁端部采用改进型梁柱节点，将梁端塑性铰转移至节点外，减少节点处的塑性损伤。

（2）跃层支撑的一阶屈曲发生在支撑上侧与第一根框架梁交叉处，发生了平面内的失稳，轴心受压设计值为 53257kN。根据计算可知，跃层支撑的有效计算长度系数为 0.21。支撑在罕遇地震下承受的最大轴力为 40700kN，小于支撑的一阶屈曲荷载，因此，跃层支撑在罕遇地震作用下是安全的。在实际设计时，将支撑长度系数放大一倍，符合支撑的稳定性，可以保证结构安全。

在实际设计中，按考虑初始缺陷的直接分析法和计算长度法，分别进行跃层支撑的承载力和稳定分析，保证了跃层支撑的安全。

7.3 跃层支撑穿层节点的构造设计

7.3.1 跃层支撑节点形式

前文提到，跃层支撑根据受力特点分为两种形式：一种形式是支撑斜杆与穿过的各楼层梁连接。在这种情况下，支撑斜杆即承受水平作用下产生的拉（压）力，同时，楼层处

203

的竖向荷载也传至支撑斜杆，支撑实际上是承受轴力、弯矩和剪力。另一种形式是支撑斜杆穿过楼层，不与楼层梁连接，不承受楼层的竖向荷载，仅承受水平作用下支撑杆件内产生的轴力。不管哪种支撑形式，其两端的节点是一样的，都是与梁柱节点连接，区别就在于楼层的中间节点，支撑斜杆是否与楼面梁连接。下面介绍跃层支撑中间穿层节点的设计：

（1）跃层支撑与楼面梁连接的形式

如图 7.3-1 所示，为深圳某项目跃层支撑的施工照片，图 7.3-2 可以看到大型跃层支撑与楼面梁连接节点的情况。

（2）跨层支撑穿过楼面不与楼面梁连接的形式

跃层支撑穿过楼面有不与楼面梁连接的形式，在已有的项目设计和文献中，没有现成的设计资料可以参考，在北京 CBD 核心区 Z13 地块项目上，我们需要实现一个符合设计计算假定的，大型跃层支撑穿过楼面处的中间节点形

图 7.3-1　深圳某项目跃层支撑的施工照片

式。图 7.3-3～图 7.3-5 是设计过程中的设想图。

图 7.3-2　大型跃层支撑与楼面梁连接节点

7.3.2　北京 CBD 核心区 Z13 地块项目跃层支撑的节点形式

穿层节点之所以比较复杂，就在于支撑应该与框架的中线对齐，如果支撑与梁、柱的中线产生偏心，支撑较大的轴力会引起框架梁柱产生扭转。为了避免偏心，支撑必须位于

柱中线上，但是，如果采用 H 形钢梁，在支撑穿层处，梁与支撑不能在一个面内，这样又导致梁柱偏心。此种连接形式，不但支撑本体用钢量较大，其节点用钢量也非常大，不经济，但是节点施工方便，现场焊接量小。本工程对穿层节点进行了研究和探讨，最终楼面梁采用双槽形截面梁，支撑斜杆从槽型梁之间穿过，这个既保证了支撑斜杆与柱对中，也保证了双槽形梁的虚轴与柱中线对中，整体受力良好。此种连接形式，支撑本体用钢量大大减少，钢梁两端节点用钢量及焊接量稍大。跃层支撑立面见图 7.3-6，穿层节点加工图见图 7.3-7。

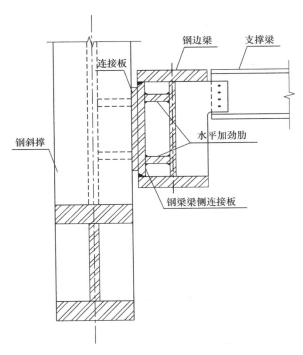

图 7.3-3　支撑与梁偏心的穿层节点

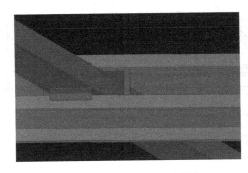

图 7.3-4　双槽形梁方案设想

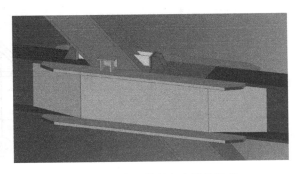

图 7.3-5　单梁截断穿支撑的设想

可见楼面梁的选择成了一个焦点，单梁就会产生偏心，要避免偏心就要在节点处打断梁，再转接，加工安装都比较困难。采用双槽形截面，可以先安装内侧梁，再安装支撑，最后安装外侧梁。

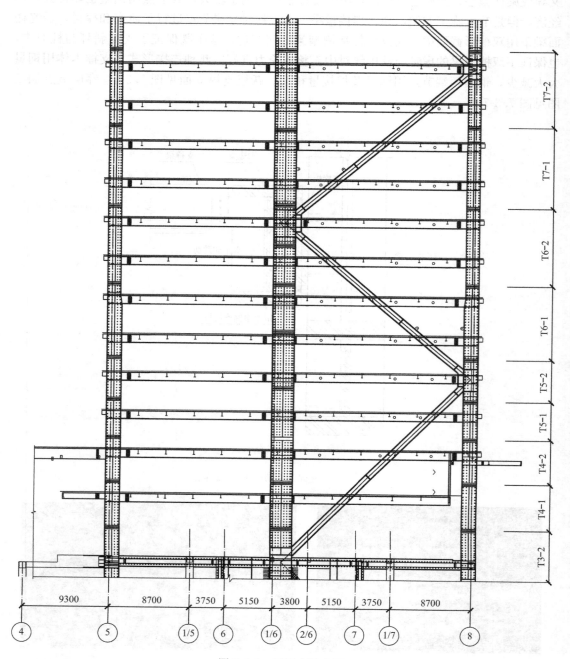

图 7.3-6 跃层支撑立面

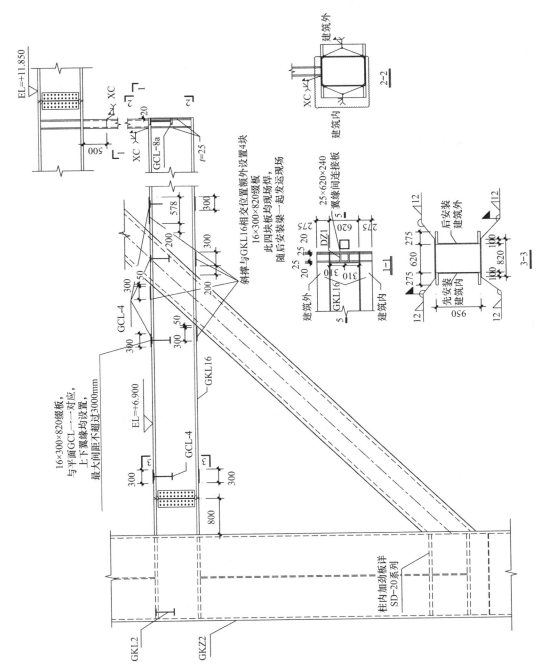

图7.3-7 穿层节点加工图

EL=+11.850

XC

XC

GCL-8a

20

t=25

500

2-2

建筑外

XC

建筑内

1-1

25×620×240
翼缘间连接板

DZ1

25 25 20 20

620

275

5

275

建筑外

GKL16

310

310

建筑内

5

3-3

12

后安装
建筑外

275 620 275

先安装
建筑内

12

950

100

820

100

12

斜撑与GKL16相交位置额外设置4块
16×300×820缀板
此四块板均为现场焊,
随后安装梁一起发运现场

578

300

300

200

300

GCL-4

300 50

200

50

300 300

GKL16

16×300×820缀板,
与平面GCL一一对应,
上下翼缘均设置,
最大间距不超过3000mm

EL=+6.900

GCL-4

300

300

800

柱内加劲板详
SD-20系列

GKL2

GKZ2

207

7.4 跃层支撑的施工安装

7.4.1 跃层支撑的分段形式及吊重分析

跃层支撑设置在南北两侧边框架上，跃层支撑单个重量为 44t，根据现场塔式起重机布置及塔式起重机的吊装重量将每根跃层支撑分成两段吊装。

7.4.2 连接措施的设置

根据跃层支撑的分段长度、重量、倾斜角度，经过计算确定吊耳位置。将跃层支撑及时安装，由于跃层支撑安装时是倾斜状态，为保证框架的整体稳定，防止其重心影响向下弯曲，分别在其分段处设置临时卡板固定，并用连接板连接，在部分跃层支撑顶端设置临时支撑，并在相反方向用钢丝绳拉紧，保证其倾斜角度。

7.4.3 跃层支撑的安装

1. 跃层支撑格构梁的安装顺序

根据施工现场实际的流水段，可以一次性地将 T1、T2 段的所有钢构件安装完毕，再铺设压型钢板。跃层支撑局部三维图见图 7.4-1。

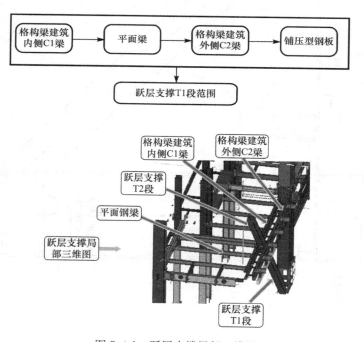

图 7.4-1 跃层支撑局部三维图

2. 跃层支撑的吊装施工

在第一道格构梁建筑内侧 C1 梁吊装并安装完成后进行跃层支撑 T1 段吊装作业，由于跃层支撑吊装安装时处于倾斜状态，起吊时采用钢丝绳长度进行角度调节（图 7.4-2）。

跃层支撑 T1 段吊装就位后，采用钢丝绳将跃层支撑 T1 段与钢框柱临时连接，底部与原钢框柱节点焊接，顶部采用钢绞线将跃层支撑 T1 段与原框架柱临时连接，见图 7.4-3。

图 7.4-2　起吊时用钢丝绳进行角度调节

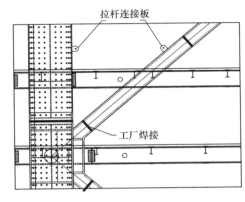

图 7.4-3　跃层支撑 T1 段与框架柱连接

3. 跃层支撑 T2 段吊装施工

跃层支撑 T1 段固定完成后，进行第一道格构梁建筑外侧 C2 梁与上层第二道格构梁建筑内侧 C1 梁的吊装安装。待上述工序完成后，进行跃层支撑 T2 段的吊装施工。跃层支撑 T2 段吊装至安装位置，下端与跃层支撑 T1 段采用 M24 大六角高强度螺栓连接板进行临时固定连接，待支撑沉降均匀后焊接，上端与框架柱焊接连接，跃层支撑 T1、T2 段连接节点图见图 7.4-4。

最后吊装安装上层第二道隔构梁建筑外侧的 C2 梁，完成一个跃层支撑的施工。

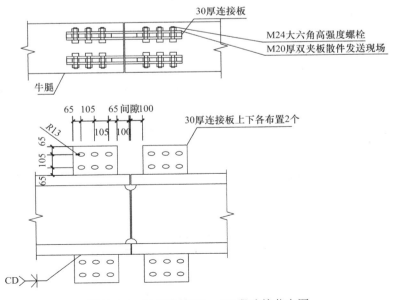

图 7.4-4　跃层支撑 T1、T2 段连接节点图

8 长悬挑结构的设计与施工

8.1 超高层建筑长悬挑结构的受力特点

高烈度区的长悬挑、大跨度结构构件的竖向地震作用不可忽视，特别是高层建筑高度较高位置的长悬挑、大跨度结构应进行详细的竖向地震作用分析。

8、9 度时的长悬挑结构应考虑地面运动的竖向分量引起建筑物产生的竖向振动。高层建筑中的长悬挑结构，7 度（0.15g）、8 度时主体结构设计应计入竖向地震作用。然而，长悬挑结构在水平地震作用下，由水平振动引起的竖向振动与竖向地震加速度引起的地震作用的叠加，大大增加了长悬挑结构构件的内力，这时，已经不能用简单的竖向地震作用简化方法分析，这一点往往被很多结构设计师忽视。尤其在高层建筑的中上部楼层，这种叠加作用更加突出，仅按规范简化计算方法得出的竖向加速度值远远小于水平振动叠加竖向振动后的加速度值。对此，每个工程需根据自身特点，通过较精确的反应谱法和时程分析法进行整体分析，找出最不利工况计算长悬挑部分的竖向地震作用。

8.2 长悬挑结构舒适度分析

大跨度楼盖结构和长悬挑的楼盖结构在活动的激励下会产生一定程度上的竖向振动，过大的竖向振动会使人产生不舒适的感觉，结构满足安全的同时还需要满足舒适度的要求，舒适度计算逐步成为结构设计的一个要点，尤其是大跨度和长悬挑结构，为满足正常使用，更需要满足舒适度的要求。

8.2.1 舒适度设计标准

《高层建筑混凝土结构技术规程》JGJ 3—2010（以下简称《高规》）要求楼盖结构的竖向振动频率不宜小于 3Hz。《混凝土结构设计规范》GB 50010—2010（2015 年版）对混凝土楼盖结构提出竖向自振频率的要求，住宅和公寓不宜低于 5Hz，办公楼和旅馆不宜低于 4Hz，大跨度公共建筑不宜低于 3Hz。《组合楼板设计与施工规范》CECS 273—2010 要求组合楼盖的自振频率不宜小于 3Hz。

《高规》同时还对楼盖竖向振动加速度限值做了规定，见表 8.2-1。《组合楼板设计与施工规范》CECS 273—2010 规定，组合楼盖在正常使用时，振动峰值加速度 α_p 与重力加速度 g 之比不宜大于表 8.2-2 的限值。

楼盖竖向振动加速度限值 表 8.2-1

人员活动环境	峰值加速度限值（m/s²）		
	竖向自振频率≤2Hz	竖向自振频率≥4Hz	竖向自振频率 2～4Hz
住宅、办公	0.07	0.05	线性插值
商场及室内连廊	0.22	0.15	

振动峰值加速度与重力加速度之比限值（m/s²）		表 8.2-2
房屋功能	住宅、办公	商场、餐饮
a_p/g	0.005	0.015

注：1. 舞厅、健身房、手术室等其他功能房屋应做专门研究论证；
　　2. 当 f_n 小于 3Hz 或大于 8Hz 时，应做专门研究论证。

8.2.2 舒适度分析方法

楼板振动舒适度分析可采用简化计算法，随着计算机和软件技术的发展，有限元分析方法成为经常采用的分析手段。

（1）简化计算法

简化计算法适用于结构布置较简单的楼板结构，如双向板、单向梁式楼板结构、主次梁式楼板结构等。根据共振原理计算楼板体系的振动加速度，可用于初步设计阶段对楼板体系振动舒适度的判断。

（2）有限元分析法

当楼板结构采用井字梁、无梁楼盖或其他复杂平面布置时，难以对楼板体系进行简化，无法采用简化算法进行判别。随着计算机和软件技术的发展，对复杂楼板体系，可采用有限元分析法进行分析。有限元分析包括模态分析、稳态分析、时程分析。其中，楼板体系的自振频率可通过模态分析得到。而稳态分析可以得到楼板体系任意位置处的自振频率，从而初步判断振动的不利位置。采用时程分析方法，可得到楼板体系任意位置的振动响应。

8.3 北京 CBD 核心区 Z13 地块项目长悬挑结构的计算分析

前面章节介绍过北京 CBD 核心区 Z13 项目南北有较大的悬挑。除了进行水平地震作用下竖向加速度的叠加分析和楼板舒适度分析外，为避免各层长悬挑梁变形差异对建筑玻璃幕墙的影响，结合建筑幕墙分格周圈设置小钢柱，与挑梁共同工作形成空腹桁架，起控制减少各楼层之间变形差，减少挠度的作用。

8.3.1 长悬挑结构竖向加速度反应计算

北京 CBD 核心区 Z13 地块项目标准层平面尺寸南北向为 80.6m，外挑长度为 8.6m，悬挑较大，结构存在尺寸突变、竖向不规则的情况。

为了考虑水平地震作用下长悬挑部分的竖向加速度反应，采用 ETABS 软件对结构进行时程分析计算。选取三条地震波进行弹性时程分析，考虑竖向地震作用。地震波的有效峰值按《建筑抗震设计规范》GB 50011—2010（2016 年版）选取，同时在三维空间模型输入三个方向地震波，三个方向地震波峰值加速度按照水平主方向：水平次方向：竖向为 1：0.85：0.65 输入。以图 8.3-1 中圆圈处在多遇地震下的竖向加速度反应数据为分析对象，悬挑部位节点竖向加速度见表 8.3-1。

由表 8.3-1 数据可知，随着结构层数的增加，长悬挑结构最外侧点的加速度也呈增大趋势。其中，TH3 地震动下的竖向振动最为强烈，最大加速度发生在第 41 结构计算层，

达到了 $3.707\mathrm{m/s^2}$，约为基底加速度的 12.3 倍。最底层的悬挑结构竖向加速度也达到了 $1.475\mathrm{m/s^2}$，约为基底加速度的 4.9 倍。由此可见，在多遇地震下结构由于尺寸突变导致的悬挑部位竖向动力加速度均大于 $0.1g$，动力放大效应非常显著。

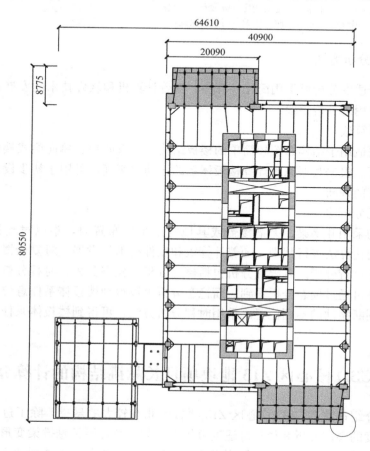

图 8.3-1　结构平面图

悬挑部位节点竖向加速度　　　　　　　　　　表 8.3-1

楼层	TH1($\mathrm{m/s^2}$)			TH2($\mathrm{m/s^2}$)			TH3($\mathrm{m/s^2}$)			加速度最大值 ($\mathrm{m/s^2}$)
	X-YZ	Y-XZ	Z	X-YZ	Y-XZ	Z	X-YZ	Y-XZ	Z	
42	2.402	2.485	1.72	2.359	2.319	2.534	3.574	3.675	2.992	3.675
41	2.421	2.505	1.733	2.378	2.338	2.555	3.605	3.707	3.018	3.707
40	2.407	2.49	1.724	2.367	2.327	2.542	3.585	3.686	3.002	3.686
39	2.383	2.464	1.707	2.344	2.305	2.517	3.545	3.644	2.969	3.644
38	2.364	2.445	1.692	2.328	2.29	2.496	3.511	3.61	2.942	3.61
37	2.354	2.435	1.682	2.319	2.281	2.482	3.487	3.584	2.922	3.584
36	2.349	2.431	1.675	2.315	2.278	2.471	3.469	3.566	2.909	3.566
35	2.349	2.431	1.67	2.314	2.278	2.465	3.459	3.555	2.901	3.555
34	2.35	2.432	1.668	2.314	2.279	2.463	3.455	3.551	2.898	3.551
33	1.65	1.777	1.361	2.468	2.496	2.273	2.826	2.935	2.531	2.935

楼层	TH1(m/s²)			TH2(m/s²)			TH3(m/s²)			加速度最大值 (m/s²)
	X-YZ	Y-XZ	Z	X-YZ	Y-XZ	Z	X-YZ	Y-XZ	Z	
32	1.643	1.769	1.36	2.464	2.492	2.27	2.823	2.932	2.528	2.932
31	1.63	1.755	1.352	2.454	2.482	2.263	2.815	2.924	2.519	2.924
30	1.613	1.735	1.352	2.44	2.467	2.252	2.803	2.911	2.505	2.911
29	1.592	1.712	1.345	2.42	2.447	2.237	2.785	2.892	2.485	2.892
28	1.567	1.685	1.336	2.394	2.296	2.216	2.761	2.867	2.458	2.867
27	1.519	1.628	1.243	2.25	2.273	2.03	2.767	2.909	2.209	2.909
26	1.532	1.643	1.247	2.258	2.28	2.04	2.772	2.915	2.22	2.915
25	1.545	1.658	1.25	2.26	2.282	2.045	2.769	2.911	2.226	2.911
24	1.558	1.673	1.252	2.26	2.281	2.048	2.761	2.902	2.23	2.902
19	1.502	1.528	1.264	1.621	1.585	1.737	2.029	2.081	1.853	2.081
15	1.453	1.474	1.245	1.596	1.559	1.703	1.99	2.041	1.803	2.041
10	1.264	1.282	1.093	1.129	1.074	1.33	2.087	2.21	1.542	2.21
5	0.956	0.995	0.928	0.947	0.967	0.868	1.397	1.478	1.238	1.478
2	0.898	0.926	0.93	0.916	0.93	0.867	1.394	1.475	1.235	1.475
嵌固端	0.272	0.278	0.3	0.091	0.091	0.09	0.074	0.075	0.06	0.3

经过对结构进行考虑竖向地震作用的弹性时程分析显示，在多遇地震下，结构由于尺寸突变导致的结构悬挑部位动力放大效应非常显著，均大于 0.1 倍的重力加速度，本项目长悬挑结构的最大竖向加速度达到 0.4g 的水平。

8.3.2 长悬挑结构舒适度分析

北京 CBD 核心区 Z13 项目的南北长悬挑结构选取悬挑部位不设钢次梁和设置钢次梁的两种方案。进行舒适度对比分析。选取单层和多层分别计算，结果显示：单层模型，不设钢次梁悬挑部分 $T = 0.3554\text{s}$，$f_n = 1/T \approx 2.81\text{Hz} < 3\text{Hz}$，设置钢次梁，$T = 0.3129\text{s}$，$f_n = 1/T \approx 3.20\text{Hz} > 3\text{Hz}$；多层模型，考虑小钢柱作用，不设钢次梁悬挑部分 $T = 0.3556\text{s}$，$f_n = 1/T \approx 2.81\text{Hz} < 3\text{Hz}$，设置钢次梁，$T \approx 0.3169\text{s}$，$f_n = 1/T \approx 3.16\text{Hz} > 3\text{Hz}$；自振频率满足要求。

8.3.3 长悬挑结构挠度控制

南北悬挑部分的悬挑长度为 8.6m，长悬挑结构悬挑端的挠度控制和悬挑最外缘处层与层之间的相对变形的控制，对幕墙的设计、制作和安装都起到至关重要的作用，会影响整个建筑外观的品质，对于塔楼的设计而言也是非常重要的。

对悬挑端的变形控制，按大面积幕墙单元间水平分格缝的变形允许值考虑，控制在 10mm 以内。变形差的计算考虑两种楼面活荷载布置工况：

工况一，整栋楼每层均匀布置 25% 或 50% 的活荷载，计算悬挑端各控制点间的层间相对变形。

工况二，极端情况，即在某一楼层均匀布置 25% 或 50% 的活荷载，但相邻上下楼层的活荷载为零，计算各控制点间的层间相对变形。

各控制点位置平面图见图 8.3-2，各控制点在各层变形的包络值见表 8.3-2。

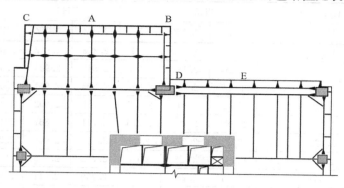

图 8.3-2　控制点位置平面图

各控制点在各层变形的包络值

表 8.3-2

工况	荷载	A点	B点	C点	D点	E点	A点最大层间挠度差包络值
一	25%LL	11.7	7.2	7.9	4.4	4.5	3.7
	50%LL	23.3	14.4	15.7	8.8	9.0	7.4
二	25%LL	10.6	6.0	6.7	2.7	3.0	7.9
	50%LL	21.1	12.0	13.3	5.3	6.0	15.8

可见极端工况 50%活荷载均布作用下 A 控制点挠度差大于 10mm，不满足变形限值。为控制长悬挑端部挠度差，在塔楼悬挑部位，在顶部到二层窗框处设置小钢柱，柱截面为 100mm×100mm×15mm。小钢柱使悬挑部位形成空腹桁架，利用空间作用减少层与层之间的挠度差。设置小钢柱后各控制点在各层变形的包络值见表 8.3-3，最不利点控制挠度差在 10mm 以内。由于小钢柱构件尺寸较小，视觉上与窗框重合，不影响建筑专业从塔楼内部向外看的视线。小钢柱平面布置图见图 8.3-3。

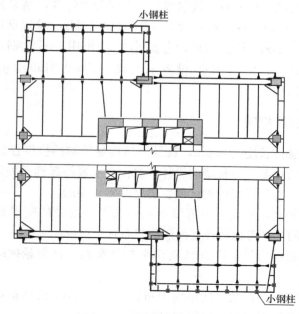

图 8.3-3　小钢柱平面布置图

214

工况	荷载	A 点	B 点	C 点	D 点	E 点	A 点最大层间挠度差包络值
一	25%LL	8.0	6.7	7.2	4.4	4.5	1.4
	50%LL	17.9	13.3	14.3	8.8	8.9	2.8
二	25%LL	7.6	4.9	5.2	2.65	3.0	4.9
	50%LL	15.1	9.7	10.4	5.3	6.0	9.8

设置小钢柱后各控制点在各层变形的包络值　　　　　　　　表 8.3-3

从实际效果看：由于小钢柱截面纤细，满足了建筑师要求幕墙通透的效果，从外立面上看不到幕墙立框背后的小钢柱。

8.4　长悬挑结构的施工

随着建筑技术的进步，越来越多的超高层建筑或公共建筑为了实现建筑形式与功能的多样化，设置了较多大跨度或超大悬挑结构。大跨度或大悬挑结构的应用，可以更有效地利用建筑空间，提供更多的下部空间，避免柱网造成建筑上美感的缺失，经过建筑设计精细化设计后的大型悬挑钢结构更能给人以强烈的艺术感。此类大跨度或大悬挑结构在一般情况下施工条件受限，且施工要求高。此类结构构件一般所处位置较高、构件较重，需要精度较高的预起拱。

相对于常规搭设钢管脚手架做临时支撑体系的悬挑结构安装方法，通过安装临时调节拉杆，利用可调拉杆的强度与刚度特性，将悬挑结构与正式结构进行可靠连接，并通过拉杆的可调节性微调悬挑结构，直至达到设计标高的方法，成为大悬挑钢结构的一种简化安装方法。采用此安装方法进行施工，可以大幅度节省安装时间，降低施工成本，提高大悬挑构件安装的精度，同时，可以避免安装悬挑钢结构过程中构件位于结构外侧安装时产生的安全隐患。

8.4.1　施工安装流程

以下是可调节拉杆安装大跨度或超大悬挑钢结构施工步骤：

（1）技术准备

计算可调节拉杆安装大跨度（跨中起拱）或大悬挑钢结构的预起拱（端部起拱），综合焊接影响，确定最终端部起拱高度。其中，大跨度（跨中起拱）或大悬挑钢结构的预起拱（端部起拱）高度由构件所受恒荷载（一般为自重）+一半活荷载（一般为施工活荷载取 2.5kN/m²）叠加计算所得，如图 8.4-1 所示。此部分起拱包括两部分：即钢梁安装过程中的起拱 a 及未来安装完成后的楼面荷载引起的起拱 b。在现场施工中，考虑对钢梁安装影响最小的焊接顺序，进行 1:1 现场焊接测试，得出对起拱高度的影响 c。复核安装过程中斜拉杆受拉承载力是否足够。

通过计算模拟施工工况，确定卸载顺序与条件：卸载条件为梁端部起拱标高达到设计值，然后逐渐卸载与梁连接处斜拉杆。

（2）安装前，复核预先在主体结构上留设的可调拉杆连接板的标高及平面位置。

（3）将需要安装的钢结构吊至安装标高处，准备与预先埋设的钢牛腿对接。

（4）按钢梁端部临时连接计算要求，穿入相应的连接螺栓或焊接钢梁安装定位卡板，对钢梁进行临时安装固定。

（5）将可调斜拉杆与两吊耳通过销轴相连，塔式起重机摘钩。

（6）测量

通过测量梁端及梁根部标高得出钢结构实际与理论计算偏差，根据安装角度确定斜拉杆旋转一周可使两端标高提升的数值，通过调节斜拉杆将钢结构位置校正至理论计算标高。

（7）安装

复核悬挑钢结构标高定位，并继续调整斜拉杆直至无误，终拧所有腹板处高强度螺栓，焊接翼缘，并完成悬挑钢结构安装。

（8）卸载

反向调节可调拉杆套筒，逐步进行卸载，同时监控测量大跨度或大悬挑钢构件的下挠尺寸，不再下挠后，方可完全卸载。先解除拉杆与大跨度或大悬挑钢结构连接点，后解除预设牛腿端。

8.4.2 材料与设备

可调节拉杆安装系统配套安装工具见表8.4-1。

可调节拉杆安装系统配套安装工具 表 8.4-1

序号	材料名称	数量	备注
1	安装捯链	1个	
2	吊绳	3根	
3	卡环	4个	
4	撬棍	2根	
5	钢筋挂笼	1个	
6	扳手	2把	
7	水平仪	1台	
8	全站仪	1台	
9	标尺	1把	
10	高强度螺栓终拧枪	1把	
11	两端均带内丝扣的可调拉杆套筒	1个	
12	一端带连接耳板，一端带外丝扣的拉杆	2个	可调节拉杆安装系统
13	连接耳板	2个	
14	销钉	2个	
15	调节拉杆用的钢杆	1个	

采用可调节拉杆安装系统安装钢梁过程中施工人员为：安装人员3人，测量人员2人，地面挂钩人员3人，焊接人员1人，看火人员1人。

8.4.3 效益分析

采用可调节斜拉杆安装悬挑钢梁或大跨钢梁，比传统方式节省了大量搭设架体的费用，按照每平方米架体23元计算，安装重约6t的钢梁约需搭设架体50m²，对于本项目40层双侧设置悬挑的工程约节省费用23×50×2×2×40＝184000（元）。可周转斜拉杆投入费用约为10000元，可比传统方式节省约174000元。

8.4.4 应用实例

北京 CBD 核心区 Z13 地块项目主楼的西北与东南角对称设置有两个超大悬挑结构，结构尺寸为 20.10m×8.64m，悬挑平台主支撑构件截面为 H950×500×35×50，最大长度为 7150mm，单根重量为 6t。悬挑平台主支撑构件平面示意图见图 8.4-1。

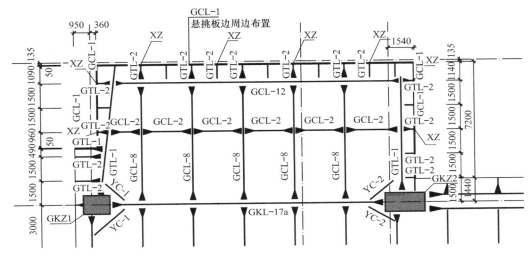

图 8.4-1 悬挑平台主支撑构件平面示意图
(对称的东南角悬挑结构与此一致)

由于工程现场场地狭小、施工工期紧，无法采用脚手架安装钢梁进行施工。本工程采用可调拉杆安装大截面超重悬挑钢梁。可调拉杆直径为 50mm，斜拉杆安装后角度为 15°，斜拉杆长度为 3m，最大调节范围为±100mm，丝扣间距为 5mm，所以斜拉杆旋转一周约可使梁端部上升 5mm。可调节斜拉杆系统构件示意图如图 8.4-2 所示。

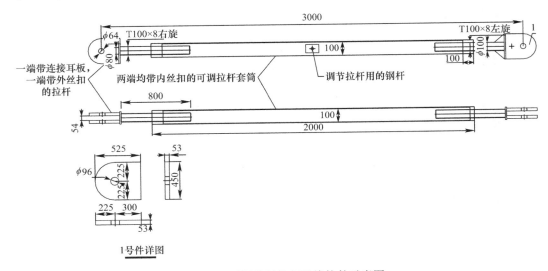

图 8.4-2 可调节斜拉杆系统构件示意图

1. 安装技术准备

计算理论钢梁预起拱值：悬挑钢梁端部预起拱计算模型见图 8.4-3。

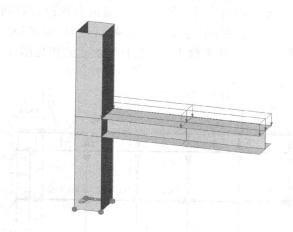

图 8.4-3　悬挑钢梁端部预起拱计算模型

钢梁在安装过程中预起拱的计算荷载为：悬挑钢梁自重和施工均布活荷载，经计算需预起拱挠度约为 5mm，如图 8.4-4 所示。

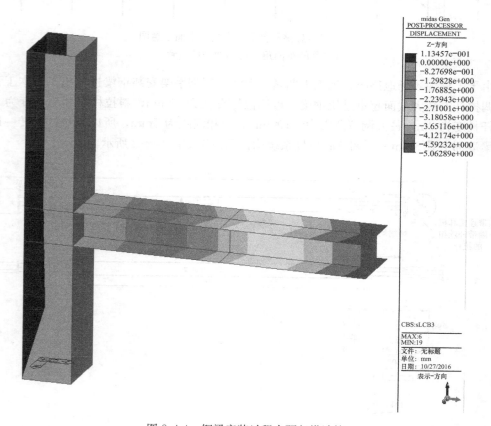

图 8.4-4　钢梁安装过程中预起拱计算

悬挑钢梁预起拱的大小根据安装完成后楼面荷载的一半计算得到，安装完成后的楼面荷载取值为：悬挑处所有钢梁自重＋楼板厚度自重＋楼面恒荷载＋0.5×楼面活荷载，本项目经计算得到钢梁预起拱挠度为21mm，如图8.4-5所示。

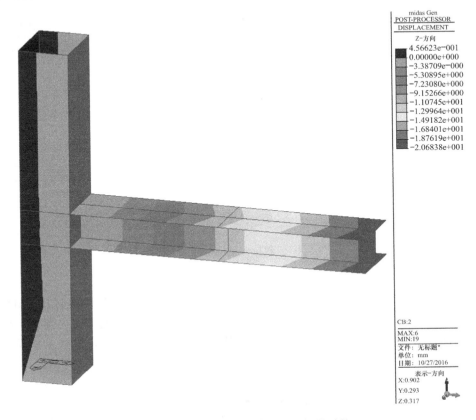

图 8.4-5　钢梁安装完成后的预起拱计算

因为影响挠度约为5mm，所以现场斜拉杆吊装时的端部挠度为21＋5＋5＝31（mm），卸载斜拉杆后的端部挠度应为21mm。

复核斜拉杆受拉承载力计算：荷载为钢梁自重＋施工活荷载，安装过程中受拉内力为31kN，计算模型如图8.4-6所示，斜拉杆受力承载力云图如图8.4-7所示。计算得到Q345ϕ50×5斜拉杆极限受拉承载力为219kN，故斜拉杆受拉承载力满足。

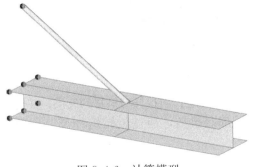

图 8.4-6　计算模型

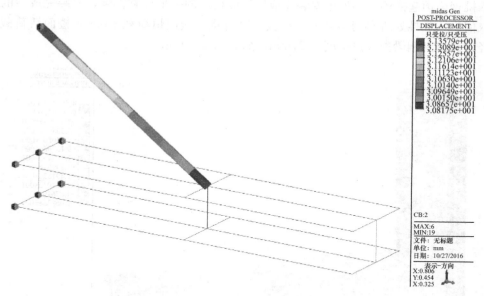

图 8.4-7　斜拉杆受拉承载力云图

2. 现场具体安装步骤

（1）悬挑钢梁起吊。此过程中将悬挑钢梁上的斜拉杆吊耳焊接至钢梁上，将斜拉杆与吊耳安装，并用捯链吊住斜拉杆，一起吊运至安装高度，钢梁现场起吊图见图 8.4-8。

（2）根据计算得出柱上吊耳的定位（此吊耳在工厂已焊接完成），钢柱上斜拉杆连接吊耳图见图 8.4-9。

图 8.4-8　钢梁现场起吊图

图 8.4-9　钢柱上斜拉杆连接吊耳图

（3）将钢梁吊至预定位置，并进行斜拉杆与吊耳的连接，并初拧高强度螺栓（图 8.4-10）。

（4）反复复核标高及端部起拱值，通过旋转钢杆调节斜拉杆，使其端部起拱值达到 31mm。

梁根部标高测定见图 8.4-11，梁端部标高测定见图 8.4-12。

图 8.4-10 初拧高强度螺栓

图 8.4-11 梁根部标高测定

（5）终拧高强度螺栓，并焊接上下翼缘，拆卸斜拉杆完成安装。终拧高强度螺栓见图 8.4-13。

图 8.4-12 梁端部标高测定

图 8.4-13 终拧高强度螺栓

8.4.5 长悬挑结构施工总结

与传统搭设脚手架安装悬挑钢梁的方法对比，可调节拉杆安装大跨度及大悬挑钢结构在施工中的主要优点有：

（1）安装施工的前提条件要求低，安装构件基本不受施工场地条件限制。

（2）施工措施简单易拆，可大幅提高施工效率，缩短悬挑钢梁安装的施工周期。

（3）悬挑钢梁安装精度较高。

（4）避免搭设大量架体，节省人力物力。

（5）悬挑钢梁安装人员的安全得到保障。

（6）可调节拉杆安装系统所用构件可全部实现周转，基本可实现零损耗。

9 液压爬模的施工与应用

9.1 超高层墙体模板的选择

9.1.1 目前超高层模板的类型

目前超高层施工采用较多的模板形式有液压爬模、液压滑模、液压顶模。

液压爬模是 20 世纪 90 年代国内企业引进国外先进技术，结合自主研发生产的一种产品，目前技术已经趋于成熟，被广泛应用于高层建筑施工中。

液压滑模技术在高层建筑施工中已广泛应用 30 多年，它具有工序搭接紧凑、工效高、进度快等特点，主要应用于高耸结构，水塔、烟筒等。

液压顶升爬模是由国内施工单位自行研发的，用于高层核心筒剪力墙施工的液压自爬升模板及平台体系。液压顶模经过多个工程的运用，产品逐步完善，并在运用过程中取得较好的效果。

9.1.2 爬模工作原理

液压爬模的动力来源是本身自带的液压顶升系统，液压顶升系统包括液压油缸和上下换向盒，换向盒可控制提升导轨或提升架体，通过液压系统可使模板架体与导轨间形成互爬，从而使液压爬模稳步向上爬升。液压爬模在施工过程中无需其他起重设备，具有操作方便、施工速度快、安全系数高、工程质量好、降低成本等特点，特别是在混合结构施工中，可以有效减少塔式起重机的利用，为钢结构吊装创造条件，达到缩短工期的目的。

9.1.3 爬模构成

液压爬模系统主要由模板系统、液压架体与操作平台系统、液压爬升系统和电器控制系统组成。

模板系统常用的体系有组拼式大钢模板或铝合金模板、木工字梁模板、钢框胶合板模板或塑料模板等。

液压架体与操作平台系统包括上架体、可调斜撑、上操作台、下架体、架体挂钩、架体防倾调节支腿、下操作台、吊平台、水平连系梁、脚手板、翻板、栏杆、防护网等，其中工作平台包括上操作平台（2～3 层）、下操作平台（2 层）、吊操作平台（1～2 层）、施工电梯转接平台（1 个），主操作平台宽一般为 2.4～2.8m。

液压爬升系统包括爬升导轨、预埋系统、预埋挂座、爬升油缸、液压控制台、防坠爬升器、油管油路等。

电器控制系统包括电源控制箱、电器控制箱、智能控制系统等。根据结构尺寸和施工需要，墙体内外可配备多根爬升导轨、多套液压顶升设备，每侧、每段爬模均可单独爬升，所有液压顶升设备共用一个或两个控制柜，通过操作电子控制器来实现导轨及架体的正常爬升。液压爬模的构成见图 9.1-1，液压爬模的配件图见图 9.1-2。

9.1.4 爬模技术特点

液压爬模可整体爬升，也可单榀爬升，能实现流水施工，节约人力投入，减少窝工。

液压爬模既可直爬，也可斜爬，爬升过程平稳、同步、安全、速度快，可以提高工程施工速度。

爬模架一次组装后，一直到顶不落地，节省了施工场地，而且减少了模板（特别是面板）的碰伤损毁。

提供全方位的操作平台，不必为重新搭设操作平台而浪费材料和劳动力。

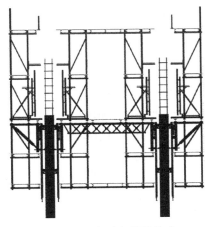

图 9.1-1　液压爬模的构成

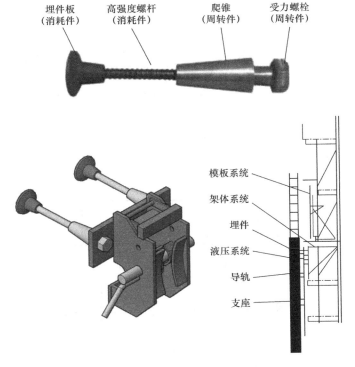

图 9.1-2　液压爬模的配件图

结构施工误差小，纠偏简单，施工误差可被逐层消除。

模板自爬，原地清理，大大降低了塔式起重机的使用次数。

斜撑式模板后移设计，方便模板拆除和调整模板垂直度。

采用液压爬模施工时，可以让楼板与墙体同时施工，也可以将楼板甩开先施工墙体。

223

液压爬模布置位置灵活，单组重量较轻，便于后期位置调整时的拆改。液压爬模通用性强，高层和超高层均可以使用。

液压爬模依墙面爬升，各个开间平台可以互相独立使用小油缸顶升，爬升点位较多，不需要在墙上留洞。

爬模埋件较小，将一次性埋件留在墙体内，与墙体融为一体，不影响墙体承载力。爬模周转性埋件如爬锥拧出墙面后，形成圆孔，可用砂浆填实抹平。

液压爬模钢结构安装不受爬模平台的限制，但不能影响塔式起重机的回转，钢结构安装与土建施工互相影响小，便于施工协调管理。

爬模安装和拆除均比较简单，可以分单元整体吊装，对施工周期影响较小。各层平台被设计成独立模块，可以将平台提前组装，分层码放。可以降低现场高处散装平台的工作量，减少安全隐患，降低对现场场地的需求，使得平台更规范。

9.2 液压爬模设计

以北京 CBD 核心区 Z13 地块项目为例，液压爬模设计主要有以下内容：

9.2.1 模板设计

核心筒内外均采用钢模板。钢模板的重量约为 100kg/m^2，钢模板面板厚度为 5mm，次肋为 75mm×50mm×5mm 角钢，间距小于 300mm，横肋为 10 号双槽钢，槽钢间距为 300mm/1100mm/1200mm/1200mm/700mm，边肋为 75mm×8mm 带钢；标准层浇筑高度为 4.35m，钢模板设计高度为 4.5m（下包 100mm，上挑 50mm）。

钢模板之间用螺栓连接，模板的背楞根据墙体长度设计，本工程模板设计最大变形为 2mm。模板上的拉杆孔在模板组拼成整体后打孔，孔径为 26mm。将每块模板编号，编号应方便现场模板的查找和拼装。模板立面图见图 9.2-1。

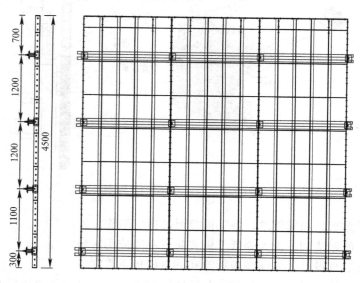

图 9.2-1 模板立面图

9.2.2 模板平面设计

（1）模板从地下第 5 层开始使用，由于外墙随结构高度增加而内缩，故每次外墙结构变化时，外墙模板须进行相应调整。模板设计时两端配置有小块钢模板，墙体内缩时拆除相应宽度模板即可。

（2）外侧模板采用后移装置与上操作支架分离的方式，上操作支架被固定在主平台上，模板利用后移装置进行后移，利用后移装置上的调节座进行垂直度调节。内筒模板通过捯链吊挂在爬模上平台的横梁上。

9.2.3 节点设计

1. 阳角模板节点

模板的阳角部位采用传统的角钢加螺栓固定方式，并设置阳角斜拉杆，确保模板在施工过程拼缝严密。模板设计时，在阳角模板连接示意图见图 9.2-2。

2. 阴角模板节点

阴角模板截面为 400mm×400mm，设计为子口，两边大模板设计为母口，子口压母口 15mm。模板安装过程中，先安装角模，后安装大模板。模板拆除时，先拆除大模板，最后将角模拆除。

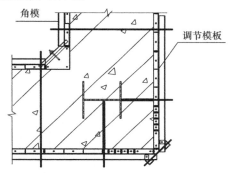

图 9.2-2　阳角模板连接示意图

阴角两侧大模板的后移需要交替进行，以保证最大后移距离。后移面一为爬模导轨面，可后移 600mm；后移面二可后移 150mm；阴角模可后移 50mm。后移面一合模后，后移面二可后移 600mm。阴角模板示意图见图 9.2-3。模板交替后移示意图见图 9.2-4。

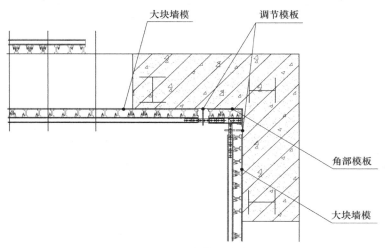

图 9.2-3　阴角模板示意图

3. 门洞处模板

门洞处设置梁模板，梁模板与两侧大模板通过螺栓连接。门洞宽度小于 2m 时，钢模板背楞要连通，梁模板与墙模板连接为整体，方便模板与爬模架体的固定。门洞宽度大于 2m

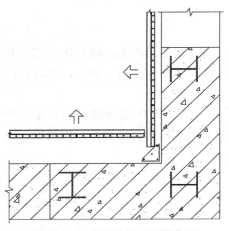

图 9.2-4　模板交替后移示意图

时，门洞部位不设模板且背楞断开，配置独立的梁模板与爬模架体连接。门洞处模板示意图见图9.2-5。

4. 门洞处钢模板与散拼梁底模板连接节点

门洞两侧大模板设计时均超出门洞约100mm，以便门洞处散拼模板施工。施工时散拼模板可利用钢管背楞通过对拉螺栓与钢模板拉结，见图9.2-6。

5. 外伸牛腿处模板处理

为保证爬模顺利爬升及不影响核心筒其他结构施工，核心筒结构施工时预留牛腿，以便后续外围钢结构施工。为确保模板正常作业，在预留牛腿处配置一块可以拆卸的模板，当有牛腿时，将活动模板拆除，在空余部位根据牛腿具体尺寸现场拼装模板。当结构无预留牛腿时，再将该模板与其他模板重新组装好，进行下一阶段施工，直到下次出现牛腿的时候重复以上操作，牛腿模板处理示意图见图9.2-7。

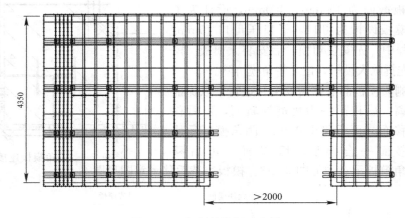

图 9.2-5　门洞处模板示意图

6. 外墙墙体内缩导轨与挂座节点设计

由于外墙截面尺寸随着结构高度增加而变化；地下5层～地上39顶层外墙结构共内缩7次，其中单次内缩最大为300mm，其余均为每次内缩≤100mm。墙体每次内缩100mm时，爬模架体可通过自身斜爬功能爬升通过；墙体内缩300mm时，须设置过度垫盒，确保每次爬升收缩在100mm以内。由于外墙模板下包100mm，为保证墙体变截面时模板能够下包，故需在浇筑变截面层混凝土的前一层时，在模板上口垫木方或木盒，见图9.2-8。

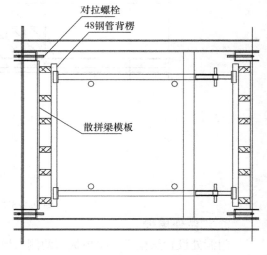

图 9.2-6　门洞处模板与散拼模板连接示意图

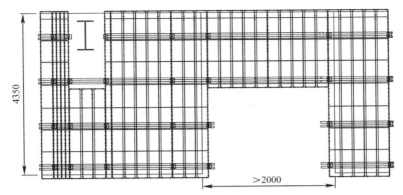

图 9.2-7　牛腿模板处理示意图

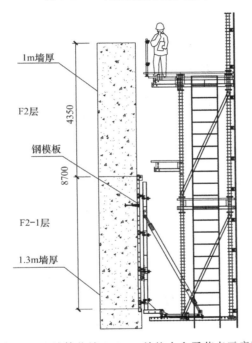

图 9.2-8　墙体收缩 300mm 处垫木盒子节点示意图

7. 梁板后浇及钢梁节点处理

（1）后浇梁钢筋采用预埋直螺纹套筒的方式连接，如图 9.2-9 所示。

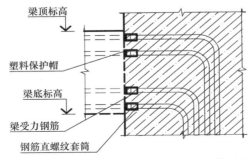

图 9.2-9　后浇梁钢筋采用预埋直螺纹套筒连接

（2）混凝土梁与核心筒墙、梁连接节点，如图9.2-10所示。

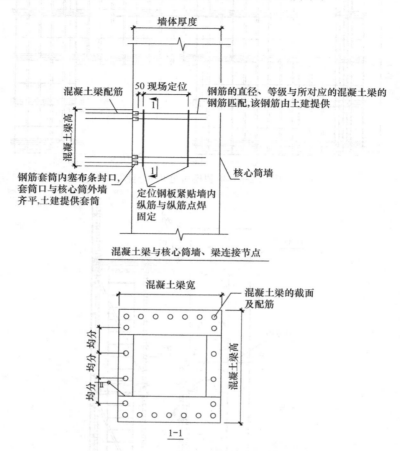

图 9.2-10　混凝土梁与核心筒墙、梁连接节点

（3）核心筒墙与后施工钢梁连接节点

本工程地上部分水平结构为钢梁，与核心筒墙连接采用预埋钢板，这样既不影响爬模施工，也不影响整体施工进度。墙体钢筋绑扎完成后，把预埋钢板固定在核心筒墙体钢筋上，钢板面与浇筑完混凝土面在同一平面，爬模正常施工。待爬模向上爬升后，外框筒钢结构安装时，钢梁与钢板埋件焊接。钢梁埋件典型节点示意图见图9.2-11。

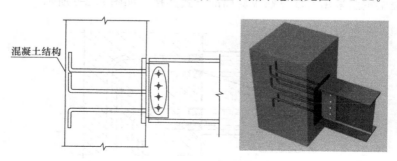

图 9.2-11　钢梁埋件典型节点示意图

228

（4）对于后浇楼板，在核心筒墙内预埋图纸要求的楼板钢筋。后浇楼板做法示意图见图 9.2-12。预埋楼板胡子筋措施与楼板筋剔凿见图 9.2-13。

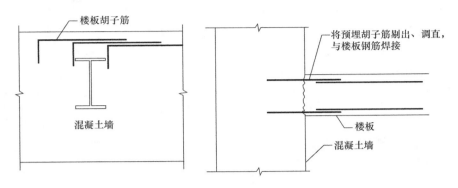

图 9.2-12　后浇楼板做法示意图

图 9.2-13　预埋楼板胡子筋措施与楼板筋剔凿

8. 架体预埋爬锥遇洞口时节点处理

单榀爬模架通过预埋爬锥与墙体连接，爬锥是重要的受力构件，因此爬锥应避开洞口布置。当预埋爬锥无法避开机电专业等预留洞时，在预留的洞口设计型钢柱，通过型钢桁架安装受力螺栓。在爬模的下架体部分，附墙撑可能出现在洞口，采用［20槽钢的内侧抵住附墙支撑，槽钢外侧用胀栓固定于洞口两侧的墙体上，见图 9.2-14 和图 9.2-15。

图 9.2-14　爬锥遇洞口处理措施　　　　图 9.2-15　附墙撑遇洞口处理措施

9.2.4　预埋设计

（1）地下第 5 层外墙厚 1300mm，外侧爬模埋件采用标准双预埋件系统。墙厚大于 400mm 时，可设置标准预埋件系统；墙厚小于或等于 400mm，则无法满足预埋件预埋需求。内筒采用穿墙螺栓预埋系统，确保安全稳固；在使用穿墙螺栓位置两侧模板均开孔，预埋 PVC 管，并在 PVC 管内穿入 M36 螺杆或塞入沙袋，以免浇筑时损坏 PVC 管。使用标准预埋件时，则在合模时，在混凝土浇筑完毕脱模后，安装受力螺栓。预埋件做法图见图 9.2-16 和图 9.2-17。

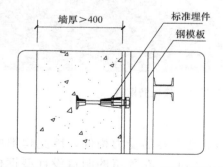
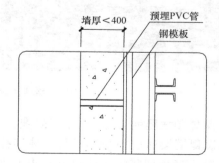

图 9.2-16　墙厚大于 400mm 的预埋件做法图　图 9.2-17　墙厚小于 400mm 的预埋件做法图

（2）双埋件系统。预埋件螺杆直径为 20mm，采用 45 号钢；受力螺栓为 M36，10.9 级。模板提前开好了爬锥孔，总共有三排，分别对应不同的层高，对暂用不到的爬锥孔临时封堵。不同层高爬锥立面定位图见图 9.2-18。

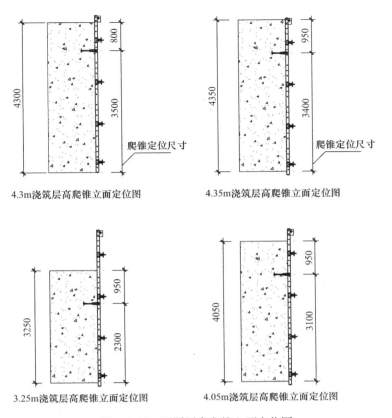

4.3m浇筑层高爬锥立面定位图   4.35m浇筑层高爬锥立面定位图

3.25m浇筑层高爬锥立面定位图   4.05m浇筑层高爬锥立面定位图

图 9.2-18　不同层高爬锥立面定位图

（3）预埋件安装方式。爬模架体使用的预埋件需要利用模板进行提前预埋，固定方法是：模板拼装时，将固定预埋件的孔，按照图纸标定的位置打好，在模板就位前，将预埋件用螺栓提前安装在模板的面板上，模板就位后，须按照图纸检查每个埋件的位置及紧固程度，检查无误后，方可进行混凝土的浇筑。浇筑完成达到拆模要求后，将安装螺栓拆掉，模板后移，将预埋件留在混凝土墙体中待爬模爬升后使用，见图 9.2-19～图 9.2-21。

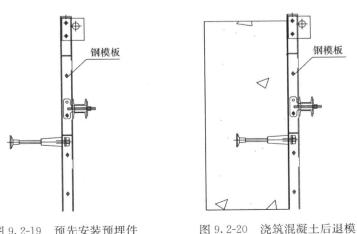

图 9.2-19　预先安装预埋件   图 9.2-20　浇筑混凝土后退模

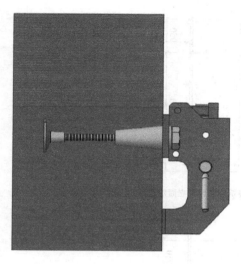

图 9.2-21　使用受力螺栓固定挂座

（4）预埋施工时，预埋件与结构配筋应点焊或绑扎，防止浇筑时预埋件位置偏移。为了便于爬锥拆卸，安装前应先涂抹黄油，再用胶带包裹，见图 9.2-22。

9.2.5　架体平面设计

本工程外侧共布置 44 个爬模机位，内侧共布置 48 个爬模机位，单个机位的设计顶升力为 10t（含自重）。每个机位设置一套液压油缸，92 套油缸共配置 9 套集中泵站。爬模预埋件第一个预埋点埋在地下第 5 层墙体内，B5 层混凝土浇筑完毕后开始安装液压自爬模，B4 层混凝土浇筑完毕并拆除模板后，方可提升架体。标准层每次提升一层高度。

整个爬模系统在核心筒作业面形成一个封闭、安全、可独立向上施工的操作空间。爬模架爬升可以分段、分块或分单元整体爬升。

在第 15 层结构变化时，外侧架体 E6 和 W6 需要被现场改造：拆除南侧 2 个机位和多余跳板及防护网，切除伸出平台梁和维护龙骨，再次吊装地面上预先拼装好的 4.8m×1.0m 的悬挑平台，安装角部防护网，最后，需要将改造后的架体平台梁与相应架体连接为整体。改造后架体可以顺利爬升施工，其余部分架体 S1 和 S2 停留在第 14 层（非变结构层），作为施工平台，相应架体可以拆除。内筒（G 筒）架体需要拆除中间平台，南侧 4 个机位停留在第 14 层作为施工平台。

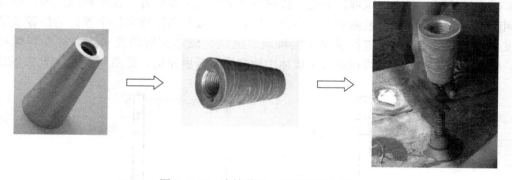

图 9.2-22　涂抹黄油，再用胶带包裹

在第 29 层结构变化时，外侧架体 E1 和 W1 需要在现场改造：拆除北侧 2 个机位和多余跳板及防护网，切除伸出平台梁和维护龙骨，再次吊装地面上预先拼装好的 4.8m×1.0m 的悬挑平台，安装角部防护网，最后，需要将改造后的架体平台梁与相应架体连接为整体。改造后架体可以顺利爬升施工，其余部分架体 N1 和 N2 停留在第 28 层（非变结构层），作为施工平台用，相应上架体可以拆除。内筒（A 筒）架体需要拆除中间平台，北侧 4 个机位停留在第 28 层作为施工平台。

第 15 层和第 29 层拆除中需要做好临时安全防护,拆完后立即安装好防护网。

地上第 15 层、第 29 层模板角部处理示意图见图 9.2-23,地上第 15 层、第 29 层架体角部处理示意图见图 9.2-24。

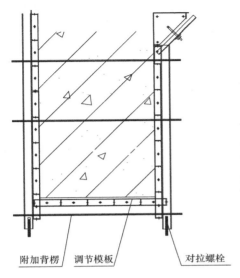

图 9.2-23　地上第 15 层、第 29 层模板角部
处理示意图

图 9.2-24　地上第 15 层、第 29 层架体角部
处理示意图

为了避免架体爬升时与结构冲突,爬模平台板与混凝土墙面间留有 150mm 的间隙。同时,为防止高处坠物,在架体与混凝土墙面之间的空隙处设置翻板。当架体提升时,将翻板翻开,架体提升到位后,立即将翻板铺好。为全面做好安全防护工作,在导轨与平台跳板之间的缝隙处同样设置盖板,架体与结构间缝隙翻板做法见图 9.2-25。

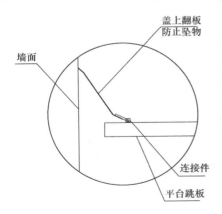

图 9.2-25　架体与结构间缝隙翻板做法

9.2.6　架体立面设计

1. 平台设计

根据现场混凝土施工要求,为满足现场施工时钢筋绑扎所需平台高度需求,外侧

爬模架体共设置 7 层操作平台：①平台，供施工时放置钢筋等材料使用；②平台为绑钢筋操作平台，供绑钢筋等施工操作使用；③平台为模板操作平台，供模板施工操作使用；④平台为主平台，供模板后移使用，兼作主要人员通道；⑤平台为液压操作平台，爬模爬升时进行液压系统操作使用；⑥平台为吊平台，方便拆卸挂座、爬锥及受力螺栓，以便周转使用；⑦平台为防护平台。架体设计总高度为 19.5m。架体立面图见图 9.2-26。

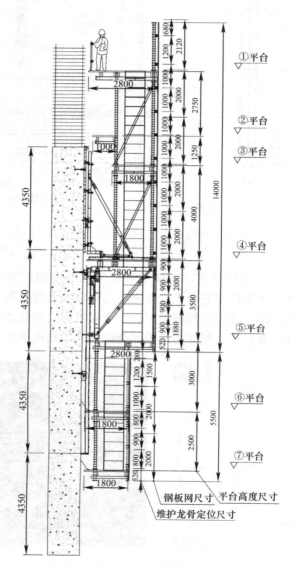

图 9.2-26　架体立面图

2. 外侧爬模外立面防护设计

核心筒外侧主平台为 2.8m 宽，外立面按大平面设计，液压平台层及以上施工操作层外立面设计为同一立面。为保证高处作业时施工人员的安全，架体外防护设计采用密孔钢板网，钢板网孔径为 5mm，挡风系数为 0.65。密孔钢板网在保证外围护的抗冲击性、安全性、耐用性以及采光要求的同时，追求外立面形象美观、整洁。

3. 核心筒爬模架体立面设计

见图 9.2-27～图 9.2-29。

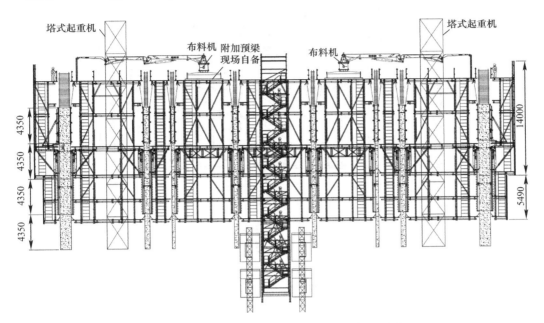

图 9.2-27　地下 4 层～地上 4 层爬模架体立面图

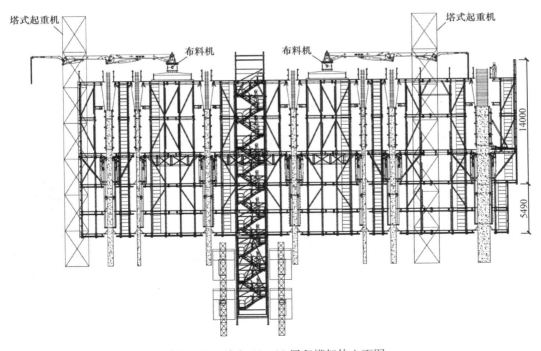

图 9.2-28　地上 15～28 层爬模架体立面图

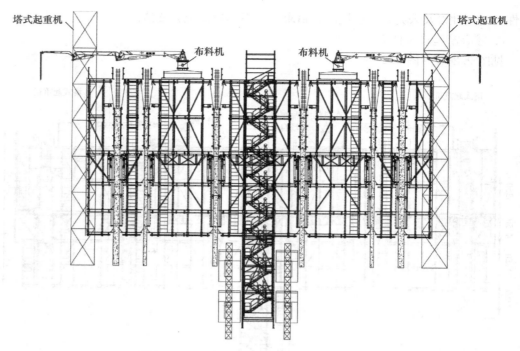

图 9.2-29　地上 29～39 层爬模架体立面图

4. 平台板设计

外侧爬模设置 7 层平台，各层平台板均采用为 50mm 花纹钢跳板，局部采用木跳板填补。花纹钢跳板具有防火、防滑、耐腐蚀的作用。

5. 通道设计

除吊平台外，各层平台均设上下人洞，人洞周围设护栏，层与层之间设置钢梯，并在梯子洞口周边由现场自行设置临边防护。

6. 外侧爬模架体遇外伸牛腿处的处理措施

牛腿设计长度为 1100mm，爬模距墙面较近的平台梁须在牛腿处局部断开，并设置翻板，当爬模爬升通过牛腿时，将翻板翻开，待爬模通过牛腿位置后将翻板恢复。图 9.2-30 是外伸牛腿处理措施示意图，图 9.2-31 是外伸牛腿处理措施现场照片。

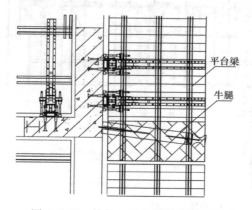

图 9.2-30　外伸牛腿处理措施示意图

图 9.2-31　外伸牛腿处理措施现场照片

9.2.7 液压爬模的设计计算

根据《液压爬升模板工程技术标准》JGJ/T 195—2018 规定，对爬模装置进行设计与工作荷载计算。对承载螺栓、导轨等主要受力部件应按施工、爬升、停工三种工况分别进行强度、刚度及稳定性计算，以确保施工安全，荷载效应组合按各工况取不同的荷载分项系数及荷载值：

(1) 施工工况（自重荷载、施工荷载及计算时采用的 n 级风荷载）。此工况包括浇筑混凝土和绑扎钢筋，爬模装置在正常施工状态和遇有 n 级风施工时均能满足设计要求。此施工工况的基本风压一般取 7 级或由工程要求及工程所在地气象预报的风级对应的基本风速进行计算，此工况爬模可正常施工，施工荷载组合时，上操作平台施工荷载标准值为 $5.0kN/m^2$。

(2) 爬升工况（自重荷载、施工荷载及计算时采用的 n 级风荷载）。此工况包括导轨爬升、架体爬升，爬模装置在正常施工状态和遇有 n 级风施工时均能满足设计要求。此工况的基本风压一般取 7 级或由工程要求及工程所在地气象预报的风级对应的基本风速进行计算，此工况爬模停止施工、平台清理干净、模板后移到位即可正常爬升，施工荷载组合时，下操作平台施工荷载标准值为 $1.0kN/m^2$。

(3) 停工工况（自重荷载及计算时采用的 p 级风荷载）。此工况既不施工，也不爬升，模板之间采用对拉螺栓紧固，爬模装置在抵抗 p 级风施工时均能满足设计要求。一般取十年一遇风荷载或由工程要求和气象预报风力等级 p 对应的风荷载计算确定。此停工工况平台清理干净、模板合模紧固，可按计算设计确定爬模架体遇特殊大风天气如台风时的应急处理方案，须增加对应结构连接部位及加强措施。

9.3 液压爬模安装、爬升、拆除

9.3.1 液压爬模的安装

1. 液压爬模的安装顺序

(1) 首层墙体浇筑完成，绑扎完第二层墙体钢筋。

(2) 在首层安装挂座，整体吊装地面预拼好的下操作平台和承重三脚架。

(3) 在下操作平台上安装地面预拼好的模板及后移装置。

(4) 在第二层墙体模板上安装预埋件，通过后移装置合模板，紧固模板。

(5) 整体吊装在地面预拼好的上操作平台，安装调节平台。

(6) 浇筑第二层墙体混凝土，混凝土养护。

(7) 绑扎第三层墙体钢筋。

(8) 安装液压爬升系统，安装电气控制系统。

(9) 拆除第二层墙体模板，通过后移装置后退模板，安装墙面挂座。

(10) 吊装导轨挂至第二层墙面挂座。

(11) 打开翻板，在首层操作架体爬升至第二层。

(12) 合上翻板，首层爬升完成。

（13）连接地面预拼好的吊平台，安装防护网板，架体进入正常爬升流程。

液压爬模安装现场照片见图 9.3-1。

2. 液压爬模的优势

爬模组装一般在首层结构施工完成后开始，Z13 项目选择在筏板层拼装爬模，这具有以下优点：

（1）底板作为拼装场地，较首层作为拼装场地更加方便。

（2）就核心筒本身进度而言，工期能够节省 1 个多月。

（3）对于地下近 27m 的核心筒来说，提高了爬模的使用次数，节约核心筒竖向模板的投入，对地下核心筒的质量也有保障。

（4）可以节约模板及脚手架等周转材料。爬模四周一定范围的楼板、核心筒内部的楼板选择后施工，后施工的材料可以利用先施工区域的顶板材料周转使用。

9.3.2 液压爬模爬升流程

（1）在 N 层墙体模板上安装预埋件，通过后移装置合模板，紧固模板。

（2）浇筑 N 层墙体混凝土，混凝土养护。

（3）绑扎完 $N+1$ 墙体钢筋。

（4）拆除 N 层墙体模板，通过后移装置后退模板，安装 N 层墙面挂座。

(a)

(b)

(c)

(d)

图 9.3-1　液压爬模安装现场照片（一）

(e)   (f)

(g)   (h)

图 9.3-1 液压爬模安装现场照片（二）

（5）在 $N-1$ 层操作液压系统为爬升导轨模式，提升导轨至 N 层，挂至 N 层墙面挂座。

（6）拆除 $N-2$ 层墙面挂座和埋件系统周转件，周转至 $N+1$ 层墙面使用。

（7）打开翻板，在 $N-1$ 层操作液压系统为架体爬升模式，爬升爬模架体至 N 层。

（8）合上翻板，爬升完成，进入下一工作流程。

液压爬模爬升图见图 9.3-2。

9.3.3 液压爬模的拆除

（1）绑扎顶层墙体钢筋。

（2）在顶层墙体模板安装预埋件，通过后移装置闭合模板，紧固模板。

（3）浇筑顶层墙体混凝土。

（4）整体吊装拆除顶层墙体爬模上操作平台，吊至地面解体拆除。

（5）整体吊装拆除顶层墙体模板及后移装置，吊至地面解体拆除。

（6）逐根吊装，拆除导轨。

（7）拆除液压爬升系统及电器控制系统。

（8）打开翻板，整体吊装拆除顶层下操作台及吊平台，吊至地面解体拆除。

（9）拆除下层墙面挂座和埋件系统周转件，拆除完成。

液压爬模拆除图见图 9.3-3，图 9.3-4 是液压爬模拆除实景图。

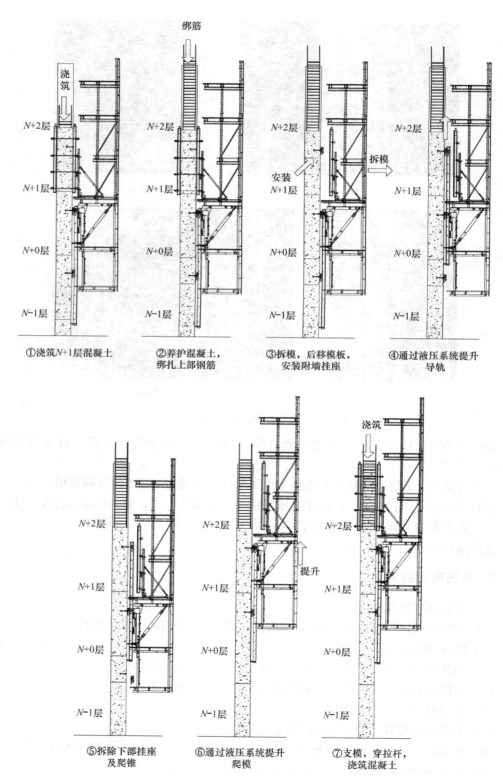

绑筋

浇筑

$N+2$层 $N+2$层 $N+2$层 $N+2$层

拆模

安装
$N+1$层 $N+1$层 $N+1$层 $N+1$层

$N+0$层 $N+0$层 $N+0$层 $N+0$层

$N-1$层 $N-1$层 $N-1$层 $N-1$层

①浇筑$N+1$层混凝土   ②养护混凝土，   ③拆模，后移模板，   ④通过液压系统提升
                  绑扎上部钢筋   安装附墙挂座   导轨

浇筑

$N+2$层 $N+2$层 $N+2$层

提升
$N+1$层 $N+1$层 $N+1$层

$N+0$层 $N+0$层 $N+0$层

$N-1$层 $N-1$层 $N-1$层

⑤拆除下部挂座   ⑥通过液压系统提升   ⑦支模，穿拉杆，
   及爬锥   爬模   浇筑混凝土

图 9.3-2 液压爬模爬升图

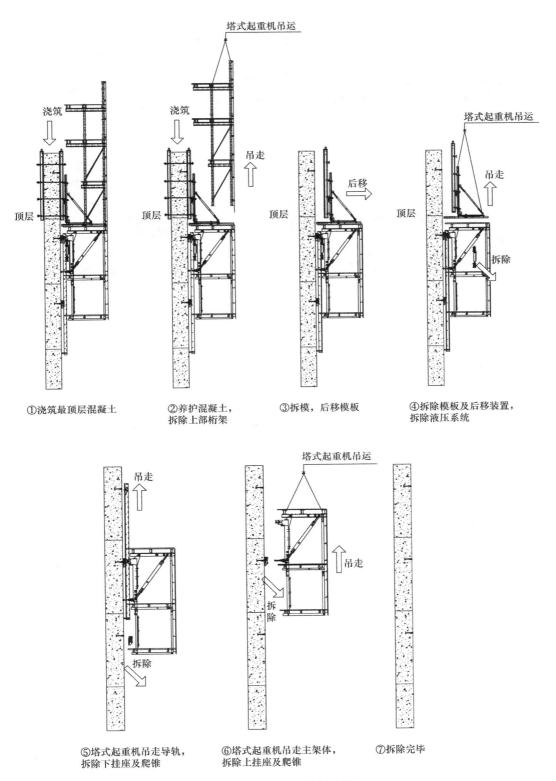

①浇筑最顶层混凝土　②养护混凝土，拆除上部桁架　③拆模，后移模板　④拆除模板及后移装置，拆除液压系统

⑤塔式起重机吊走导轨，拆除下挂座及爬锥　⑥塔式起重机吊走主架体，拆除上挂座及爬锥　⑦拆除完毕

图 9.3-3　液压爬模拆除图

图 9.3-4　液压爬模拆除实景图

9.4　液压爬模安全措施

安装、操作拆除等作业必须根据专项施工方案要求，配备合格人员，明确岗位职责，并对有关施工人员进行安全技术交底。作业过程中不得换人，如更换人员必须重新进行安全技术交底。六级（含六级）以上大风、大雨、浓雾等恶劣天气应停止作业，大风前须检查架体悬臂端拉接状态是否符合要求，大风后要对架体做全面检查，符合要求后方可使用。严禁在夜间进行架体的安装和搭设工作。专职操作人员在爬模的使用阶段应经常（每日至少两次）巡视、检查和维护爬模的各个连接部位，确保爬模的各部位按要求进行附着固定。

1. 爬模安装过程安全技术措施

（1）严格控制预埋件和预埋套管的埋设质量。为保证预埋位置的准确，应用辅助钢筋将预埋套管与墙体横向钢筋固定可靠，防止跑偏。预埋孔位偏差未达到要求的，不得进行安装；预埋孔处墙面必须平整，保证挂座与墙体的充分接触；必须拧紧螺母，以确保附墙座与墙面的充分接触。

（2）在结构墙体混凝土强度超过 10MPa（特殊要求的另行规定）后，方可进行爬模安装。

（3）爬模上所有零部件的连接螺栓、销轴、锁紧钩、楔板必须拧紧和锁定到位，经常插、拔的零件要用细铁丝拴牢。

（4）主承力点以上的架体高度为悬臂端，应在爬模正常使用阶段将悬臂端的中间位置与结构进行刚性拉接固定，以减少风荷载对架体的影响，拉接水平间距不大于 3m。

（5）操作平台上按相关规范要求设置灭火器，并确保灭火器可靠有效。

（6）爬模安装完毕后，根据相关规范要求，组织监理、专业公司（包括负责生产、技术、安全的相关人员），对爬模安装进行检查验收，经验收合格签字后方可投入使用。验收合格后任何人不得擅自拆改，需局部拆改时，应经设计负责人同意，由架子工操作。

2. 爬模施工过程安全技术措施

（1）在爬模装置爬升时，墙体混凝土强度必须大于 10MPa。

（2）禁止超载作业，结构施工时，爬模施工荷载（限两层同时作业）小于 $4kN/m^2$，严禁在操作平台上堆放无关物品。在操作平台上进行电、气焊作业时，应有防火措施和专人看护。

（3）架体提升完毕后或清理模板完毕后，应立即将架体上的模板靠近墙体，并用模板对拉螺栓将模板与墙体进行刚性拉接。

（4）非爬模专职操作人员不得随便搬动、拆卸、操作爬模上的各种零配件和电气、液压等装备。在爬模上进行施工作业的其他人员如发现爬模有异常情况时，应随时通报爬模专职操作人员进行处理。

（5）每施工 3 层或施工进度较慢及施工暂时停滞时，每个月都应对挂座、液压系统等进行检查保养，保证架体的正常使用。

（6）施工过程中，由施工方组织施工技术人员、安全员、液压操作人员、监理等进行爬模架体的检查，确保施工过程安全。

3. 爬模提升过程安全技术措施

（1）爬模提升时，架体上不允许堆放与提升无关的杂物。严禁非爬模操作人员上爬模架。

（2）在提升过程中应实行统一指挥、规范指令，提升指令只能由一人下达，当有异常情况出现时，任何人均可立即发出停止指令。

（3）爬模提升到位后，必须及时按使用状态要求进行附着固定。在没有完成架体固定工作之前，施工人员不得擅自离岗或下班，未办交付使用手续的，不得投入使用。

（4）正在进行提升作业的爬模作业面的正下方严禁人员进入，并应设专人负责监护。

4. 爬模拆除过程安全技术措施

（1）爬模拆除属于特种作业，从事高处作业的人员必须经过体检，凡患有高血压、心脏病、癫痫、晕高症或视力不符合要求，以及不适合高处作业的人员，不得从事登高拆除作业。

（2）操作人员必须经专业安全技术培训，持证上岗，应熟知本工种的安全操作规定和施工现场的安全生产制度，不违章作业。对违章作业的指令有权拒绝，并有责任制止他人违章作业。

（3）操作人员必须正确使用个人安全防护用品，必须着装灵便（紧身紧袖），必须正确佩戴安全帽和安全带，穿防滑鞋。作业时要集中精力，团结协作，统一指挥。

（4）拆除架体前划定作业区域范围，并设警戒标识，与拆除架体无关的人员禁止进入。拆除架体时应有可靠的防止人员与物料坠落的措施，严禁抛扔物料。

（5）拆除工作因故不连续时，应对未拆除部分采取可靠的固定措施。

（6）拆除架体的人员应配备工具袋，手上拿钢管时，不准同时拿扳手，工具用后必须放在工具袋内。拆下来的各种配件要随拆、随清、随运、分类、分堆、分规格码放整齐，要有防水措施，防雨后生锈。

5. 爬模安全防护措施

爬模设置 7 层平台，上平台除墙体位置外满铺脚手板，要求脚手板离混凝土墙面的距离不应大于 200mm。主平台满铺脚手板，要求脚手板离混凝土墙面的距离不应小于 100mm。下平台满铺脚手板，要求脚手板离混凝土墙面的距离不应小于 200mm。液压平台和防护平台与墙体间间隙用翻板封闭。绑筋辅助平台根据实际需要，脚手板可不满铺，脚手板与离墙距离不超过200mm。

各片架体平台间留有150mm的间隙，以保证单独架体的提升。为安全防护，在离架体的空隙处铺设翻板，当架体提升时将翻板翻开，架体提升到位后，应立即将翻板铺好，并用安全网将各独立架体连接好。在铺设架体各层脚手板时，在标准架体水平位置中间留1200mm×800mm的洞，预制爬梯将各平台连接，使架体上下有一个通道，在各平台洞口处用护栏维护。

先做核心筒墙体爬模，后做核心筒内楼板和楼梯（视为二次结构），因二次结构施工上方可能有碎石坠落，须设置安全顶棚。

液压爬模防护见图9.4-1。

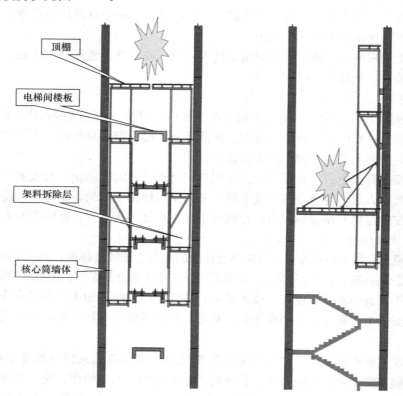

图 9.4-1　液压爬模防护

建议设置3层翻板，分别设在主平台、液压平台和吊平台，翻板的合页须有抗灰浆的效果，液压爬模防护节点见图9.4-2。

地上15层和29层安拆前需要做好爬模架体的安全措施，必须由项目部统一下达拆除命令，对操作人员进行安全交底，拆除中做好临时安全防护，拆完后立即安装防护。

流水段外侧爬模提升前，需要用钢管架做好临时防护；核心筒墙体洞口，墙体变化处需要用钢管封闭。

6. 本工程爬模上部防火措施

虽然本工程爬模架体，包括爬模平台上材料大多数采用钢制，不易着火，但是也有一些例外的材料，例如焊丝盘等。因此，必须将水源接至爬模，并随着爬模提升而提升。

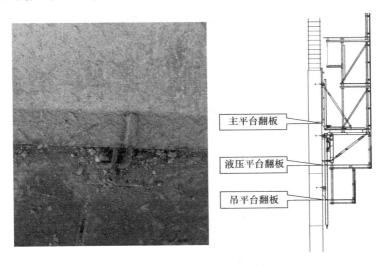

主平台翻板

液压平台翻板

吊平台翻板

图 9.4-2　液压爬模防护节点

爬模消防临水设计：

采用 DN100 的焊接钢管作为消防立管，制作法兰标准节（长度等于层高），随着爬模提升而进行安装。立管接至消防泵房定压消防泵。

爬架底层安装喷洒环管（镀锌钢管），绕爬架最下层一周，至消防立管。单元爬架之间采用承压金属软管连接（预留足够长度，便于爬架错层爬升）。喷洒环管上安装雾化喷头、手动阀门、电磁阀、定时控制器（实现定时开启或远程开启）。利用消防定压水泵压力（0.3～1MPa 调节），进行喷雾降尘。

这样做的好处有：①解决超高层防火问题，可以在发生火灾时迅速启动消防水泵，防止火灾蔓延。②可以降尘，爬模架体上的喷雾可以起到降尘的作用。③可以对核心筒墙体混凝土进行养护，保证混凝土的质量。

7. 爬模冬期施工保温措施

核心筒大钢模采用模板背侧喷涂 30mm 厚聚氨酯发泡保温，保温效果良好。图 9.4-3 为冬期施工保温措施的实物照片。

图 9.4-3　冬期施工保温措施的实物照片

（1）内架与外架平台相距约 1.6m，距离较大，门洞口处内外平台之间无有效通道。

解决措施：采用 3mm 花纹钢板做成成品通道，两侧设置 1.2m 高防护栏杆，栏杆采用承插式，方便拆卸，每个门洞口处设置一个。成品通道见图 9.4-4。

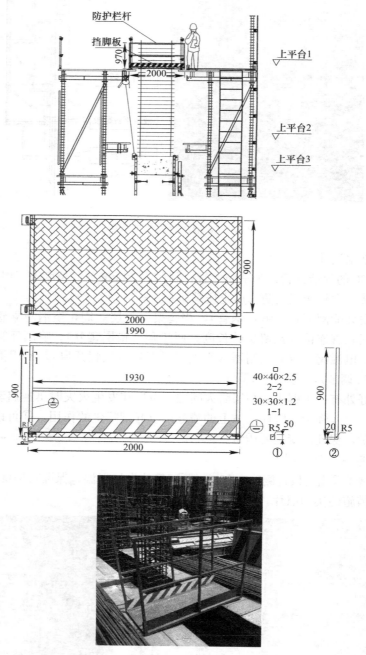

图 9.4-4　成品通道

（2）组装完成后，外侧单榀架体之间缝隙较大，约为 20cm。

解决措施：采用橡胶板封闭，流水段处橡胶板单侧固定，便于流水施工时分段爬升。见图 9.4-5。

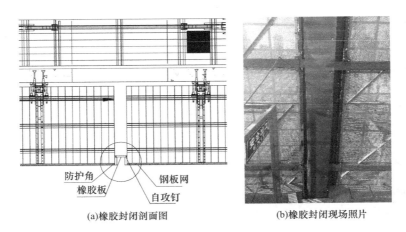

防护角　　　　钢板网
橡胶板　　　　自攻钉

(a)橡胶封闭剖面图　　　　　(b)橡胶封闭现场照片

图9.4-5　橡胶封闭剖面图及照片

（3）由于将核心筒划分为2个流水段施工，因此爬模需分段爬升，这就导致两侧架体出现错层，部分平台临空，存在安全隐患。

解决措施：在流水段处出现错层及临空的平台两侧设置承插式栏杆，侧向防护见图9.4-6。

（4）上平台1与上平台2，上平台2与上平台3之间高差较大，爬模本身未设置任何防护，且属于主要操作平台，存在安全隐患。

解决措施：沿外架四周增加一道钢丝绳。钢丝绳设置图见图9.4-7。

图9.4-6　侧向防护

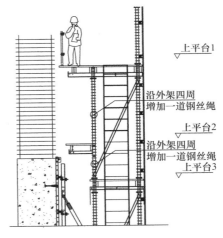

上平台1

沿外架四周
增加一道钢丝绳

上平台2

沿外架四周
增加一道钢丝绳
上平台3

图9.4-7　钢丝绳设置图

（5）外侧架体为单榀架体，单榀架体之间独立、断开，导致架体刚度较弱，且整体性不好。

解决措施：将单榀架体间的主龙骨焊接连成整体，见图9.4-8。

8. 爬模逃生梯

自爬模逃生梯上端与爬模吊平台错位一层半高度，采用防护屏爬升机构，逃生梯安装在爬升轨道上，爬模爬升一层后，逃生梯爬升一层，自爬升逃生梯也可安置于电梯井筒内，逃生梯下端与跟进的电梯厅楼板错接，解决了停电或机械故障时人员无法上下通行的难题，爬模逃生梯见图 9.4-9。

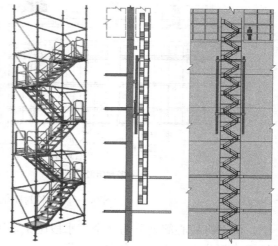

图 9.4-8　架体间的主龙骨焊接措施　　　　　图 9.4-9　爬模逃生梯

　　随着城市建设的不断加快，高层建筑以及超高层建筑越来越多，超高层建筑施工管理中主楼是整个结构施工的核心点，核心筒部位的施工是整个主楼施工的难点和重点。核心筒结构采用液压自爬模施工技术，其机械化程度高、施工速度快、占用场地少、安全文明程度高、经济性高、节约人力及机械设备的投入，大大提升了施工作业空间的安全性。这种施工方法通过不断地升级改进，对我国超高层建筑技术的整体发展具有很好的促进效果，已经成为当前我国超高层建筑核心筒施工的首选。

10 钢结构加工制作供应管理

钢结构具备工厂制作、现场安装的典型特征，其在制作过程中管理的好坏，直接影响项目的质量与进度。钢结构工程相对于传统的混凝土工程在施工过程中最主要的优势是：施工周期短、精度高、质量可靠，这就对在现场安装工作之前的加工制作工作提出了很高的要求。

本章结合北京 CBD 核心区 Z13 地块项目的钢结构加工制作经验，讨论钢结构构件的设计深化、构件加工和制作要注意的问题。

10.1 图纸管理

10.1.1 深化设计重点

深化设计的相关重点工作是：节点大样制作、确定各节点处的焊接及剖口形式；处理箱形柱、带状桁伸臂桁架、斜撑等构件的三维关系及各节点处的螺栓连接和排列问题；确定各构件的相关尺寸；解决沉降压缩问题；解决钢结构与主体钢结构的相互关系；做好土建钢筋及机电设备留洞和加固、幕墙连接件等前期设计工作。钢结构加工详图设计应在深化设计完成后迅速展开，必要时，与深化设计穿插进行，从而缩短设计周期，便于工厂开展工作。

北京 CBD 核心区 Z13 地块项目工期紧，钢结构工程量大、接口多、焊接量大。钢结构深化节点设计的重点工作是在充分理解原设计意图、符合相关规范标准、保证结构安全的前提下，结合具体的制造加工及焊接工艺，保证整个工程的制作精度及焊接质量，解决钢骨柱与钢梁的相互关系，实现复杂节点在工厂加工及现场焊接过程中的可操作性；使深化设计节点图深度不但能够满足钢材采购要求，还能满足现场安装的要求；做好土建钢筋留洞、机电设备留洞、幕墙连接件等前期设计工作。

构件的分段原则

钢结构构件根据设计施工图的设计要求，考虑生产加工工艺、现场吊装能力及安装施工组织方案，确定构件的分段原则。钢结构构件分段原则见表 10.1-1。

钢结构构件分段原则　　　　　　　　　　　　　　　　　　表 10.1-1

项目	具体内容
分段原则	深化设计中对构件进行分段，需要综合考虑工厂制作分段的合理性和经济性、单体散件的重量和运输条件要求、满足现场起重机性能，且便于安装，符合各种技术规范要求、设计要求、焊接收缩及变形等要求

项目		具体内容
分段原则	加工制作分段（运输分段）的拆分原则	详图设计应该是在充分考虑并结合了原材料规格、运输的各种限制，以及最终确定的安装方案的基础上进行的 为使深化设计与加工制作及运输等方面更加密切结合，分段的拆分应考虑如下因素： （1）工厂起重吊装设备的能力 （2）工厂加工制作切割、焊接等设备 （3）运输的长度、宽度与高度、运输单元重量 （4）工厂检验设备、检验控制点、隐蔽焊缝的检验等 （5）结合焊接工艺，保证构件与节点翻身起吊后的俯焊、平焊、立焊位置 （6）分段接口的做法（切口及坡口） （7）分段连接的板件设置
	吊装分段的拆分原则	（1）立拼或卧拼的确定、分段接口的做法，以避免仰焊 （2）由施工安装单位的起重机起重能力及吊装方法确定的吊装单元 （3）拼接时的操作安全等

10.1.2　深化设计的前提条件

（1）必须保证结构工程绝对安全可靠。

（2）钢结构深化设计要充分把握原结构设计的意图、结构特点。

（3）与其他专业设计（幕墙工程、装饰工程、机电工程等）相协调。

（4）钢结构设计要进行科学合理的深化和优化，充分体现其经济合理性。

（5）节点图设计以原设计图为依据，加工安装详图设计应以节点图及结构图为依据。设计图纸必须保证工厂加工和现场安装的要求。

10.1.3　深化设计管理模式

本工程钢结构深化设计及详图设计全部由项目钢结构部组织实施。钢结构部负责协调沟通钢结构深化设计过程中施工方与业主、设计院间的设计思想的一致性，最终形成最佳节点构造与最适宜操作性的完美结合。深化设计管理模式图如图10.1-1所示。

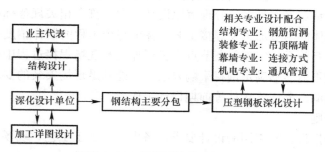

图 10.1-1　深化设计管理模式图

1. 深化设计管理的一般原则

深化设计管理的一般原则见表10.1-2。

深化设计管理的一般原则　　　　　　　　　　　　　　表 10.1-2

序号	具体内容
1	配合建筑师、顾问及设计单位、专业工程承包单位，完善施工图设计图纸，完成含机电留洞、电梯间隔梁埋件、塔式起重机支撑梁及埋件、钢筋连接器、压缩变形压缩及补偿方案，完成钢构件吊耳验算等的深化设计工作

序号	具体内容
2	施工详图设计、施工详图设计文件及我单位承包范围内的工作符合国家有关法律、法规、规范及本合同文件及其补充要求
3	保证施工详图设计的合理性、充分性、整体性、耐久性和可行性。保证所选用的材料、货物、工艺方法等满足规范、设计要求及本合同的要求
4	及时跟踪结构的整体及局部变形的实测成果，并对深化的相关内容进行必要的修正

2. 深化设计遵循的原则

深化设计遵循的原则见表 10.1-3。

深化设计原则 表 10.1-3

序号	具体内容
1	深化设计的深化工作主要为：根据业主提供的图纸和技术要求，结合加工工厂制作条件、运输条件、现场拼装方案等技术要求，对每一个节点及杆件进行实体放样、下料，以便工厂加工使用，对部分节点图纸不详的位置进行设计，对不合理的节点及杆件进行重新计算以达到结构优化，并完成钢结构加工详图的绘制
2	加工单位将根据设计文件、钢结构加工详图、吊装施工要求，并结合制作厂的条件，编制钢结构制作工艺书，其内容包括：制作工艺流程图、每个零部件的加工工艺、涂装方案
3	将加工详图及制作工艺书在开工前报主承包单位审批，图纸由设计单位确认和批准后才开始正式实施
4	设计单位仅就深化设计未改变原设计意图和设计原则进行确认，深化单位对深化设计的构件尺寸和现场安装定位等设计结果负责
5	深化设计的标准化，要求深化设计按照严格的流程深化，同时，将深化设计的图纸严格按照制图规范执行，要求流程和图纸标准化
6	深化设计的总体部署将服务于现场安装总体进度，同时，考虑材料采购和工厂加工制作的所需时间及进度

10.1.4 深化设计流程

深化设计流程图如图 10.1-2 所示。

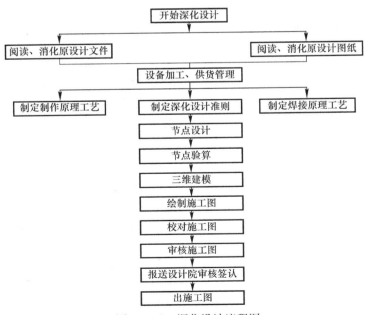

图 10.1-2 深化设计流程图

10.1.5 深化设计质量管理

为了保证深化设计的质量，在对深化设计中的每个问题制定解决方案时，都必须综合考虑各种因素，在这些相互制约的因素中找到最佳平衡点，并最终确定方案。同时，在执行方案的过程中，制定合理严格的逐层审核制度。

1. 深化设计图纸质量管理流程（图 10.1-3）

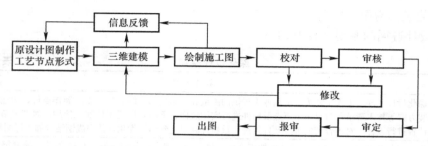

图 10.1-3　深化设计图纸质量管理流程

2. 节点设计质量管理流程

钢结构设计施工图的节点设计大多为通用标准节点和部分典型节点，具体实施的钢结构节点要具体到每一个节点，节点的深化设计质量关系到整个钢结构施工质量和进度，必须严格控制节点深化的设计质量。图 10.1-4 为节点设计质量管理流程图。

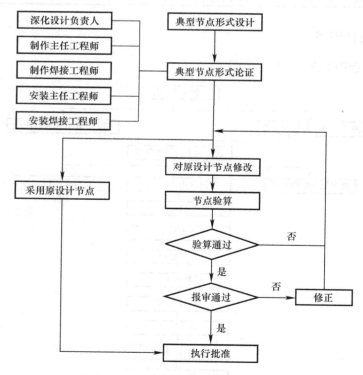

图 10.1-4　节点设计质量管理流程图

为了保证深化设计图纸及节点的质量，选取具有丰富经验的设计、制作、安装、焊接等方面的人员进行各阶段的过程控制，确保深化图纸达到安全、合理、可操作的要求。

3. 深化图设计质量保证措施

为了保证钢结构深化图设计质量，必须建立深化设计质量保证体系，表10.1-4是北京CBD核心区Z13地块项目的深化设计质量保证措施表。

北京CBD核心区Z13地块项目的深化设计质量保证措施表　　　　表10.1-4

序号	项目	具体内容		
1	深化设计人员队伍	为深化设计组织了强大的队伍。深化设计项目总工从事专业工作年限在8年以上；结构设计分部、详图设计分部、工艺设计分部负责人从事专业工作年限均在5年以上		
2	深化设计分类审核制度	除了人员能力，对深化设计来说，严格合理的工作流程、体制和控制程序是保证深化设计质量的关键因素。设计制图人员根据设计图纸、规范、规程，以及本公司的深化设计标准完成自己负责的设计制图工作后，要经过以下检查和审核过程		
		设计制图人自审	设计制图人将完成的图纸打印白图（一次审图单），把对以下内容的检查结果用笔做标记：	
			1	笔误、遗漏、尺寸、数量
			2	施工的难易性（对连接和焊接施工可实施性的判断）
			3	对于发现的不正确的内容，除在电子文件中修改图纸外，还要在一次审图单上用红笔修改，并做出标记（圈起来）
		审图人员校核	审图人员的检查内容和方法同自审时基本相同，检查完成后，将二次审图单交设计制图人员进行修改，打印底图，必要时，要向制图人将错误逐条指出，但对以下内容要进一步审核	
			1	深化设计制图是否遵照深化设计有关标准
			2	对特殊的构造审图
			3	结构体系中各构件间的总体尺寸是否有冲突
		最终审核	审图以深化设计图的底图和二次审图单为依据，对图纸的加工适用性和图纸的表达方法进行重点审核；对于不妥之处，根据情况决定从审图人员开始或制图人员开始重复上述工作	
3	信息反馈处理	当深化设计出现质量问题，在生产放样阶段被发现时，及时通知该工程深化设计项目部。深化设计项目部会立即组织人员对问题进行分析，如果判断属于简单的笔误，就迅速修改错误，出新版图，并立即发放给生产和质量控制等相关部门，同时收回原版图纸。当质量问题被判断为对设计的理解错误或工艺上存在问题时，重新认真研究设计图纸或重新分析深化设计涉及的制作工艺，及时得出正确的认识，迅速修改图纸，出新版图，并立即发放给生产和质控等相关部门，同时收回原版图纸。当在构件制作过程中或拼装过程中，根据现场反馈的情况发现深化设计的质量问题时，立即通知现场，停止相关部分的作业。同时，组织技术力量会同有关各方研究处理措施和补救方案，在征得设计同意后，及时实施，尽可能将损失减少到最小，并将整个过程如实向业主汇报		
4	出错补救措施	设立专门联系人与设计院、业主保持不间断的联系，尽量减少深化设计的错误；在设计中发现深化图出错，此时尚未下料开始制作，立即对错误进行修改，在确认无误后再进行施工。如果深化设计发生错误，且工厂已经下料开始制作，在发现错误后，立即停止制作，并向设计院和业主报告，与设计人员共同商讨所出现错误的性质，如果所发生的错误对整体结构不造成安全影响，在设计院认可、批准后继续施工，否则对已加工的构件实行报废处理		

10.2 加工制作技术管理

10.2.1 加工制作检验试验管理

（1）钢材

1）复试组批取样原则

A. 牌号为 Q235、Q345 且板厚小于 40mm 的钢材，按同一生产厂家、同一牌号、同一质量等级的钢材组成检验批，每批重量不大于 150t；同一生产厂家、同一牌号的钢材供货重量超过 600t，且全部复验合格时，每批的组批重量可扩大至 400t。

B. 牌号为 Q235、Q345 且板厚大于或等于 40mm 的钢材，按同一生产厂家、同一牌号、同一质量等级的钢材组成检验批，每批重量不应大于 60t；同一生产厂家、同一牌号的钢材供货重量超过 600t，且全部复验合格时，每批的组批重量可扩大至 400t。

C. 牌号为 Q390 的钢材，按同一生产厂家、同一质量等级的钢材组成检验批，每批重量不应大于 60t，同一生产厂家的钢材供货重量超过 600t，且全部复验合格时，每批的组批重量可扩大至 300t。

D. 牌号为 Q235GJ、Q345GJ、Q390GJ 的钢板，应按同一生产厂家、同一牌号、同一质量等级的钢材组成检验批，每批重量不应大于 60t；同一生产厂家、同一牌号的钢材供货重量超过 600t，且全部复验合格时，每批的组批重量可扩大至 300t。

2）试样的取样方法

每批钢材力学性能取样数量为拉伸——1 个、冲击——3 个、弯曲——1 个、厚度方向性能——3 个。拉伸、冲击和弯曲按国家标准《钢及钢产品　力学性能试验取样位置及试样制备》GB/T 2975—2018 规定取样，厚度方向性能按《厚度方向性能钢板》GB/T 5313—2010 规定取样。

钢材的复验由具有国家建设工程质量检测资质和 CMA 资质认可的检测单位检测，见图 10.2-1～图 10.2-4。

图 10.2-1　钢板标识和见证取样

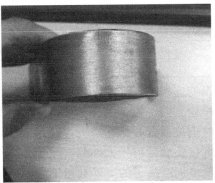

图 10.2-2　钢材折弯检测试验

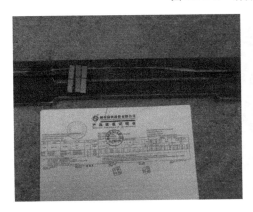
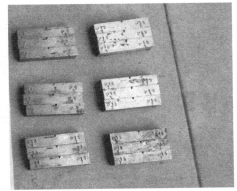

图 10.2-3　钢材拉伸检测试验　　　　图 10.2-4　钢板冲击检测试件

（2）焊接材料

1）复试组批取样原则

焊丝复验时按照五个批次（相当于炉批）取一组。焊条宜按照三个批次（相当炉批）取一组。

2）试块的取样方法

依据焊接接头机械性能试验取样方法的要求，对焊接接头采用机械切削的方式取样。必须保证受试部分的金属不在切削影响区内。

3）复试项目

根据现行有关焊材验收标准的要求，确定本工程钢材的复验项目及试验依据，其复验结果应符合现行国家产品标准和设计要求。

所有的焊缝射线探伤试验应在试件截取拉伸试样和冲击试样之前进行，探伤前应去掉垫板。若试件需要做焊后热处理，射线探伤在热处理前后均可进行。焊缝射线探伤试验应符合相关标准要求。焊缝验收标准见表 10.2-1。

焊缝验收标准　　　　　　　　　　　　　　　　表 10.2-1

试验项目		依据标准	验收资料
化学试验	元素分析	《碳素钢和中低合金钢　多元素含量的测定　火花放电原子发射光谱法（常规法）》GB/T 4336—2016	试验报告

试验项目		依据标准	验收资料
机械试验	拉伸试验	《焊缝及熔敷金属拉伸试验方法》GB/T 2652—2008	试验报告
	冲击试验	《焊接接头冲击试验方法》GB/T 2650—2008	试验报告

（3）钢筋连接器

现场检验：同一施工条件下采用同一材料的同等级、同规格接头，以 500 个为一验收批，不足时仍按一批计。在现场连续检验 10 个验收批，全部单项拉伸试验一次抽样合格时，验收批接头数量可扩大一倍。

每种规格钢筋接头的试件数量不应少于 3 根。每种规格的钢筋母材进行抗拉强度试验（图 10.2-5），按验收批进行，在工程结构中随机截取 3 个试件做单项拉伸试验，按设计要求的接头性能等级进行检验与评定。

图 10.2-5　钢筋母材抗拉强度试验

10.2.2　焊接工艺评定试验

根据目前已有图纸中的焊接条件，针对主要的柱、梁，以及相关节点，制定本项目焊接工艺评定报告。如后续因图纸变化对焊接施工条件造成影响，根据实际情况再行制定新的焊接工艺评定项目。

1. 焊接工艺评定流程

焊接工艺评定流程图见图 10.2-6。

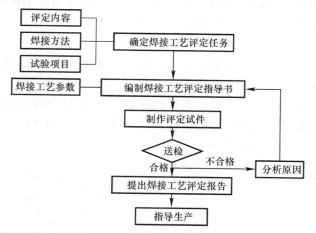

图 10.2-6　焊接工艺评定流程图

2. 工程各部位的主要构件使用钢材等级信息

钢材等级信息表见表10.2-2。

钢材等级信息表　　　　表10.2-2

钢材使用部位		钢板材质	厚度	焊接位置
钢骨柱	—	Q345B	20～65mm	H
外框筒箱形柱	B5～F5	Q390C	35～55mm	H
	F6～屋顶	Q345C	25～50mm	H
外部斜撑	F1～屋顶	Q345GJC	50～70mm	V
			50～70mm	F
桁架	桁架层	Q345GJC、Q345C	35～50mm	V
			35～95mm	F
钢梁	F1～屋顶	Q345B、Q345C	20～50mm	V
			20～60mm	F
栓钉	F1～屋顶	ML15	镀锌板1.2mm	F

3. 工程选定的焊接工艺评定项目

根据工程具体情况选定焊接工艺评定项目，见表10.2-3。

焊接工艺评定项目表　　　　表10.2-3

序号	焊接工艺评定项目编号	评定项目名称	钢材	引用部位
1	SC-BV-2-12	V形坡口对接双面埋弧焊	Q345C，$\delta=12\text{mm}$	板材拼接
2	SC-XI-2-12	I形坡口，T形接头双面埋弧焊	Q345C，$\delta=12\text{mm}$	构件T形接头焊缝
3	GC-XL-2-20	单边V形坡口，十字接头气保焊	Q345C，$\delta=20\text{mm}$	箱形柱隔板、连接板、加肋板焊缝等
4	GC+SC-XK-2-25	K形坡口，十字接头气保焊打底+埋弧焊填充、盖面	Q345C，$\delta=25\text{mm}$	构件T形接头焊接
5	SWII-19-14	栓钉焊接接头工艺评定	Q345C，$\delta=14\text{mm}$	劲性柱、梁与栓钉
6	GC-TI-Bs2-35	I形坡口，T形接头电渣焊	Q390C，$\delta=35\text{mm}$	箱形隔板电渣焊
7	GC-XL-2-35	单边V形坡口，十字接头气保焊	Q390C，$\delta=35\text{mm}$	箱形柱隔板、牛腿、底板焊缝等
8	GC+SC-BV-Bs1-35	V形坡口带垫板气保焊打底+双丝埋弧焊填充、盖面	Q390C，$\delta=35\text{mm}$	箱形角部主焊缝
9	GC+SC-BV-Bs1-50		Q390C，$\delta=50\text{mm}$	
10	SWII-19-35	栓钉焊接接头工艺评定	Q390C，$\delta=35\text{mm}$	箱形柱与栓钉等

4. 试验项目如下：

（1）焊接工艺评定试验项目表见表10.2-4。

焊接工艺评定试验项目表　　　　表10.2-4

试件形式	无损探伤	试样数量（组）					宏观酸蚀
		拉伸	侧弯	十字接头弯曲	拉伸		
					焊缝	热影响区	
对接（B）	要	2	4	—	3	3	—
十字接头（X）	要	2	—	2	3	3	2

（2）焊接工艺评定参数表见表 10.2-5。

焊接工艺评定参数表 表 10.2-5

焊接位置	焊丝直径（mm）	焊接电流（A）	焊接电压（V）	预热温度（℃）	焊接速度（mm/min）
F	φ1.2	280～340	30～38	150	350～450
H	φ1.2	280～320	30～38	150	350～450
V	φ1.2	160～220	30～38	150	250～350
F	φ4.8	600～700	30～38	180	300～400

5. 记录和评定报告

试样具备国家认可资质，同时由监理认可的检测机构检测，并出具具有法律效力的检验报告。

焊接工艺评定试验完成后，根据检测结果提出焊接工艺评定报告，连同焊接工艺评定指导书、评定记录、评定试样检验结果、焊接工艺评定所用钢材和焊接材料的质量证明文件，一起报质量监督验收部门和有关单位审查备案。焊接工艺评定后编制加工作业指导书以指导焊接施工。

10.2.3 焊工附加考试

1. 基本概况

本工程焊接工程量较大，包含厚度为 55mm 的 Q390C 的厚板焊接，特殊位置为立焊和斜立焊。主要的焊接难点集中在外筒箱形钢柱和外部斜撑，焊工附加考试将针对此区域。根据相关焊接规范要求，对参与本项目重点焊接位置的焊工进行焊接附加考试。

凡参加考试的焊工必须具备相应焊接位置和焊接等级的焊接能力，并且通过焊接基本技能考试，并取得相应的手工操作基本技能资格证书。

附加考试在实际焊接施工场地现场执行，附加考试的环境要与现场实际施工环境相同，包括焊接防护措施均与现场相同，附加考试的焊接位置、焊接姿势、焊接坡口、预留间隙、焊接板厚、材质等与本工程实际焊接内容相同，见图 10.2-7。

图 10.2-7　焊工附加考试

2. 考试方法

（1）参加人数

在项目初期，根据工期和焊接量推算，拟选择 30 名备选焊工进行焊工附加考试。视后期施工工况条件和工人数量进行后续焊工考试。

（2）考试焊接试板

1）横焊位置用板：厚度为 35mm 的 Q345B 钢板，坡口形式为单面 V 形坡口，背面衬垫。

2）立焊位置用板：厚度为 25mm 的 Q345B 钢板，坡口形式为单面 V 形坡口，背面衬垫。

试件检验。

考试试件检验项目见表 10.2-6。

表 10.2-6

考试试件检验项目

试件形式	试件厚度（mm）	外观检验	无损探伤	侧弯	背弯
对接焊	35、25	有	超声波	4	—

检验方法

外观检验：宜用 5 倍放大镜目测。

无损探伤：超声波探伤应符合国家标准《焊缝无损检测　超声检测　技术、检测等级和评定》GB/T 11345—2013 的规定。

焊缝合格标准。

焊缝外观应符合下列要求：

试件焊缝表面无裂纹，无未焊满，无未融合，无气孔，无夹渣，无焊瘤。

焊缝咬边深度不大于 0.5mm，两侧咬边总长不超过焊缝长度的 10%，且不大于 25mm。焊缝错边量不大于 10% 板厚，且不大于 2mm。

记录和报告。

实施过程中，有监理工程师现场见证，检测机构出具检验报告。试验完成后，根据试验结果整理焊工附加考试结果，并报质量监督验收部门和有关单位审查备案。

10.2.4　加工制作工艺

通用工艺

根据本工程钢结构特点，有以下几种通用工艺，根据《钢结构工程施工质量验收标准》GB 50205—2020 相应标准进行验收。

（1）钢板校平

使用前用钢板校平机对工程板料进行校平（图 10.2-8）。

钢板校平是保证构件精度的一项重要工序措施。钢板在制造、运输、吊运和堆放过程中容易变形，因此需对钢板进行校平处理。

另外，在切割过程中切割边所受热量大、冷却速度快，因此，切割边存在较大的收缩应力。针对国内超厚钢板，普遍存在着小波浪的不平整，这对于厚板结构的加工制作，会产生

图 10.2-8　校平

焊缝不规则、构件不平直、尺寸误差大等缺陷，所以本工程构件在加工组装前，为保证组装和焊接质量，先将所有零件在专用校平机上进行校平处理，使每块零件的平整度控制在 $1mm/m^2$。

钢板校平注意事项表见表 10.2-7。

钢板校平注意事项表 表 10.2-7

编号	钢板校平注意事项
1	对要进行加工的钢板，应在加工前检查其有无对制作有害的变形（如局部下绕，弯曲等）。根据实际情况采用机械冷校平或加热（线加热，点加热）校平。加热校平时，加热温度不超过 650℃，校平过程中严禁用水冷却
2	低合金结构钢在环境温度低于－12℃时，不应冷校平
3	校平后的钢板表面，不应有明显的凹面或损伤，划痕深度不得大于 0.5mm，且不应大于该钢板厚度负允许偏差的 1/2

（2）放样与号料

1）放样、切割、制作、验收所用的钢卷尺、经纬仪等测量工具，必须经正规的计量单位检验合格。测量应以一把经检验合格的钢卷尺（100m）为基准，并附有勘误尺寸，以便监理及安装单位核对。

2）所有构件应按照细化设计图纸及制造工艺的要求，进行计算机放样，核定所有构件的几何尺寸。如发现施工图有遗漏或错误，以及其他原因需要更改施工图时，必须取得原设计单位签具的设计更改通知单，不得擅自修改。放样工作完成后，对所放大样和样杆样板（或下料图）进行自检，无误后，报专职检验人员检验。放样检验合格后，按工艺要求制作必要的角度、槽口，制作样板和胎架样板。

3）划线偏差要求见表 10.2-8。

划线偏差要求 表 10.2-8

项目	允许偏差
基准线、孔距位置	≤0.5mm
零件外形尺寸	≤0.5mm

4）划线后应标明基准线、中心线和检验控制点。做记号时，不得使用凿子一类的工具，少量的标记深度不应大于 0.5mm，钢板上不应留下任何永久性的划线痕迹。

5）号料前，应先确认材质和熟悉工艺要求，然后根据排板图、下料加工单和零件草图号料。

6）号料的母材必须平直，无损伤及其他缺陷，否则应先校平或剔除。

7）号料允许偏差见表 10.2-9。

号料允许偏差 表 10.2-9

项目	允许偏差（mm）
零件外形尺寸	±1.0
孔距	±0.5
边缘机加工线至第一孔的距离	±0.5

8）号料质量控制表见表10.2-10。

号料质量控制表   表 10. 2-10

编号	质量控制
1	号料前，号料人员应熟悉下料图所标注的各种符号及标记等要求，核对材料牌号及规格、炉批号。当供料或有关部门未给出材料配割（排料）计划时，号料人员应做出材料切割计划，合理排料，节约钢材
2	号料时，针对工程的使用材料特点，复核所使用材料，检查材料外观质量，制作测量表格加以记录。凡发现材料规格不符合要求或材质外观不符合要求者，须及时报质管、技术部门处理；遇有材料弯曲或不平度影响号料质量者，须经校正后号料，对于超标的材料要退回生产厂家
3	根据锯、割等不同切割要求和对刨、铣加工的零件，预放不同的切割及加工余量和焊接收缩量
4	因原材料长度或宽度不足须焊接拼接时，必须在拼接件上注明相互拼接编号和焊接坡口形状。如拼接件有眼孔，应待拼接件焊接、校正后，加工眼孔
5	号料时应在零、部件上标注验收批号、构件号、零件号、数量及加工方法等
6	下料完成后，检查所下零件的规格、数量等是否有误，并做出下料记录

（3）切割、下料

板材的切割下料要保证切割面的平整度，不要出现较严重的表面缺陷。切割质量缺陷表见表10.2-11。

切割质量缺陷表   表 10. 2-11

缺陷类型	产生原因	图示说明
切割面粗糙	切割氧压力过高 割嘴选用不当 切割速度太快 预热火焰能量过大	
切割面缺口	切割过程中断，重新起割衔接不好 钢板表面有厚的氧化皮、铁锈等 切割机行走不平稳	
切割面内凹	切割氧压力过高 切割速度过快	
切割面倾斜	割炬与板面不垂直 风线歪斜 切割氧压力低或嘴号偏小	
切割面上缘呈珠链状	钢板表面有氧化皮、铁锈 割嘴到钢板的距离太小，火焰太强	

缺陷类型	产生原因	图示说明
切割面上缘熔化	预热火焰太强 切割速度太慢 割嘴离板件太近	
切割面下缘粘渣	切割速度太快或太慢 割嘴号太小 切割氧压力太低	

1) 切割工具的选用

因本工程板厚为 20～95mm，采取数控火焰切割。

2) 切割前应清除母材表面的油污、铁锈和潮气，切割后气割表面应光滑、无裂纹、熔渣和气测物应除去，剪切边应打磨。

3) 应对构件切口上的夹渣、熔斑、不平整和过度硬化的表面进行修整。用 10kg 力测试时，各级钢材的火焰切割切口，经修整后，其硬度应不超过 350HV。

4) 气割允许偏差见表 10.2-12。

气割允许偏差　　　　　　　　　　表 10.2-12

项目	允许偏差（mm）
零件的长度、宽度	±3.0
切割面平面度	$0.05t$ 且≤2.0
割纹深度	0.3
边缘缺棱	1.0
型钢端部垂直度	2.0

注：t 切割面厚度，mm。

5) 切割后应去除切割熔渣，对于组装后无法精整的表面，如弧形锁口内表面，应在组装前进行处理。图纸中的直角切口应以 15mm 的圆弧过渡（如小梁端翼腹板切口）。H 型钢对接时，若采用焊接，在翼腹板的交汇处应开半径为 15mm 的圆弧，以使翼板焊透。

6) 火焰切割后须自检零件尺寸，然后标上零件所属的工作编号、构件号、零件号，再由质检员专检各项指标，合格后才能流入下一道工序。

7) 进行铣削的部位，每一铣削边需留 5mm 加工余量。

8) 刨削加工的允许偏差见表 10.2-13。

刨削加工允许偏差　　　　　　　　　　表 10.2-13

编号	项目	允许偏差（mm）
1	零件宽度、长度	±1.0
2	加工边直线度	$L/3000$ 且不大于 2.0
3	相邻两边夹角角度	±6°
4	加工边垂直度	≤$0.025t$ 且≤0.5
5	加工面粗糙度	＜0.015

注：L 加工边长度，mm；t 加工面厚度，mm。

（4）组对

装配定位方法和通用技术要求见表 10.2-14。

装配定位方法和通用技术要求 表 10.2-14

方式与方法			特点	使用范围
定位方法	划线定位装配法		按划好的装配线确定零、部件的相互位置，使用量具和工夹具在工作平台或胎架上实现对准定位与紧固	节点构件等
	工装定位装配法		采用生产流水线上的自动组立机组立或按构件结构设计专用装配胎夹具，夹紧器夹紧完成装配	H 形构件、箱形构件等
装配焊接顺序	零件装配法	随装随焊（边装边焊）	先装若干件后，正式施焊。再装若干件后，再施焊，直至全部零件装配完毕。在一个工作位置上，装配与焊接交叉作业	节点等
		整装整焊（先装后焊）	全部零件按图纸要求装配成整体，然后转入正式焊接工序焊完全部焊缝	H 形构件、箱形构件等
	部件装配法		将整个结构划分成若干部件，每个部件单独装焊好，再总装焊成整个结构	节点、带节点构件
装配地点	固定装配法		在固定工作位置上装配全部零、部件	节点等
	移动装配法		按工艺流程，每个工位上只完成部分零件的装配	H 形构件、箱形构件

装配完成后对构件装配精度、外形、起拱等检验，装配精度应符合《钢结构工程施工质量验收标准》GB 50205—2020 的要求。

（5）原材料对接

原材料对接要求见表 10.2-15。

原材料对接要求 表 10.2-15

项目	对接要求
型钢的对接	需要焊透，并进行探伤。接长段≥500mm，且错开附近的节点板及孔群 100mm。焊缝视安装情况而定是否磨平。 板制钢梁原则上由整块板下料。若允许对接，则在梁的上、下翼板在梁端 1/3 范围内避免对接。上、下翼板与腹板三者的对接焊缝不设在同一截面上，应相互错开 200mm 以上，与加劲板的孔群应错开 100mm 以上，且分别对接后才能组装成型
板材对接	对接焊缝等级：一级，对接坡口形式如下图所示： 背面清根　　背面清根　　背面清根　　背面清根 $f \leqslant 12$；$b = 0 \sim 1.5$　　$12 < f \leqslant 30$　　$30 < f$ 坡口加工采用半自动火焰切割加工，并打磨露出良好金属光泽，所有切割缺陷应修整合格后，方允许进行组装焊接。组装对接错边不应大于 $t/10$，且≤2mm。对接焊缝焊后 24h 进行 100%UT 检测，焊接质量等级一级

注：t 板厚，mm。

263

（6）坡口加工

1）采用半自动割刀或铣边机加工（厚板坡口尽量采用机械加工），坡口形式应符合焊接标准图要求。

2）机械加工要求应符合表 10.2-16 的要求。

机械加工要求   表 10.2-16

编号	机械加工要求
1	钢板滚轧边和构件端部不进行机械加工，除非要求它们与相邻件精确装配在一起。包括底板在内的对接构件，在使用磨床、铣床或能够在一个底座上处理整个截面的设计机床制作完后，其对接面应进行机加工，火焰切割的边缘宜用磨床将表面磨光
2	拼接受压构件的端部、柱帽后底板，应符合所有现行相关法规和规范要求
3	用于重加劲肋的角钢或平板切割、打磨、以保证边缘和翼缘紧密装配

3）坡口面应无裂纹，无夹渣，无分层等缺陷。坡口加工后，坡口面的割渣、毛刺等应清除干净，并应除锈露出良好金属光泽。除锈可采用砂轮打磨及抛丸进行处理。

4）坡口加工的允许偏差应符合表 10.2-17 的规定。

坡口加工允许偏差   表 10.2-17

项目	允许偏差
坡口角度	±5°
坡口钝边	±1.0mm
坡口面割纹深度	0.3mm
局部缺口深度	1.0mm

（7）焊接与矫正

1）组装前先检查组装用零件的编号、材质、尺寸、数量和加工精度等是否符合图纸和工艺要求，确认后才能进行装配。

2）组装用的平台和胎架应符合构件装配的精度要求，并具有足够的强度和刚度，经验收后才能使用。

3）构件组装要按照工艺流程进行，板制 BH 型钢四条纵焊缝处 30mm 范围以内的铁锈、油污等应清理干净。应将劲板的装配处松散的氧化皮清理干净。

4）对于在组装后无法进行涂装的隐蔽面，应事先清理表面并刷上油漆。

5）构件组装完毕后应进行自检和互检，准确无误后再提交专检人员验收，若在检验中发现问题，应及时向上反映，待处理方法确定后进行修理和矫正。

6）构件组装精度要求，见表 10.2-18。

构件组装精度要求表   表 10.2-18

项次	项目	简图	允许偏差（mm）
1	T 形接头的间隙 e		e≤1.5

项次	项目	简图	允许偏差（mm）
2	搭接接头的间隙 e 长度 ΔL		$e \leqslant 1.5$ L 是 ± 5.0
3	对接接头的错位 e		$e \leqslant T/10$ 且 $\leqslant 3.0$
4	对接接头的间隙 e（无衬垫板时）		$-1.0 \leqslant e \leqslant 1.0$
5	根部开口间隙 Δa（背部加衬垫板）		埋弧焊 $-2.0 \leqslant \Delta a \leqslant 2.0$ 手工焊、 半自动气保焊 $-2.0 \leqslant \Delta a$
6	隔板与梁翼缘的错位 e		$B_t \geqslant C_t$ 时 $B_t \leqslant 20 \quad e \leqslant C_t/2$ $B_t > 20 \quad e \leqslant 4.0$ $B_t < C_t$ 时 $B_t \leqslant 20 \quad e \leqslant B_t/4$ $B_t > 20 \quad e \leqslant 5.0$
7	焊接组装件端部偏差 a		$-2.0 \leqslant a \leqslant +2.0$
8	组合外形		$-2.0 \leqslant \Delta b \leqslant +2.0$ $-2.0 \leqslant \Delta h \leqslant +2.0$

项次	项目	简图	允许偏差（mm）
9	BH 钢腹板偏移 e		$e \leqslant 2mm$
10	BH 钢翼板的角变形		连接处 $e \leqslant b/100$ 且 $\leqslant 1mm$ 非连接处 $e \leqslant 2b/100$ 且 $\leqslant 2mm$
11	腹板的弯曲		$e1 \leqslant H/150$ 且 $e1 \leqslant 4mm$ $e2 \leqslant B/150$ 且 $e2 \leqslant 4mm$

（8）制孔

1）高强度螺栓孔、普通螺栓孔的加工采用数孔钻床加工。

2）地脚锚栓孔采用划线后摇臂钻床加工，划线孔位偏差控制在 0.5mm 以内，孔心用样冲标识，并应标明孔径大小，划线后必须对划线进行检查确认合格后，方允许加工。

3）钻孔后应清理孔周围的毛刺、飞边。

制孔精度应符合表 10.2-19 的要求。

制孔精度要求　　　　　　　　　　　　　　　　　表 10.2-19

项目		允许偏差
孔壁表面粗糙度	Ⅱ 类孔	$\leqslant 25\mu m$
Ⅱ 类孔允许偏差	直径	$0 \sim +1.0$
	圆度	2.0
	垂直度	$0.03t$ 且 $\leqslant 2.0$
同组螺栓孔孔距允许偏差	$\leqslant 500$	± 1.0
	$501 \sim 1200$	± 1.5
相邻两组的端孔间距允许偏差	$\leqslant 500$	± 1.5
	$501 \sim 1200$	± 2.0
	$1201 \sim 3000$	± 2.5
	> 3000	± 3.0

注：t 孔厚度，mm。

（9）表面处理

本工程钢结构构件表面处理采用喷砂除锈，等级不低于 Sa2.5 级。

表面处理的主要内容主要包括：钢柱的喷砂、钢板的喷砂、H 型钢的喷砂、节点的喷砂等。整体构件采用整体表面喷砂处理，对于焊缝周围或机械喷砂没喷到的，采用手动动力工具、气动或电动动力工具除锈。

钢构件除锈要彻底，钢板边缘棱角及焊缝区要研磨圆滑，质量达不到工艺要求不得涂装。喷砂结束后，清除金属图层表面的灰尘等余物。钢构件应无机械损伤和超过规范要求的变形。焊接件的焊缝应平整，不允许有焊瘤和焊接飞溅物。

10.2.5 焊接H型钢制作工艺

焊接H型构件主要加工制作工序有：焊接H型钢的制作及H型钢（热轧H型钢和焊接H型钢）的下料、钻孔、拼装及焊接。焊接H型钢均在H型钢制作流水线上进行制作，H型钢的下料、钻孔在H型钢加工线上进行或采用半自动切割机、摇臂钻进行，拼装及焊接劲板、节点板等在拼焊平台上进行。

当H形钢梁跨度超过设计限值时，钢梁起拱。焊接H形钢梁的预起拱在腹板下料时留出预拱值，热轧H形钢梁采用火工或冷矫设备进行预起拱。起拱后进行标识，避免现场安装反位。

1. 焊接H型钢制作工艺流程

焊接H型钢制作工艺流程图见图10.2-9。

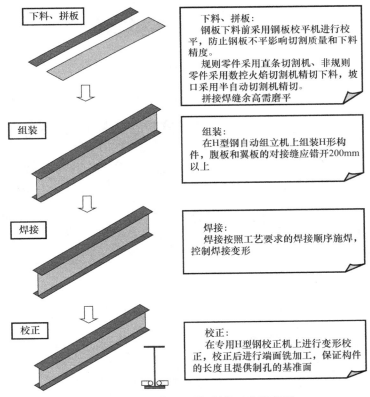

图 10.2-9 焊接H型钢制作工艺流程图

2. 焊接H型钢的加工制作工艺

（1）采用计算机1:1放样，并根据工艺要求预留焊接收缩量、切割等加工余量。下料前，钢板采用钢板校平机校平。规则构件采用直条切割机下料，非规则构件采用数控切割机下料。焊接H型钢制作现场照片如图10.2-10所示。

(a)钢板校平机

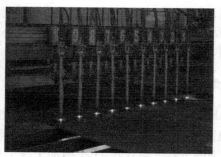
(b)火焰多头直条切割机

(c)数控切割机

图 10.2-10　焊接 H 型钢制作现场照片

（2）焊接 H 型钢的组装在专用 H 型钢自动组装机上组装，如图 10.2-11 所示。

图 10.2-11　焊接 H 型钢的组装机械照片

（3）焊接 H 型钢均采用龙门式自动埋弧焊机在船形焊接位置焊接，如图 10.2-12 所示。

图 10.2-12　焊接 H 型钢照片

（4）焊接 H 型钢的校正，采用弯曲校直机进行挠度变形的调查，如图 10.2-13 所示。

图 10.2-13　焊接 H 型钢的校正

3. 焊接 H 型钢二次加工工艺
焊接 H 型钢的二次加工包括焊接 H 型钢、热轧 H 型钢的下料、锁口、钻孔以及装配等。
（1）焊接 H 型钢二次加工工艺流程
焊接 H 型钢二次加工工艺流程图见图 10.2-14。

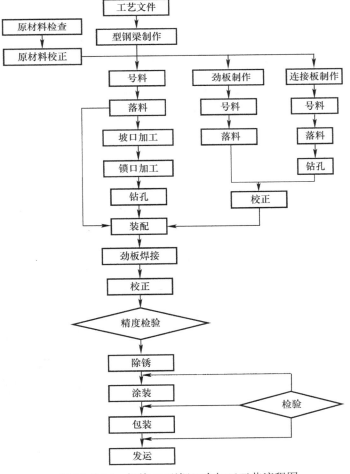

图 10.2-14　焊接 H 型钢二次加工工艺流程图

10.2.6 焊接箱形构件制作工艺

北京 CDB 核心区 Z13 地块项目的箱形构件截面最大为 1600mm×1200mm，采用箱形构件流水线加工制作，箱形构件加工工序及具体措施如下：

1. 焊接箱形构件加工制作流程（图 10.2-15）

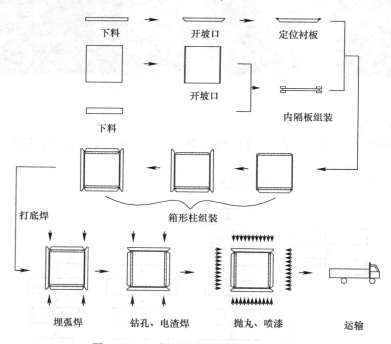

图 10.2-15　焊接箱形构件加工制作流程

2. 箱形构件加工工序

各个钢结构构件加工厂的制作工艺不一定完全相同，一般是根据不同的加工设备编制具体的加工工艺和工序流程。构件表 10.2-20 给出了北京 CBD 核心区 Z13 项目的箱形截面构件的加工制作工艺和工序。

箱形截面构件的加工制作工艺和工序　　　　　　　　　表 10.2-20

序号	工序	制作工艺	示意图
1	主材切割坡口	（1）采用机械：N/C 数控切割。 （2）箱形柱面板下料时应考虑到焊接收缩余量及后道工序中的端面铣的机加工余量。喷出箱形柱隔板的装配定位线。 （3）操作人员应当将钢板表面距切割线边缘 50mm 范围内的锈斑、油污、灰尘等清除干净。 （4）材料采用火焰切割下料，下料前应对钢板的不平度进行检查，要求：厚度≤15mm，不平度不大于 1.5mm/m。厚度>15mm，不平度不大于 1mm/m。如发现不平度超差的，禁止使用。 （5）下料完成后，施工人员必须将下料后的零件标注工程名称、钢板材质、钢板规格、零件号等内容，并归类存放。 （6）余料应标明钢板材质、钢板规格和扎制方向	

270

序号	工序	制作工艺	示意图
2	箱形梁腹板焊接垫板	（1）先将腹板置于专用机平台上，并保证钢板的平直度。 （2）扁铁安装尺寸必须考虑箱形柱腹板宽度方向的焊接收缩余量，因此在理论尺寸上加上焊缝收缩余量 2mm，在长度方向上比箱形柱腹板长 200mm。同时，应保证两扁铁之间的平行度控制在 0.5mm/m，但最大不超过 1.5mm，扁铁与腹板贴合面之间的间隙控制在 0~1mm。 （3）扁铁与腹板的用气焊连接。 （4）两扁铁外侧之间的尺寸加 2mm	
3	内隔板及内隔板垫板下料	（1）内隔板的切割在数控等离子切割机上进行，保证了其尺寸及形位公差，垫板切割在数控等离子切割机上进行，并在长度及宽度方向上加上机加工余量。 （2）垫板长度方向均需加工，且加工余量在理论尺寸上加 10mm；垫板宽度方向仅一头需加工，加工余量在理论尺寸上加 5mm；内隔板对角线公差精度要求为 3mm。 （3）切割后的内隔板四边应去除割渣、氧化皮，并用磨光机打磨，保证以后的电渣焊质量	
4	内隔板垫板机加工	（1）机械设备：铣边机。 （2）在夹具上定位好工件后，应及时锁紧夹具的夹紧机构。 （3）控制进刀量，每次进刀量最大不超过 3mm。 （4）切削加工后应去除毛刺，并用白色记号笔编上构件号	
5	箱形构件隔板组装	（1）将箱形柱隔板组装在专用设备上，保证了其尺寸及形位公差。箱形柱隔板长及宽尺寸精度为 ±3mm，对角线误差为 1.5mm。 （2）使隔板组装机的工作台面置于水平位置。 （3）将箱形柱隔板一侧的两块垫板固定在工作平台上，然后居中放上内隔板，再将另一侧的两块垫板置于内隔板上，并在两边用气缸锁紧	
6	U 形组立	（1）先将腹板置于流水线的滚道上，吊运时，注意保护焊接垫板。 （2）根据箱形柱隔板的划线来定位隔板，并用 U 形组立机上的夹紧油缸夹紧。 （3）用气焊将箱形柱隔板焊接在腹板上。 （4）将箱形柱的两块翼板置于滚道上，使三块箱形柱面板的一端头平齐，再次用油缸夹紧，最后将隔板、腹板、翼板进行定位焊，保证定位焊的可靠性	

271

序号	工序	制作工艺	示意图
7	BOX 组立	（1）采用 BOX 组立机。 （2）装配盖板时，一端与箱形柱平齐。 （3）在吊运及装配过程中，特别注意保护盖板上的焊接垫板。 （4）上油缸顶工件时，尽量使油缸靠近工件边缘。 （5）在盖板之前，必须划出钻电渣焊孔的中心线位置，打上样	
8	BOX 焊接	（1）焊接方式：GMAW 打底，SAW 填充、盖面。 （2）该箱形柱的焊接初步定为腹板与翼板上均开 20° 的坡口，腹板上加焊接垫板。 （3）为减小焊接变形，对两侧焊缝同时焊接。 （4）埋弧焊前，定位好箱柱两头的引弧板及熄弧板，引弧板的坡口形式及板厚同母材	
9	钻电渣焊孔	（1）采用轨道式摇臂钻。 （2）找出钻电渣焊孔的样冲眼。 （3）选择合适的麻花钻。 （4）要求孔偏离实际中心线的误差不大于 1mm。 （5）钻完一面的孔后，将构件翻转 180°，再钻另一面的孔，并清除孔内的铁屑等污物	 钻孔(翼板表面)
10	电渣焊	（1）采用高电压，低电流，慢送丝起弧燃烧。 （2）当焊至 20mm 以后，将电压逐渐降到 38V，电流逐渐上升到 520A。 （3）随时观察外表母材烧红的程度，均匀地控制熔池的大小。熔池既要保证焊透，又要不使母材烧穿；观察熔嘴在熔池中的位置，使其始终处在熔池中心。 （4）保证熔嘴内外表清洁和焊丝清洁，保证焊剂、引弧剂干燥、清洁	
11	切帽口，校正铣端面，抛丸	（1）采用割枪、端面铣、抛丸机。 （2）电渣焊帽口必须用火焰切除，并用磨光机打磨平整，禁止锤击。 （3）对钢构件的变形校正采用火焰加机械校正，加热温度需严格控制在 600～800℃，但最高不超过 900℃。 （4）构件的两端面进行铣削加工，其端面垂直度在 0.3mm 以下，表面粗糙度在 12.5 以下。 （5）采用抛丸机进行全方位抛丸，一次通过粗糙度达到 Sa2.5 级，同时，也消除了一部分的焊接应力。 （6）箱形柱的抛丸分两次进行，第一次在钢板下料并铣边机加工后，将箱形板的外表面侧抛丸，第二次在箱形柱全部组焊好后，进行外表面的抛丸或喷砂	

10.3 质量管理

10.3.1 质量管理策划

1. 质量管理体系

要确保工程项目的质量管理目标顺利达成，必须建立一个健全、高效、高素质的项目管理机构，各个施工环节上相互协调，提高各部门的工作效率；同时，为本工程的钢材采购、图纸工艺设计、工厂加工和施工进度做好最充分的保障。质量管理机构图如图 10.3-1 所示。

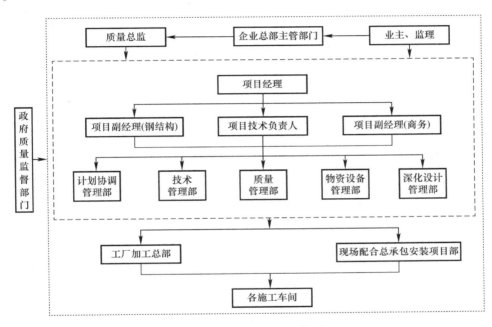

图 10.3-1　质量管理机构图

2. 质量管理制度

"没有规矩，不成方圆"，在本工程质量管理中，结合工程结构特点，有针对性地制定和实施一些特殊质量管理制度，如表 10.3-1 所示。

质量管理制度　　　　　　　　　　　　　　　　　　表 10.3-1

序号	制度名称	制度内容
1	图纸会审、技术交底制度	技术部门组织项目相关人员进行图纸审核，做好图纸会审记录，做好设计交底工作，解决图纸中存在的问题，并做好记录。技术部门应编制有针对性的施工组织设计，积极采用新工艺、新技术，针对特殊工序编制有针对性的作业指导书。每个工种、每道工序施工前，要组织进行各级技术交底，包括专业工程师对工长的技术交底，工长对班组的技术交底，班组长对作业班级的技术交底。各级交底以书面方式进行
2	材料进场检验制度	工程钢材、焊材、油漆及各类材料进场，具有出厂合格证，并根据国家规范要求分批量进行抽检，抽验不合格的材料一律不准使用

序号	制度名称	制度内容
3	施工挂牌制度	主要工种如组装、焊接、涂装、测量、吊装，及高处操作等，施工过程中在现场实行挂牌制度，注明管理者、操作者、施工日期，并有相应的图文记录
4	过程三检制度	实行自检、互检、交接检制度，自检有文字记录
5	质量否决制度	不合格分项、分部和单位工程必须返工
6	质量例会、讲评制度	组织每周质量例会和每月质量讲评。对质量好的，要表扬；对需整改的，应限期整改，在下次质量例会逐项检查是否已彻底整改
7	质量奖罚制度	依据国家质量验收规范，每周进行一次现场质量大检查，奖优罚劣
8	样板引路制度	施工操作要注重工序的优化、工艺的改进和工序的标准化操作，通过不断探索，积累必要的管理和操作经验，提高工序的操作水平，确保操作质量。每个分项工程或工种（特别是量大面广的分项工程）都要在开始大面积操作前，做出示范样板，统一操作要求，明确质量目标
9	成品保护制度	应当像重视工序的操作一样重视成品的保护。项目管理人员应合理安排施工工序，减少工序的交叉作业。上下工序之间，应做好交接工作，并做好记录

3. 质量管理流程

在本工程中将建立完善的质量管理流程，保证工程的质量，质量管理流程图见图 10.3-2。

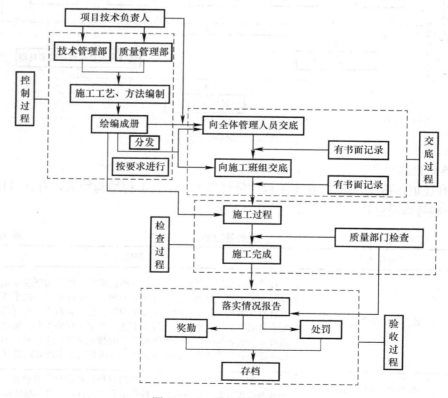

图 10.3-2 质量管理流程图

10.3.2 质量管理措施

1. 材料采购质量控制措施，见表 10.3-2。

材料采购质量控制表　　　　　　　　　　　　　表 10.3-2

序号	材料采购质量控制措施
1	根据材料的品种、规格、要求，选定合格的承包单位。特殊材料的承包单位应进行重新评审后选定
2	采购产品的规格、型号、标准、数量、到货日期等，必须满足规定要求
3	所有材料必须按规定经检验和试验合格后才能进仓入库，检验和试验的内容主要有核对采购任务书中的规格、型号、适用标准、数量等，检查外观质量、几何尺寸、标识等，按规定进行化验、机械性能、力学性能、工艺性能等的测试，确保产品质量满足规定要求
4	按规定对进仓产品进行堆放、标识、保管、发放、记录，确保产品完好和准确使用

2. 钢结构制作分项工序质量控制措施

加工工序的控制

1）切割质量检查

切割的质量直接影响装配质量，影响焊接质量。质检员要对切割质量进行控制，重点检查焊接坡口的切割质量，钢板切割的允许偏差见表 10.3-3。

钢板切割的允许偏差　　　　　　　　　　　　　表 10.3-3

项目	允许偏差（mm）	项目	允许偏差（mm）
零件宽度、长度	±3.0	割纹深度	0.2
切割面平直度	$0.05t$ 且不大于 2.0	局部缺口深度	1.0

注：t 为钢板厚度（mm）。

2）钢板平直度的检查

钢板切割后一般会产生翘曲，须经平板机平直后才能进入下道工序。如果钢板在堆放和运输过程中有弯曲，下料前也应对弯钢板进行平直处理。质检员应对钢板的平直度进行监控，并做好记录。

3）钢构件的装配组装工序检查

钢构件组装时，质检员主要检查构件的轴线交点尺寸，其允许偏差不得大于 3.0mm，同时要对坡口尺寸进行核验。钢架节点属于隐蔽工程部位的，要填写"隐蔽工程记录"。

4）焊接工序的检验

质检员重点检查焊缝两端设置的引弧板和熄弧板是否合格，其材质和坡口形式应与焊件完全相同。其引入和引出的焊缝长度，埋弧焊应大于 50mm，手工焊和 CO_2 气体保护焊应大于 20mm。构件焊接完毕，应对焊缝外观质量进行检查，设计要求探伤的焊缝必须进行超声波探伤，合格后才能进入下道工序。

5）摩擦面工序的检验

质检员必须对摩擦面的加工质量进行严格控制。处理完的摩擦面必须保护好，防止油污和损伤。

6）不合格品处理

凡检验不符合设计、合同、图样、工艺技术文件、规范、标准等规定要求的半成品、成品都为不合格品。

在检验过程中，发现不合格品时，检验员应责令停止不合格品的继续加工，并对不合格品标记。不合格品不得入库、发放和转序。

7）成品保护措施

工程生产过程中，制作、运输等均须制定详细的成品、半成品保护措施，任何单位或个人忽视了此项工作均将对工程顺利开展带来不利影响，因此制定以下成品保护措施（表10.3-4～表10.3-6）。

涂装面的保护 表10.3-4

序号	保护措施
1	避免尖锐的物体碰撞、摩擦
2	减少现场辅助措施的焊接量
3	对现场焊接、破损的母材外露表面，在最短的时间内进行补涂装，除锈等级达到Sa2.5级，材料采用设计要求的原材料

摩擦面的保护 表10.3-5

序号	保护措施
1	工厂涂装过程中，应做好摩擦面的保护工作
2	构件运输过程中，做好构件摩擦面防雨淋措施
3	冬季构件安装时，应用钢丝刷刷去摩擦面的浮锈和薄冰

后期成品保护 表10.3-6

序号	保护措施
1	焊接部位及时补涂防腐涂料
2	其他工序介入施工时，未经许可，禁止在钢结构构件上焊接、悬挂任何构件

10.4 进度管理

10.4.1 加工制作供应总进度计划

1. 基本说明

施工进度计划是施工组织设计的核心内容，在施工过程中起着主导作用。施工进度计划编制合理与否，直接影响到工程质量、安全和工期，同时对各种资源的投入、成本控制产生重要影响。

施工总体进度计划是对本工程全部施工过程的总体施工进度控制计划，具有指导、规范其他各级进度计划的作用，其他所有的施工计划均必须满足其控制节点的要求。

在施工进度计划的安排上，研究各方面的情况，根据工程特点、现场情况、社会环境、企业实力等综合因素，编制出本工程施工总进度计划。施工进度计划按照各年、各季度、各月编排。

2. 编制原则

由于本工程施工面积大、范围广、工程量大，后续作业分部工程多，与土建作业交叉面广，且结构复杂、工期紧等诸多因素，因此，在计划编制过程中必须要对上述因素加以综合考虑，具体如下：

（1）分区分阶段作业，减少对土建施工的压力。

（2）施工作业面宜相对集中，不宜分散，有利于后续施工作业尽早安排。

（3）施工分区的划分应根据结构特征、总承包安装总体施工部署、总体安装方案等综合考虑后划分，各分区具有相对的独立性，有利于前期土建作业面的提交，有利于后期分部工程能及时系统地开展。

（4）施工计划的编制要考虑施工过程中因总计划的调整而引起的变化，要具有可调整性；各阶段施工计划中的工程量要基本均衡，有利于计划的变更、调整。

10.4.2　主要配套计划

1. 深化设计工期分析

考虑到本工程重要性，拟对本工程投入 20 名深化设计人员，确保工程进度要求。

本工程总用钢量为 1.7 万 t，总承包单位深化设计人员对于较难构件每天每人约深化设计 25t，按照进度计划安排深化设计理论最大工期为 33 天。工期分析表见表 10.4-1。

工期分析表　　　　　表 10.4-1

工作名称	钢结构深化设计	计划工期	35 天
工作量	1.7 万 t 钢结构深化	计算工期	26 天
投入设备	23 台计算机	投入深化设计人员	23 人
每人每天深化设计能力为 25t，计算工期＝17000÷23÷25≈30（天）＜33（天），可以满足工期要求			

2. 材料采购工期分析

（1）材料种类分析

1）钢材。通过和国内大型钢厂长期的合作关系，分析本工程钢结构中采购难度最大的是材质为 Q345GJC，厚度为 35～95mm 和材质为 Q390C，厚度为 35～55mm 的钢板，钢板材料采购时间为 45～60 天，可以满足钢结构材料的加工制作。

2）主要辅材料数量与分析见表 10.4-2 和表 10.4-3。

焊材统计　　　　　表 10.4-2

名称	型号	使用对象	需求数量
焊条	碳钢焊条	定位焊接	数量较少
	低合金钢焊条		
焊丝	气体保护焊用焊丝	零件板、对接焊缝	210t
	埋弧焊用焊丝	主体焊缝	460t
焊剂	埋弧焊焊剂	主体焊缝	较少
焊条	电渣焊	箱形柱内隔板	30t
焊剂	电渣焊用		较少

以上统计数据中，埋弧焊焊丝和焊机使用于钢结构构件加工制作主体焊接，气体保护焊焊丝用于二次装配及不便埋弧焊机施工的部位，电渣焊用于箱形构件的隔板焊接。由于不存在特殊材质或性能的焊接材料，加工制作厂可储备焊接材料，保障加工制作厂的焊材储存量为该材料的重要控制环节。

其他材料			表 10.4-3
名称	型号	使用对象	需求数量
栓钉	圆柱头栓钉	钢柱、钢梁	数量庞大
防腐材料	无机富锌漆、环氧云铁漆	钢构件	一般

上述辅助材料除防腐涂料以外，其余的数量需求非常大。但该类材料均为工业定型化产品，在工厂正常生产的情况下产能很大。但其中的高强度螺栓的直径和长度的种类繁多，在采购和使用过程中需要重点注意。

（2）采购原则

1）钢材品牌

选用符合国家相关法律法规要求的，与总承包单位有常年战略合作的品牌，报业主审核，严格按照招标文件和相应合同要求的流程进行采购。

2）采购批次

按照工期要求对建筑单元细分，确保材料可优先供给工期更为紧张的建筑。

3）采购富余量

根据每个批次钢材采购清单的先后顺序，对每种规格的钢材增加 5％～10％ 的余量。避免后续因图纸修改、使用变化等原因造成材料数量不足。

4）提前签订供货协议

与相关供应商签订《采购意向协议书》，积极动员材料供应商的力量，确保供货数量、质量得到保障。

3. 制作工期分析

（1）加工制作管理流程

图 10.4-1 为加工制作管理流程图。

（2）加工制作任务分析

本工程钢构件总量大，地上钢结构总量将达 1.7 万 t，同时工期异常紧张。对加工制作供应商的生产能力、管理能力要求很高，同时也对总承包单位的管理协调能力提出很高要求。构件加工制作的质量和进度管理也是总承包单位管理的重点之一。

由于构件制作任务量大，为保证构件制作能满足现场需求，结合目前国内加工厂的实际加工能力，将加工制作工程划分为不同标段，分别委托多个加工厂共同完成。按结构标高范围划分，即按工程竖向结构将不同标高区域内的所有钢结构构件划分给不同加工厂加工。

根据工期要求，计算同时在线生产量，找出加工制作高峰期。按照本工程构件特点，并结合以往类似工程经验，每节构件加工周期约为 20 天。按照加工进度计划，统计各阶段加工过程中同时在生产线中的最大加工量。

根据以往工程的经验，由于国内加工厂会同时有多个工程同时在线生产，能投入给一个重点工程的最大生产量约为其总生产量的 35％。按照大型钢结构加工厂月产能，并结合多年从事钢结构工程总承包的管理经验，构件的加工至少需要三家具有雄厚加工能力和技术力量的钢结构加工厂。亦不宜选取过多加工厂，加工厂数量过多将会大幅度增加管理难度。

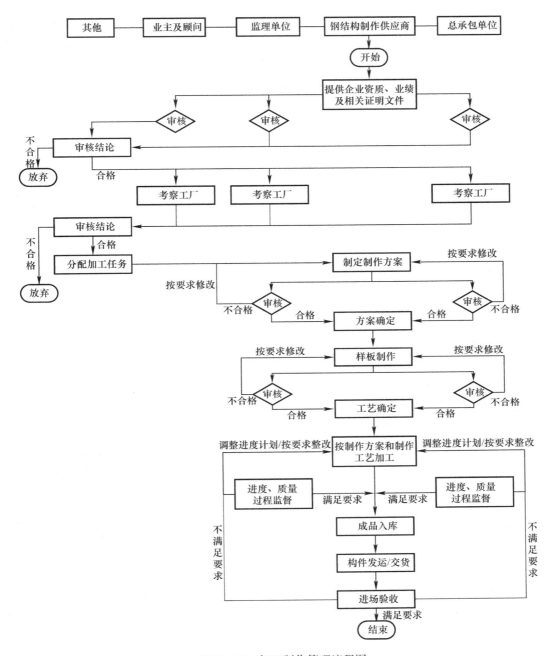

图 10.4-1　加工制作管理流程图

10.4.3　工期实施保证措施

1. 推行目标管理

根据业主合同工期中确定的进度控制目标，钢结构专业承包单位编制钢结构施工总进度计划，并在此基础上进一步细化，将总计划目标分解为分阶段目标，分层次、分项目编制年度、季度、月度计划。与指定分包单位签订责任目标书，指定分包单位对责任目标编制实施计划，进一步分解到季、月、周、日，并分解到队、班、组和作业面。形成以日保周、以周保月、以月保季、以季保年的计划目标管理体系，保证工程施工进度满足总进度要求。并由总进度计划派生出设计进度计划、专业分包招标计划和进场计划、技术保障计划、商务保障计划、物资供应计划、设备招标供货计划、质量检验与控制计划、安全防护计划及后勤保障一系列计划，使进度计划管理形成层次分明、深入全面、贯彻始终的特色。

2. 建立严格的进度审核制度

对于由指定分包单位递交的月度、季度、年度施工进度计划，不仅要审查和确定施工进度计划，还要分析指定分包单位随施工进度计划一起提交的施工方法说明，掌握关键线路施工项目的资源配置，对于非关键线路施工上的项目也要分析进度的合理性，避免非关键线路以后变成关键线路，给工程进度控制造成不利的影响。

3. 建立例会制度

每周五下午召开由钢结构劳务分包单位、加工厂、深化设计人员参加的工程例会，在例会上检查核对上周工程实际进度，并与计划进度比较，找出进度偏差，分析偏差的原因，研究解决措施。每日召开各专业碰头会，及时解决生产协调中的问题，不定期召开专题会，及时解决影响进度的重大问题。

4. 建立现场协调会制度

每周召开一次现场协调会，通过现场协调会，和业主、监理单位、设计单位、总承包单位一起到现场解决施工中存在的各种问题，加强相互间的沟通，提高工作效率，确保进度计划有效实施。

5. 明确节假日工作制度

由于钢结构施工工作量大、周期长，将跨越春节，所有节假日实行轮休制（除春节休息 5 天外），均正常上班。对由于某种原因不能轮休的员工，按国家劳动法规定给其发加班工资。

6. 资源保证

加大资源配备与资金支持，确保劳动力、施工机械、材料、运输车辆的充足配备和及时进场，保证各种生产资源的及时、足量地供给。

7. 劳动力保证

在投标阶段，筹备劳务分包单位的选择，通过对劳务分包单位的业绩和综合实力的考核，在合格劳务分包单位中选择可长期合作、具有一级资质的成建制队伍作为劳务分包单位，工程中标后即签订合同，做好施工前的准备工作，确保劳动力准时进场。

由于本工程钢结构焊接量非常大，结构施工工期紧张，近期大量的超高层型钢结构工程也同时启动，因此钢结构焊工将会十分短缺。钢结构公司有大量长期合同制工人，可保证满足本工程钢结构施工进度需要及质量要求。

8. 资金保证

制定资金使用制度，每月月底物资及设备部和行政部都要指定下月资金需用计划，并报项目经理审批，财务资金部严格按资金需用计划监督资金的使用情况。

9. 加工厂构件加工和运输进度控制

本工程工期紧、钢构件的板厚大、构件截面形式复杂，尤其是商场屋顶桁架还需要在加工厂提前进行预拼装，因此，加工厂的任务重。为了确保加工厂加工进度，钢结构专业分包单位将派管理人员进驻加工厂，对现场进度和质量监控。

本工程有部分超长构件，为了保证构件能够及时运至现场，将提前联系足够的运输车辆，并办理相关的运输手续。每天安排专人与加工厂和运输队联系，安排当天的运输任务。

参 考 文 献

［1］ 张志忠. 结构抗连续倒塌设计理论与方法研究［D］. 广东：深圳大学，2007.
［2］ 刘大海，杨翠如，钟锡根. 高楼结构方案优选［M］. 西安：陕西科学技术出版社，1992.
［3］ 法扎德·奈姆. 抗震设计手册（原著第二版）［M］. 王亚勇，译. 北京：中国建筑工业出版社，2008.
［4］ 包世华，方鄂华. 高层建筑结构设计［M］. 北京：清华大学出版社，1985.
［5］ 娄宇，黄健，吕佐超. 楼板体系振动舒适度分析设计［M］. 北京：科学出版社，2012.
［6］ 闵宗军. 混合结构 T 型墙梁半刚接耗能节点构造及受力性能研究［D］. 北京：北京建筑大学，2011.
［7］ 李佳睿. 基于 Perform—3D 的北京 CBD 核心区 Z13 超高层弹塑性分析与研究［D］. 北京：北京建筑大学，2016.
［8］ 徐斌，孙磊，韩玲. 建筑物抗震构造设计详图与实例（多层、高层钢筋混凝土结构）［M］. 北京：中国建筑工业出版社，2014.
［9］ 江正荣. 建筑施工计算手册［M］. 北京：中国建筑工业出版社，2001.
［10］ 张贺昕. 带凹槽剪力墙—混凝土梁节点研发及性能研究［D］. 北京：北京建筑大学，2018.
［11］ 孙宇. 矩形钢管混凝土柱—混凝土梁穿筋节点受力性能研究［D］. 北京：北京建筑大学，2020.